高等院校工业设计专业系列教材

Photoshop CC 二维数字化辅助产品设计

2D Aided Product Design with Photoshop CC

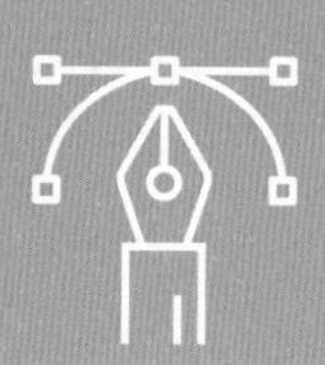

李巨韬　吕太锋　周小博　编著

清华大学出版社
北京

内容简介

计算机辅助设计表现是工业设计专业学生，特别是低年级学生需要尽快掌握并熟练运用的技能。很多该专业的学生不具备美术素养，设计表达成为其学习专业课的“拦路虎”，由于设计表达不好而失去专业兴趣的同学不乏其人。因此，如何在短期内提高学生的设计表现能力成为工业设计教学重要关注的问题。

本书首先详细介绍了计算机辅助工业设计的相关内容，对各种设计软件进行对比分析，使读者能够了解各种软件在工业设计中的作用，根据自己的需要选择学习，避免盲目学习软件技能；其次，本书对设计表达的相关理论知识进行讲解，从形态的体量感、质感和产品常见材质特征等方面分析和讲解产品形态表现的规律，并通过Photoshop软件进行实践；最后，本书选择多个典型产品案例进行综合表达讲解。案例选择从易到难，从简单到复杂，流程讲解深入浅出，对关键点分析深入，力求使读者举一反三，灵活应用。

本书结构合理，内容丰富，不仅可以作为高等院校工业设计和产品设计专业的教材使用，而且可供其他相关专业及广大从事工业产品设计的人员阅读参考。

图书在版编目 (CIP) 数据

Photoshop CC 二维数字化辅助产品设计 / 李巨韬，吕太锋，周小博　编著 . — 北京：清华大学出版社，2018（2024. 7重印）
(高等院校工业设计专业系列教材)
ISBN 978-7-302-49148-4

Ⅰ . ① P… Ⅱ . ①李… ②吕… ③周… Ⅲ . ①产品设计—图像处理软件—高等学校—教材 Ⅳ . ① TB472-39

中国版本图书馆 CIP 数据核字 (2017) 第 322755 号

责任编辑：李　磊
装帧设计：王　晨
责任校对：曹　阳
责任印制：刘　菲

出版发行：清华大学出版社
网　　址：https://www.tup.com.cn, https://www.wqxuetang.com
地　　址：北京清华大学学研大厦A座　　邮　　编：100084
社 总 机：010-83470000　　邮　　购：010-62786544
投稿与读者服务：010-62776969，c-service@tup.tsinghua.edu.cn
质 量 反 馈：010-62772015，zhiliang@tup.tsinghua.edu.cn
印 装 者：三河市君旺印务有限公司
经　　销：全国新华书店
开　　本：190mm×260mm　　印　张：9.5　　字　　数：281千字
版　　次：2018年3月第1版　　印　　次：2024年7月第5次印刷
定　　价：49.80元

产品编号：068539-01

序

今天，离开设计的生活是不可想象的。设计，时时事事处处都伴随着我们，我们身边的每一件东西都被有意或无意地设计过和设计着。

工业设计也是如此。工业设计起源于欧洲，有百年的发展历史，随着人类社会的不断发展，工业设计也经历了天翻地覆的变化：设计对象从实体的物慢慢过渡到虚拟的物和事，设计方法关注的对象也随之越来越丰富，设计的边界越来越模糊和虚化；从事工业设计行业的人，也不再局限于工业设计或产品设计专业的毕业生。也因此，我们应该在这种不确定的框架范围内尽可能全面和深刻地还原和展现工业设计的本质——工业设计是什么？工业设计从哪儿来？工业设计又该往哪儿去？

由此，从语源学的视角，并在不同的语境下厘清设计、工业设计、产品设计等相关的概念，并结合对围绕着我们的“被设计”的事、物和现象的观察，无疑可以帮助我们更深刻地理解工业设计的内涵。工业设计的综合性、交叉性和边缘性决定了其外延是广泛的，从艺术、文化、经济和技术等不同的视角对工业设计进行解读或许可以更完整地还原工业设计的本质，并帮助我们进一步理解它。

从时代性和地域性的视角下对工业设计历史的解读，不仅仅是为了再现其发展的历程，更是为了探索推动工业设计发展的动力，并以此推动工业设计进一步的发展。无论是基于经济、文化、技术、社会等宏观环境的创新，还是对产品的物理空间环境的探索，抑或功能、结构、构造、材料、形态、色彩、材质等产品固有属性以及哲学层面上对产品物质属性的思考，或者对人的关注，都是推动工业设计不断发展的重要基础与动力。

工业设计百年的发展历程给人类社会的进步带来了什么？工业发达国家的发展历程表明，工业设计教育在其发展进程中发挥着至关重要的作用，通过工业设计的创新驱动，不但为人类生活创造美好的生活方式，也为人类社会的发展积累了极大的财富，更为人类社会的可持续发展提供源源不断的创新动力。

众所周知，工业设计在工业发达国家已经成为制造业的先导行业，并早已成为促进工业制造业发展的重要战略，这是因为工业设计的创新驱动力发生了极为重要的作用。随着我国经济结构的调整与转型，由“中国制造”变为“中国智造”已是大势所趋，这种巨变将需要大量具有创新设计和实践应用能力的工业设计人才，由此给我国的工业设计教育带来了重大的发展机遇。我们充分相信，工业设计以及工业设计教育在我国未来的经济、文化建设中将发挥越来越重要的作用。

目前，我国的工业设计教育虽然取得了长足发展，但是与工业设计教育发达的国家相比确实还存在着许多问题，如何构建具有创新驱动能力的工业设计人才培养体系，成为高校工业设计教育所面临的重大挑战。此套系列教材的出版适逢“十三五”专业发展规划初期，结合“十三五”专业建设目标，推进“以教材建设促进学科、专业体系健全发展”的教材建设工作，是高等院校专业建设的重点工作内容之一，本系列教材出版目的也在于此。工业设计属于创造性的设计文化范畴，我们首先要以全新的视角审视专业的本质与内涵，同时要结合院校自身的资源优势，充分发挥院校专业人才培养的优势与特色，并在此基础上建立符合时代发展的人才培养体系，更要充分认识到，随着我国经济转型建设以及文化发展对人才的需求，产品设计专业人才的培养在服务于国家经济、文化建设发展中必将起到非常重要的作用。

此系列教材的定位与内容以两个方面为依托：一、强化人文、科学素养，注重世界多元文化的发展与中国传统文化的传承，注重启发学生的创意思维能力，以培养具有国际化视野的复合型与创新型设计人才为目标；二、坚持“科学与艺术相融合、创新与应用相结合”，以学、研、产、用一体化的教学改革为依托，积极探索具有国内领先地位的工业设计教育教学体系、教学模式与教学方法，教材内容强调设计教育的创新性与应用性相结合，增强学生的创新实践能力与服务社会能力相结合，教材建设内容具有鲜明的艺术院校背景下的教学特点，进一步突显了艺术院校背景下的专业办学特色。

希望通过此系列教材的学习，能够帮助工业设计专业的在校学生和工业设计教学、工业设计从业人员等更好地掌握专业知识，更快地提高设计水平。

天津美术学院产品设计学院
副院长、教授

前 言

设计表现是工业设计专业学生重要的专业技能，也是专业教学的关键环节。在教学过程中，教师经常会遇到这样一些学生：他们临摹得不错，但在实际设计中，需要对自己的创意进行表现时却无所适从；谈论设计时头头是道，但具体实践时却一塌糊涂。这些问题都体现出设计在效果表现方面具有灵活性和实践性。灵活性就需要掌握设计表现方面深层次规律性的东西，才能从容面对各类产品效果的表现；实践性就是要不断地练习和应用，在设计的过程中体会设计与表现的关系，这些知识是不能用语言文字表达出来的。

本书对各种设计表现的特点进行了针对性的讲解和强化。全书共分 10 章内容，具体介绍如下。

第 1 章和第 2 章介绍计算机辅助设计的理论知识。首先，讲解了计算机在工业设计中的作用和发展过程。随着电子技术和软件技术的发展，Photoshop CC 对工业设计的辅助作用越来越大，覆盖领域越来越多，全面认识计算机辅助工业设计对提高设计效率，提升设计质量很有帮助。其次，对各种设计软件进行了对比分析，使读者能够了解各种软件在工业设计中的不同作用，根据需要进行选择，而不至于盲目学习软件技能。最后，从形态的体量感、质感以及美学等方面分析了产品形态表现的规律。

第 3~5 章介绍 Photoshop CC 软件绘制效果图的基本命令和常用材质细节的绘制。首先通过 Photoshop CC 的基本命令讲解，使读者建立对软件的基本认识，并对重点命令和快捷键进行详细讲解。其次，对 Photoshop CC 的材质表现及典型应用进行讲解，通过塑料、玻璃和金属等产品设计中常用的材质进行了深入讲解，重点培养读者对光和影的理解，对各种材质的分析。最后，讲解如何绘制常见的产品细节。每一个复杂的产品形态表达都是由细节特征组合而成，通过本部分内容的学习，读者能够掌握材质和细节的灵活表现，为表现复杂产品打好基础。

第 6~10 章选择多个典型产品进行形态综合表达方法的讲解和实践。该部分案例选择从易到难，从简单到复杂，流程讲解深入浅出，力求使读者举一反三，活学活用。所选案例典型而丰富，包括鼠标、单反相机、运动鞋、头戴式耳机和跑车，基本上涵盖了工业设计常见的表现案例和材质。如同英文写作一样，词汇量的积累非常重要，但是要写好文章还得多看多背诵范文，材质和细节的表达就像词汇量，需要通过典型案例综合起来，协调应用才能绘制出好的作品。

本书由李巨韬、吕太锋、周小博编著，谭周、兰玉琪、李津、毕红红、宋汶师、白薇、张莹、黄悦欣等也参与了本书的编写工作。由于作者水平所限，书中难免有疏漏和不足之处，恳请广大读者批评、指正。

本书提供了 PPT 教学课件和案例源文件等资源，扫一扫右侧的二维码，推送到自己的邮箱后即可下载获取。

编　者

目录

第5章 绘制常见的产品细节部分 40

第6章 鼠标设计表现 54

第7章 单反相机设计表现 67

第8章 运动鞋设计表现 82

第9章 头戴式耳机设计表现 93

第10章 跑车设计表现 109

《第 1 章》

计算机辅助工业设计

计算机辅助工业设计（Computer Aided Industrial Design，CAID），即在计算机及其相应的软件系统支持下，进行工业设计领域的各类创造性活动。它的应用和普及对工业设计流程、设计方法、设计对象和效率等多方面都产生了深刻影响。设计师可以通过互联网跨地域协同地进行产品设计活动；通过数据挖掘技术进行用户研究；通过图形设计软件推敲产品形态，渲染逼真的产品外观效果图，构建精确的数字模型；通过快速成型技术将设计创意转变为实物；通过工程分析软件分析外观的强度、零部件的干涉以及人机关系是否合理。随着计算机和互联网的发展，计算机辅助设计将对工业设计产生越来越大的影响。

CAID 与传统的工业设计相比，在设计方法、设计过程、设计质量和设计效率等方面都发生了质的变化，它涉及了 CAD 技术、人工智能技术、多媒体技术、虚拟现实技术、敏捷制造、优化技术、模糊技术、人机工程等许多信息技术领域，是一门综合的交叉性学科。CAID 以工业设计知识为主体，以计算机和网络等信息技术为辅助工具，实现产品形态、色彩、宜人性设计和美学原则的量化描述，从而设计出更加经济、实用、美观、宜人和创新的产品，满足不同层次人们的需求。

1.1　计算机在工业设计中的应用

计算机辅助技术的发展和应用丰富了工业设计的技术手段。例如，从过去传统的手绘和手工模型逐渐发展成鼠标绘制和数字模型。现在一款产品从设计、加工到最后的装配，每一个环节都可以通过计算机进行精准控制。如图 1-1 所示为产品工业设计的流程，从设计调研、概念设计、详细设计到工程分析都有计算机的应用。

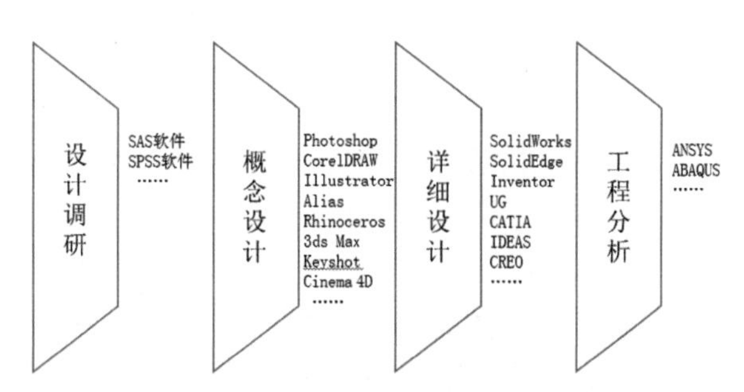

图 1-1　工业设计流程和软件应用

设计调研：识别和理解目标用户是开始产品设计的第一步，同样重要的还有分析市场上类似的产品和类似产品针对的用户群，甄别其是否是竞争对手，这些工作对设计将非常有借鉴意义。了解其他产品的过程有利于比较和理解自己产品目标用户的需求。非常有价值的方法是对用户使用产品的过程做情节描述，考虑不同环境、工具和用户可能遇到的各种约束的情况，深入实际的使用场景去观察用户执行任务的过程，找到有利于用户操作的设计。通过一些方法寻找符合目标用户条件的人来帮助测试原型，听取他们的反馈，并努力使用户说出他们的关注点，和用户一起设计，而不是通过自己的猜测。调研的根本目的在于，通过对市场中同类产品的相应信息的收集和研究，从而为即将开始的设计研发活动确定一个基准，并用这个基准作为指导产品设计的重要阶段。

在设计调研阶段，设计师一般要对用户和竞品进行调查，调查越广泛，数据越丰富，对后期的概念设计帮助越大。SAS 和 SPSS 等统计软件可以从丰富的数据里面挖掘到规律，从而有效地指导概念设计。

图 1-2 是对增高鞋垫做的舒适性和厚度相关性调查作业，图 1-3 是对数据的拟合，通过数据分析可得出以下结论：增高鞋垫随着高度的增加，舒适度会越来越明显地呈下降趋势。EVA、硅胶和 PU 对应的最佳高度分别为 3cm、4cm 和 5cm。其次相同厚度下，舒适度为硅胶优于 EVA 优于 PU。与其相类似，只要调查数据准确，我们就可以借助计算机从中分析出很多指导设计的规律。

材质	EVA		硅胶		PU	
厚度	可用厚度(cm)	舒适度	可用厚度(cm)	舒适度	可用厚度(cm)	舒适度
1.5	1.5	5.8125				
2.0	2.0	5.8125	2.0	7.625		
2.5					2.5	4.0625
3.0	3.0	5.625	3.0	7.875	3.0	4.125
3.5						
4.0	4.0	4.4375	4.0	7.125	4.0	3.3125
4.5						
5.0			5.0	5.6875	5.0	2.5

图 1-2　设计调查表

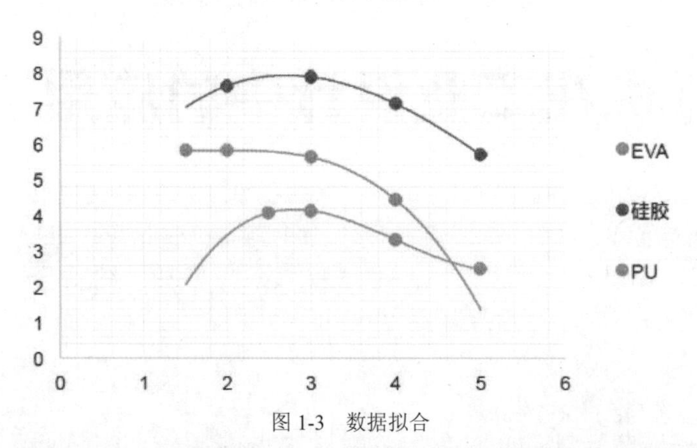

图 1-3　数据拟合

概念设计：概念设计是由分析用户需求到生成概念产品的一系列有序的、可组织的、有目标的设计活动，它表现为一个由粗到精、由模糊到清晰、由具体到抽象的不断进化的过程，概念产品设计是设计过程中最重要、最复杂、最不确定的设计阶段，也是产品形成价值过程中最有决定意义的阶段，它是设计理论中研究的热点，需要将市场运作、工程技术、造型艺术、设计理论等多学科的知识相互融合综合运用，从而对产品做出概念性的规划。概念设计的目的是在产品开发的前期对将要进入市场的新产品、新技术、新设计进行全方位的验证，提出新的功能和创意，并为将来新产品的设计、生产，探索解决问题的方案，做好充分准备。

概念设计包含创新和概念可视化。在创新方面，TRIZ 软件能够帮助设计师寻找可行的创新方案，该类软件也称为计算机辅助创新。在概念可视化方面，就是把文字和草图形式的产品概念定义，通过图样与样机模型转化为更直观、更容易被普通人所理解的可视化形态。可视化就是将设计概念具象化地表现出来，使概念产品由原来的“无形”变为“有形”。说简单点儿，概念可视化就是我们常说的草图和效果图等，支持这个方面的软件也非常丰富。有擅长处理图像、表现光影的，如 Photoshop 是位图软件和像素绘图工具等；有擅长二维造型的，如 CorelDRAW 是矢量画图软件等；有擅长三维曲面建模的，如 Rhinoceros 等；有擅长三维模型渲染的，如 KeyShot 等。如图 1-4 所示，就是设计师用 Rhinoceros 构建的数字模型，并在 KeyShot 里面渲染，进行设计探讨和展示。

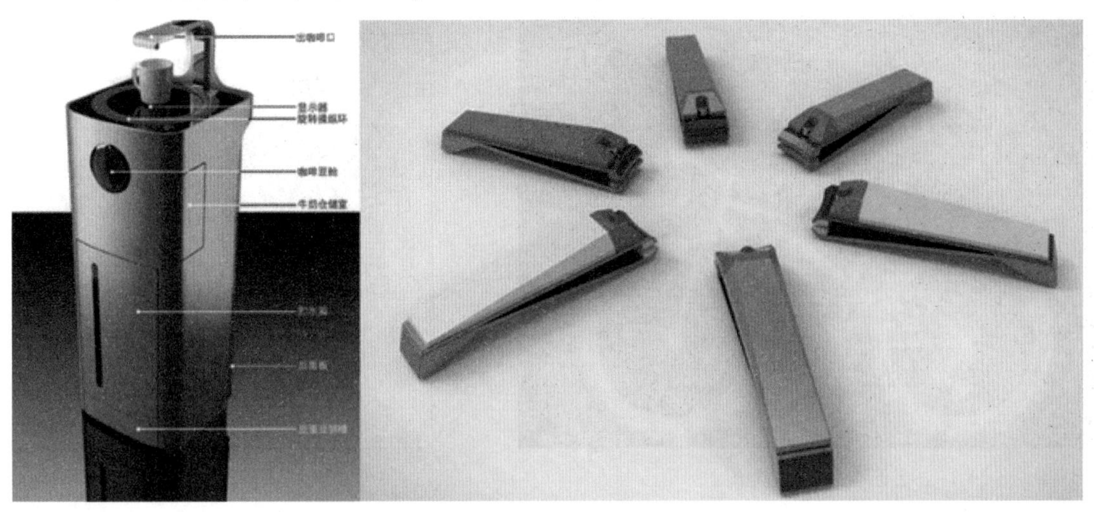

图 1-4　产品概念效果图

详细设计：产品设计不仅是纸面上新颖而美观的样式设计，更重要的是通过先进而合理的工艺手段，使它成为有实用功能的具体产品。详细设计包括产品外观的结构、材质和工艺等，此阶段工业设计师需要和工程师合作，以保证设计意图最高限度地体现在产品中。工业产品的造型结构、材料及工艺设计必须在满足其功能的前提下，达到经济、实用的目的。一般的产品设计者往往只注意到性能、结构、造型的统一，而常常不知不觉地对操作者、消费者构成了一些危害，即不能完全符合人机工程学的要求，会成为危险设计，所以需要其他行业的工程师来进行辅助设计，例如材质的选择更加绿色环保，工艺的优化更加经济，投入减少，结构的设计更加使人舒适。该阶段常用的软件有 CATIA、SolidWorks、ProE/UG 和 Creo 等。这类软件都是全参数化的，有利于生产阶段的分析和加工制造，但这几种软件又有区别，CATIA 主要用于汽车、飞机、船舶等重工业设计；SolidWorks 可用于 3D 设计，但功能不及 CATIA 强大；ProE/UG 则主要用在模具设计领域；Creo 是整合了 3 个软件，即 ProE 的参数化技术、CoCreate 的直接建模技术和 ProductView 的三维可视化技术的新型 CAD 设计软件包。

工程分析：工程分析的作用，一是将分析与设计综合起来进行设计，使产品性能达到最优。设计时，可以使用幅值概率密度函数分析、方差分析、相关分析及谱分析等方法求取设计参数，运用系统工程进行方案设计，以便从整体来认识设计对象，将一个产品看成由各种零部件组成的一个系统，并从系统的整体来检查其性能使之达到最优，从而实现方案的优化。二是可大大提高设计的精度和可靠性，在 CAID 系统中引进了大量近代的分析和计算方法，如有限元法、有限差分法、边界元法、数值积分法等对机械零件乃至整机进行结构应力场、应变场、温度场以及流体内部的压力、流量场的分析与计算，从而大大提高了设计计算精度；此外，对机械的研究已从静态分析逐步发展到动态分析，并从系统的观点出发来研究整机及零部件的可靠性，运用概率统计方法来分析零部件是否失效，从而实现对机械故障的诊断和寿命的预测。三是具有强有力的图形处理和数据处理功能，图形和数据是 CAD 作业过程中信息存在与交流的主要形式，是图形处理系统和数据库 CAD 系统顺利进行的基础。进行 CAD 作业时，图形处理系统可根据设计者的设想和要求，产生设计模型，并可从不同角度，按三视图、剖面图或透视图在显示器中显示出来，让设计者确认或即时修改，直到满意为止。工业设计中的工程分析包括对产品可靠性和可用性的分析、产品结构强度分析、运动干涉分析、人机工程分析等。该阶段常用的软件有 ANSYS 和 ABAQUS 等，人机工程方面常用的软件有 AnyBody Modeling System。如图 1-5 所示是用 AnyBody 做的自行车骑行人机分析；如图 1-6 所示是用 ANSYS 做的水轮机电磁场分析。

图 1-5　人机工程分析

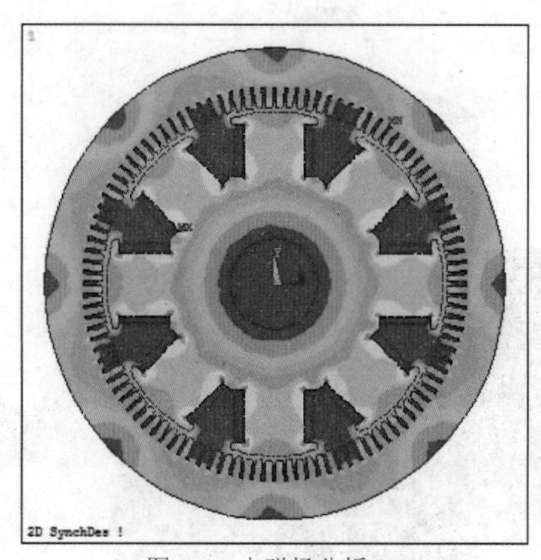

图 1-6　电磁场分析

1.2　计算机辅助设计软件的发展过程

20 世纪 60 年代出现的三维 CAD 系统只是极为简单的线框式系统。这种初期的线框造型系统只能通过圆、圆弧、直线等表达基本的几何信息，由于缺乏形体的表面信息，CAM 及 CAE 均无法实现。进入 20 世纪 70 年代，正值飞机和汽车工业的蓬勃发展时期，期间飞机及汽车制造中遇到了大量的自由曲面问题，当时只能采用多截面视图、特征纬线的方式来近似表达所设计的自由曲面。由于三视图方法表达的不完整性，经常发生设计完成后制作出来的样品与设计者所想象的有很大差异甚至完全不同的情况。此时法国人提出了贝赛尔算法，使得人们在用计算机处理曲线及曲面问题时变得可以操作，同时也使得法国的达索飞机制造公司的开发者们能在二维绘图系统 CADAM 的基础上，开发出以表面模型为特点的自由曲面建模方法，推出了三维曲面造型系统 CATIA。它的出现，标志着计算机辅助设计技术从单纯模仿工程图纸的三视图模式中解放出来，首次实现以计算机完整描述产品零件的主要信息，同时也使得 CAM 技术的开发有了现实的基础。曲面造型系统 CATIA 为人类带来了第一次 CAD 技术革命，改变了以往只能借助油泥模型来近似准确表达曲面的落后的工作方式。

有了曲面模型，CAM 的问题就可以基本解决了。但由于曲面模型技术只能表达形体的表面信息，难以准确表达零件的其他特性，如质量、重心、惯性矩等。基于对 CAD/CAE 一体化技术发展的探索，SDRC 公司于 1979 年发布了世界上第一款完全基于实体造型技术的大型 CAD/CAE 软件 I-DEAS。由于实体造型技术能够精确表达零件的全部属性，在理论上有助于统一 CAD、CAE、CAM 的模型表达，给设计带来了惊人的方便性。可以说，实体造型技术的普及应用标志着 CAD 发展史上的第二次技术突破。参数化实体造型方法是一种比无约束自由造型更好的算法。它主要的特点是：基于特征、全尺寸约束、全数据相关、尺寸驱动设计修改。其代表就是 Parametric Technology Corp 公司的 Pro/E，参数化技术的成功应用，使它几乎成为 CAD 业界的标准。

1.3　工业设计常用软件分类

随着 CAD 软件的发展和进步，工业设计师的工作平台得到了不断改善，对于设计人员来说，熟练掌握几个软件工具，并能协同使用，就能够大大提高设计效率和设计质量。工业设计需要掌握的软件包括不同类型，一些软件是要了解的，需要的时候能快速上手；一些软件是要熟练的，平时经常需要使用；一些软件是要精通的，有特色的不是大众的时尚软件，而是用于工作的；目前比较常用的计算机辅助设计软件有以下几类。

1. 基于像素点处理的平面图形软件

代表软件有 Adobe Photoshop、Corel Painter 等。位图又叫点阵图或像素图，计算机屏幕上的图是由屏幕上的发光点（即像素）构成的，每个点用二进制数据来描述其颜色与亮度等信息，这些点是离散的，类似于点阵。多个像素的色彩组合就形成了图像，称为位图。位图被放大到一定限度时会发现它是由一个个小方格组成的，这些小方格被称为像素点，一个像素是图像中最小的元素。在处理位图图像时，所编辑的是像素而不是对象或形状，它的大小和质量取决于图像中的像素点的多少，每平方英寸中所含像素点越多，图像越清晰，颜色之间的混合也越平滑。计算机存储位图图像实际上是存储图像的各个像素的位置和颜色数据等信息，所以图像越清晰，像素越多，相应的存储容量也就越大。

2. 基于向量图形的平面绘图软件

代表软件有 CorelDRAW、Adobe Illustrator 等。矢量图，也称为面向对象的图像或绘图图像，在数学上定义为一系列由线连接的点。矢量文件中的图形元素称为对象。每个对象都是一个自成一体的实体，它具有颜色、形状、轮廓、大小和屏幕位置等属性。其特点有：文件小，图像中保存的是线条和图块的信息，所以矢量图形文件与分辨率和图像大小无关，只与图像的复杂程度有关，因此图像文件所占的存储空间较小；图像可以无级缩放，对图形进行缩放、旋转或变形操作时，图形不会产生锯齿效果；可采取高分辨率印刷，矢量图形文件可以在任何输出设备打印机上以打印或印刷的最高分辨率进行打印输出；矢量图与位图的效果有天壤之别，矢量图无限放大不模糊，大部分位图都是由矢量导出来的，也可以说矢量图就是位图的源码，源码是可以编辑的；矢量图最大的缺点是难以表现色彩层次丰富的逼真图像效果。

3. 三维造型设计软件

不同行业有不同的软件，各种三维软件各有所长，可根据工作需要选择。比较流行的三维软件有 Rhino、Maya、3ds Max、Alias 等，这类软件都提供了多样化的三维建模手段，曲面造型能力强。造型建模方面，3ds Max 的建模属于多边形建模，做工业设计不太适合，建议用 NURBS 建模，如 Rhino、Alias 等。Maya 也有 NURBS，但它是用来做视觉的，精度不够。虽然 3ds Max 也有 NURBS，但远不如 Rhino 强大，运行效率不高。其中 Rhino、Alias 更加侧重产品设计，从概念设计阶段的草图支持到曲面建模，都有非常好的适应性，具备较好的参数和数据转换能力，能很好地匹配下游的渲染软件和工程软件。

4. 三维渲染软件

在现实生活中，无论是建筑物、设备、设施、人物等我们眼睛所能看到的物体，都是具有几何形状、色彩、材质的基本物理属性，这些属性又都是与光线有着直接的关系，没有光照，我们的眼中就得不到客观事物的真实展示。电脑制作的各种动画片、虚拟环境、装饰效果图等，都是通过赋予材质色彩、光照后进行渲染计算所获得的图片效果。一般情况下，一两次的渲染是难以看出效果或难以满足整体效果的，需要多次修改灯光的布置、强度、色温等参数，同时也要调整物体表面的材质才能最终取得满意的效果。渲染软件既有独立的软件，也有 3D 模型自带的渲染器（插件）。3D 模型设计软件自带的渲染器一般用于模型比较简单、材质单一的渲染，虽然前面说过 3ds Max 建模不如 Rhino 方便，但其所带的 Vray 渲染器功能却特别强大，其材质、灯光、渲染设置是我们需要学的，Vray 中的 Lightscap 是用光能传递的，对于灯光比较复杂的场景比较有用，它一般用于建筑室内行业，但若是做产品渲染就用不了这么多灯光，即使不用打灯光，其 Hdr 贴图就可模拟出很真实的环境光，而单独的渲染软件用于模型复杂、材质丰富、场景宏大的模型渲染中。代表软件有 3ds Max 标准渲染器及其渲染插件、KeyShot 和 Cinema4D 等，这些软件常被用来做产品模型的外观渲染，通过灯光、材质、贴图、场景等参数的设置模拟现实环境，使产品方案在电脑中呈现出逼真的效果图。

5. 工程设计软件

代表软件有 Inventor、SolidWorks、SolidEdges、UG、CATIA、IDEAS、Creo 等产品。这类软件一般集合了多个工程设计模块，各个模块基于统一的数据平台，具有全相关性，便于数据分析和制造。功能上都包括计算机辅助设计和计算机辅助制造，有的还有计算机辅助工程的功能，可以做有限元分析计算，功能非常完备。对于工业设计而言，这类软件既有不错的造型能力，又有严格的参数化约束，更适合与结构工程师交流和后期加工制造。因此，不少设计机构都要求工业设计师用该类软件设计建模。与三维造型设计软件相比较，该类软件造型效率比较低，在造型风格探讨和推敲阶段用三维造型设计软件比较有优势。在方案明确，需要进行详细设计阶段，工程设计软件更加适合。比较特殊的软件 CAD 主要用来二维制图，是最经典的也是最基础的二维制图软件，但也有一些设计师用 CAD 来进行三维立体设计。

工业设计专业是一门综合性的边缘交叉学科，从广义上来说，它包含了各种使用现代化手段进行生产和服务的设计过程。所以，我们不应把产品设计简单理解为造型设计，因为机械设计、界面设计、人机工程、包装设计甚至视觉传达设计都和工业设计有着密切的联系。从工业设计角度看，设计不仅要从一定的技术、经济出发，而且要充分调动设计师的审美经验和艺术灵感，从产品与人的感觉和活动的协调中确定产品的功能结构与形式的统一，也就是说，产品设计必须把满足物质功能需要的实用性与满足精神需要的审美性完美地结合起来，并考虑社会效益，这就构成了本学科科学与艺术相结合的双重特征。设计者只有具备整体眼光和全局能力，才能真正成为优秀的工业设计师。

在软件的使用上，特别是本科教育阶段，应该掌握多个类型的软件，建议平面类软件、三维造型设计软件和工程设计软件各掌握一个，这三个软件必须精通，其他的可根据自己爱好进行学习。

《第 2 章》

产品形态表现原理

如果说产品是功能的表现载体，那么形态就是产品与功能的中介。没有形态的作用，产品的功能就无法实现。产品形态包括两个层面的意思，即“形”和“态”。“形”是指产品本身的物理状态和所处环境光线对其的影响。“态”是指形状特征在人的大脑与心理内部的反映，这种反映受社会、文化和审美经验等因素的影响。因此，产品形态的表现具有客观性和主观性，是主观性和客观性的整体融合。产品形态表现既是对包括形态的色彩、肌理以及材料对光的反射和折射的分析，也是对视觉规律和审美原则等的研究。产品形态的创造始终是工业设计的重心，承载着传递产品信息的义务，包括构成元素、意指内容，甚至工作原理、构造等技术浮现在外的表象因素。

2.1 产品造型的表达要素

首先，产品造型表达要表现出产品的立体感，现实生活中的物体只有在光照下，才会呈现出立体感和材质感。因此，产品造型的表现主要是对光影的研究，需要掌握其在空间中的“三大面，五调子”。其中三大面是指：背光面、受光面和侧光面。五调子是指：亮面、灰面、明暗交界线、反光和投影。掌握好光影的这个要素，产品造型的立体感就会在二维平面上建立起来。其次是产品材质的表现，包括色彩、肌理、反射和折射。综合这几个要素，一个出色的产品效果图就会跃然纸上。人们通常会用体量感和质感来评价产品造型的表达效果。

2.1.1 产品形态的体量感

所谓体量感，就是物体受光照后产生明暗效果而呈现的实体感觉，包括物体的体积感和量感。物体的体积感指的是在平面上所表现的造型给人一种占有三维空间的立体感觉。产品形态表达上，任何可视物体都是由物体本身的结构所决定和由不同方向的块面所组成的，在形态表现上把握物体的结构特征和分析各块面的关系，是达到体积感的重要步骤。物体的量感指的是借助明暗、色彩、线条等造型因素，表达出物体的轻重、厚薄、大小、多少等感觉。

2.1.2 产品形态表达的质感

材料质感与产品的设计密切相关，设计材料以其自身的固有特性和质感特征传达给我们的不同信息和判断，直接影响到产品设计的成败。不同质感的材料给人以不同的触感、联想、心理感受和审美情趣，只有正确地运用产品材料质感传达功能才能准确地设计产品，使产品更好地服务大众的生活。从传统的石材、陶瓷、金属、玻璃到现代纳米、光纤及能导电、会记忆的塑料等美的感性质料，构成了一代代好用又好看的产品。从儿童玩具到日用电器，从精密仪器到服装箱包，我们的生活被牢牢地拴在了材料串起的长链上。产品材料质感传达出的内容不仅仅包括色彩、图形、造型等，还包括消费者在产品使用过程中对材料肌理、质地、加工工艺产生的不同心理体验，是综合多样的要素，成为传达感情的中介和寄托的载体，引导消费者正确地识别商品，购买商品，从而完成产品材料给我们带来的便利。只有正确地运用产品材料质感的传达功能才能准确地设计产品，使产品更好地服务大众的生活。

质感，也称材质感，是指视觉对物体材料特质的感知，是表面各可视属性的结合，这些可视属性是指表面的色彩、纹理、光滑度、透明度、反射率、折射率、发光度等。正是有了这些属性，才能让我们更好地识别三维空间中的产品。在表达上，物体因表层材质的不同，即对光的吸收与反射不同而形成不同的明暗。透过其明暗现象抓准其本质的明暗特征规律，就能表现出材质感。

如图 2-1 所示，首先确定水龙头的三大面：受光面、背光面和背光面，由于是高反光的金属材质，材质环境反射对其特征影响最大，通过加入规则的反射光影，金属特征突显出来。玻璃材质的表现取决于折射和反射，如图 2-2 所示的高脚杯通过加入杯底部折射的光影和杯身反射的高光，其玻璃材质特征明确。

图 2-1　金属材质

图 2-2　玻璃材质

产品的外表已经不仅仅是产品形式与材料的衔接那么简单，由于材料本身呈现出的纯美属性，产品形态的表皮也成为一种视、触觉新空间。不同质感的材料给人以不同的触感、联想、心理感受和审美情趣，表层的感觉是通过材料表面的色彩、光泽、肌理和材料的质地等，产生光滑与粗糙、粗犷与精细、透明与不透明、坚硬与柔软、冷与暖、轻与重、粗俗与典雅等生理感受。一般来说，肌理与质感含义相近，肌理是指物体表面的组织纹理结构，即各种纵横交错、高低不平、粗糙平滑的纹理变化，对设计的形式因素来说，当肌理与质感相联系时，它一方面是作为材料的表现形式而被人们所感受，另一方面则体现在通过先进的工艺手法，创造新的肌理形态。如图 2-3 所示，同样是金属，由于肌理不同，它的质感也大不相同。同时，质感与肌理还具备生命与无生命、新颖与古老、舒畅与恶心、轻快与笨重、鲜活与老化、冷硬与松软等不同的心理效果和信息符号反应，例如，不锈钢材料的表面经过抛光，呈现出平滑、光洁如镜的质感，色彩感觉是一种冷金属色，素雅的色调偏向冷色，表现为一种理性的秩序感。同时，素雅的色彩可以满足宁静、朴素和庄重的视觉心理需要。而塑料是以合成树脂为主要成分，在适当的温度和压力下，可以塑成一定的形状，且在常温下可以保持形状不变的一种材料，它的易染色、透光性的特征给予设计者以自由想象的空间。下面就材料的质感给予举例说明。

图 2-3　肌理的质感

2.1.3　产品形态中常见的材质特征

产品设计师在进行外观设计时应该综合考虑如何选择设计材料，材料的加工工艺、成型技术的应用、产品的视觉表现、能不能满足产品用于各种环境中的功能及实现设计目的等。依托科技的发展，材料的特性和材料的加工方式也越来越多，产品设计师需要掌握各种不同材质的特性及加工方式。

1. 透明材质

这类材质以玻璃、透明树脂等材料为代表。如图 2-4 所示，透明材质同时具有良好的反射和折射效果，是一种非常具有表现力的材质。由于材质本身的透明特性和光线照射角度的不同，使这类材质既会产生丰富的折射又会产生强硬的反射，光影效果非常丰富，从而使产品的视觉效果更加突出。

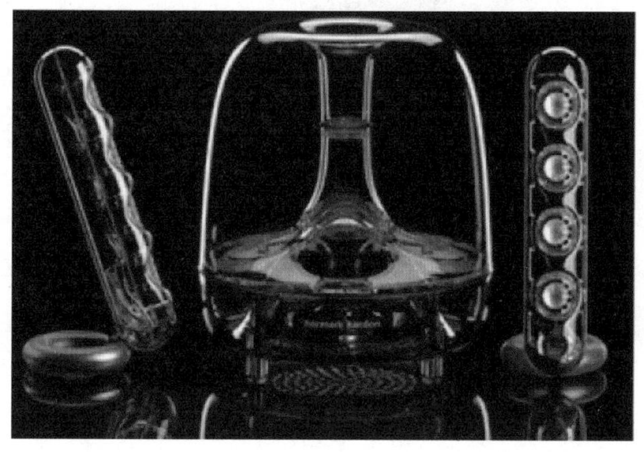

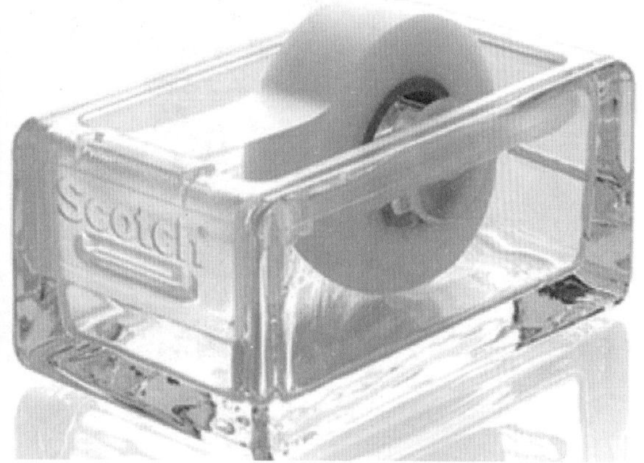

图 2-4　透明材质在产品中的应用

2. 亚光材质

这类材质以塑料、木材、橡胶和纺织物等材料为代表。如图 2-5 所示，由于没有反射和折射效果，受环境影响相对较弱，明暗变化柔和，在产品形态中，该类材质能够拉近产品和消费者之间的距离，具有亲和力。

图 2-5　亚光材质在产品中的应用

3. 反光材质

这类材质以金属和陶瓷等材料为代表，它们对环境有一定反射能力，具有强硬的反光。如图 2-6 所示为反光材质在产品中的应用。

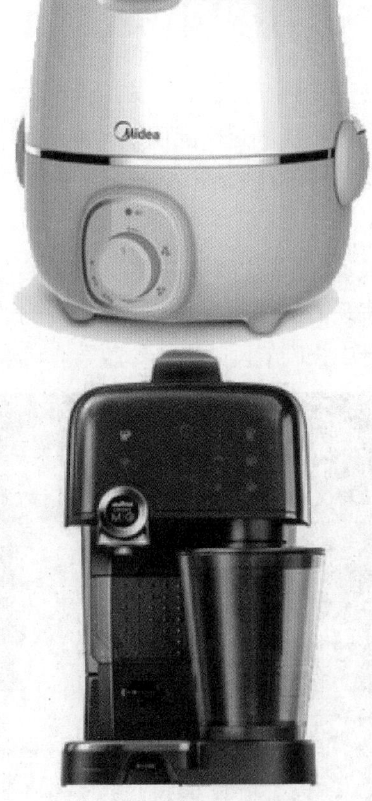

图 2-6　反光材质在产品中的应用

2.2　形态的视觉原理

视觉是由于光波作用于视觉分析器而产生的，能对人类视觉产生适宜刺激的光波波长在 760 ~ 380nm 之间，这类光波被称为可见光。在可见光范围内，视觉可分为视感觉和视知觉，视感觉是认知主体对视觉对象片段的、离散的和现象的映照，在视感觉这一层面上认知主体只是对刺激物形成了感性认识，不涉及更深层次的视觉信息处理。相对而言，视知觉是认知主体对视觉对象整体的、综合的和带有本质意义的把握，是从眼球接收器官受到视觉刺激后，一路传导到大脑的接收和辨识过程。视觉对象刺激大脑发动思维之前，在一路传到大脑的过程中，视觉通过本身的思维能力对刺激进行了一定程度的处理，其最基本的处理方式便是对进入视觉认知的刺激进行简化。从以上分析中可知视感觉产生于瞬时性，而视知觉是一个过程，在这一过程中包含了视觉接收和视觉认知两大部分。

基于格式塔心理学的总结，人们总是先看到整体，然后再去关注局部；人们对事物的整体感受不等于局部感受的加法；视觉系统总是在不断地试图在感官上将图形闭合。人们的这些视觉认知规律在产品形态表达上是非常有用的。

最佳视域：由于人习惯将视线从左到右、从上到下移动，因此视区中的不同位置注目程度不同。一个画面的不同部分对观看者的吸引力也有所不同，其吸引力大小依次为左上部、右上部、左下部、右下部，所以一个视觉平面的左上部和上中部被称为最佳视域。此外，造型构图在画面的不同位置给人的心理感受也不同，相对而言，上部有轻快、上升、积极、愉悦之感，下部有沉稳、压抑和厚重之感。

色彩的空间扩散：一个光点若要使人能看到，需要在视网膜上有一定数量的刺激点，此称为空间的积累。如图 2-7 所示在黑色背景上白色的方块看上去要比白色背景上同样大小的黑色方块稍大些。这是白色方块引起的视网膜兴奋在一定程度上溢出周围网膜区域的结果。这种空间上扩大的感觉称为扩散现象。通常暖色调和明度高的色彩视觉扩散现象强，而冷色调和明度低的色彩扩散现象弱。

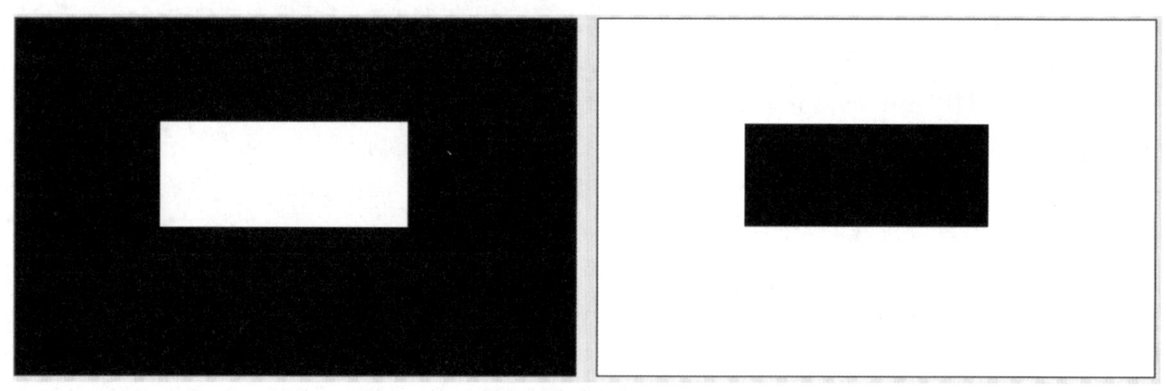

图 2-7　色彩的空间累积

色彩的同时对比：当两种或两种以上的颜色同时放在一起时，双方都会把对方推向自己的补色，如黑和白放在一起，黑的更黑，白的更白。如图 2-8 所示，同一个灰色圆环，在暗的背景下显得亮，而在亮的背景下则显得暗。

视觉整体性：视觉对象是由许多个部分组成的，各部分都有不同的特征，但人们总是把它感知为一个统一的整体，原因是事物都是由各种属性和部分组成的复合刺激物，当这种复合刺激物作用于我们的感觉器官时，就在大脑皮层上形成暂时的神经联系，以后只要有部分或个别属性发生作用时，大脑皮层上有关暂时神经系统马上就兴奋起来，产生一个完整映象。如图 2-9 所示，虽然只有三角形的部分特征，但我们视知觉里会产生一个完整的白色三角形。

视觉的选择性：客观事物是多种多样的，在一定时间内，人们总是选择少数事物作为视知觉对象，把它和背景区别开来，从而对它们做出清晰反应，这种特性称之为知觉选择性。如图 2-10 所示，选择不同的视知觉对象，人们看到的画面内容是不同的。

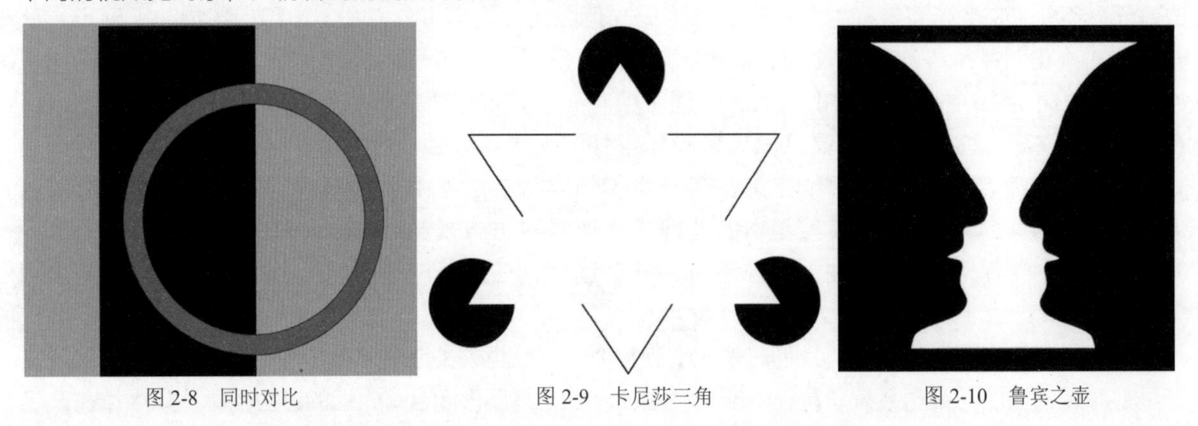

图 2-8　同时对比　　图 2-9　卡尼莎三角　　图 2-10　鲁宾之壶

2.3　产品形态表现的美学规律

2.3.1　统一与变化

统一是指同一个要素或者形态特征在同一产品中多次出现，具有一致、安静和宁静之感，产品统一主要体现在以下几个方面：产品功能形态的统一；产品比例尺度的统一；产品线性风格的统一；产品色彩效果的统一；产品质感的统一。

变化是指在同一物体中，产品的形态要素和要素之间存在着差异性，或在同一物体中，相同要素以一种变异的方式使之产生设计上的差异感，由于产品形态要素的一致性，从而使形体有动感，克服呆滞、沉闷感，使形体具有生动活泼的吸引力，变化的方法主要有以下两种：加强对比和强调重点部位。

统一与变化又称多样统一，是形式美的基本规律。任何物体形态总是由点、线、面、三维虚实空间、颜色和质感等元素有机地组合而成为一个整体。变化是寻找各部分之间的差异、区别，统一是寻求它们之间的内在联系、共同点或共有特征。产品没有变化，则单调乏味，缺少生命力；没有统一，则会显得杂乱无章、缺乏和谐与秩序。变化与统一是产品设计形式美的总则。产品设计中变化与突出产品某个局部的特殊个性，使整体各个局部形式在整体中的共同性和协调关系，体现出整体形式的同一性和秩序性。若只有变化没有统一，只会杂乱，缺乏整体感，所以，产品整体形式必须统一，以增强形体和谐，一切物象、美感在调和中得到统一。

强调形态间的整体性，使各种不同的要素能处在相互联系的统一体中。产品形态应该在整体上表现为主从统一的关系，并由此派生出整体与局部的变化关系，形态的美感是从统一变化的整体效果中感受到的。如产品造型的整体风格和局部细节、色彩的主色调和辅助色调、造型线条的主线和非主线等。

2.3.2　对称与均衡

对称与均衡是不同类型的稳定形式，保持物体外观量感均衡，达到视觉上的稳定。对称是指轴线两侧图形的比例、尺寸、高低、宽窄、体量、色彩、结构完全呈镜像，给人以稳定、沉静、端庄、大方的感觉，产生秩序、理性、高贵、静穆之美。体现力学原则，是以同量但不同形的组合方式形成稳定而平衡的状态。

对称的形态在视觉上有安定、自然、均匀、协调、整齐、典雅、庄重、完美的朴素美感，符合人们平常的视觉习惯。在现代各类产品中，对称的形态非常多，可以说是最常见的视觉表达形式。

对称可以分成左右对称、中心对称和逆对称等，对称的图形具有单纯、简洁的美感，以及静态的安定感。均衡则是指在特定空间范围内，形态各要素之间保持视觉上的平衡关系。如两侧色块、形状、形体在视觉判断上分量或体量大致相当对应，而不必等同，也不必产生可以叠合在一起的感觉。因而对称可以说是严格的均衡，也是简单的平衡；均衡则是比较自由的对称。

2.3.3　对比与调和

对比是指差异明显强烈的视觉造型因素，甚至会产生互相处于对立关系的视觉造型元素放置在一起的美学效果。对比美具有强烈醒目的特征，容易成为视觉的中心点，起到活跃形态的作用。对比的内容极其丰富，如材料的色彩、质地、曲直、刚柔、宽窄、锐钝、虚实等。调和是指有差异而又相互接近的色彩、线条、形状、形体同时并列或逐渐变化形成的关联和统一。通常来讲对比强调差异，而调和强调统一。

2.3.4　节奏与韵律

节奏与韵律是来自音乐的概念。节奏是按照一定的条理秩序，重复连续地排列，形成一种律动形式。节奏在视觉艺术中是通过线条、色彩、形体、方向等因素有规律地运动变化而引起人的心理感受。它有等距离的连续，也有渐变、大小、明暗、长短、形状、高低等的排列构成，它富有机械美和静态美。韵律则是要素有规律变化，产生高低、起伏、进退和间隔的抑扬律动关系，富有动态美。相对来说，节奏是单调的重复，韵律是富于变化的节奏，是节奏中注入个性化的变异形成的丰富而又趣味的反复与交替，它能增强版面的感染力，开阔艺术的表现力。常见的韵律形式包括造型元素的渐变、重复、交替、起伏、旋转等。

造型的节奏与韵律的设计主要有三个方面内容：一、重复节奏与韵律。造型的要素做有规律的间隔重复，体现重复的节奏韵律美；二、渐变节奏与韵律。造型设计呈现出具有数学计算的、渐次的、规律性变化的节奏韵律形式美；三、发射式节奏与韵律。造型设计围绕一个中心点展开，使造型设计具有丰富的光芒之感，有时甚至是一种炫目的视觉感受。

2.3.5　比例与尺度

比例是对象各部分之间，各部分与整体之间的大小关系，以及各部分与细部之间的比较关系。比例是物与物的相比，表明各种相对面间的相对度量关系，在美学中，最经典的比例分配莫过于“黄金分割”了，以黄金分割比例为标准设计的希腊雅典女神庙、巴黎圣母院、埃菲尔铁塔等分析比例美及其在不同时代的变化。

尺度是对象的整体或局部与人的生理或所习见的某种特定标准之间的大小关系，是物与人（或其他易识别的不变要素）之间相比，不需涉及具体尺寸，完全凭感觉上的印象来把握。

比例是理性的、具体的，尺度是感性的、抽象的。物体与人相适应的程度，是在长期的实践经验积累的基础上形成的。有尺度感的事物，具有使用合理、与人的生理感觉和谐、与使用环境协调的特点。在工业产品中，比例与尺度是指产品形态主体与局部之间的关系，一切造型艺术都存在比例是否和谐的问题。和谐的比例和尺度可以引起人们对产品的美好感受，使总的组合有明显的理想的艺术表现力。任何一件功能与形式完美的产品都有适当的比例与尺度关系，比例与尺度关系既反映结构功能又符合人的视觉习惯，在一定程度上体现出均衡、稳定、和谐的美学关系。

《第 3 章》

Photoshop CC 的基本命令

2013 年 7 月，Adobe 公司推出新版本 Photoshop——Photoshop CC(Creative Cloud)。在 Photoshop CS6 功能的基础上，Photoshop CC 新增相机防抖动功能、Camera Raw 功能改进、图像提升采样、属性面板改进、Behance 集成等，以及 Creative Cloud，即云功能。

版本的更新和功能的增加，对于绘制产品设计效果图并没有太大的影响，绘制产品效果图的常见工具在版本更迭的过程中，并没有太大的变化。只需掌握绘制产品效果图的基本工具，就能在使用不同版本的 Photoshop 软件时表现得游刃有余，Photoshop CC 的操作界面如图 3-1 所示。

图 3-1　Photoshop CC 的操作界面

3.1　Photoshop CC 的工作面板

在绘制产品效果图的过程中，可以将 Photoshop CC 的工作面板划分为 7 个主要区域，如图 3-2 所示。

图 3-2　Photoshop CC 工作区域划分

3.1.1　图像编辑窗口

图像编辑窗口是 Photoshop 的主要工作区域，是显示图像和进行操作的直接界面。在图像编辑窗口的左上角显示有打开文件的基本信息，包括文件名、缩放比例和颜色模式等。若打开多个图像文件，可以单击窗口进行切换，也可以通过组合键 Ctrl+Tab 进行切换。若认为图像编辑窗口过小，也可使用 Tab 键隐藏其他面板，将图像编辑窗口扩大，再次使用该快捷键退出该模式，图像编辑窗口如图 3-3 所示。

图 3-3　图像编辑窗口

当需要精细处理局部图像时，可使用组合键 Ctrl++ 放大显示图像；若需整体处理图像时，可使用组合键 Ctrl+− 缩小显示图像；同时，组合键 Ctrl+0 可以使图像显示适应窗口至合适的大小。当将图像放大至超过图像编辑窗口大小而只能显示其局部画面时，可使用“抓手工具”或 H 键或按住空格键，然后单击图像以移动图像显示不同区域。

3.1.2　工具栏

使用工具栏中的工具可以对图像进行各类操作，工具右下角有小三角形代表一个工具组，将鼠标指针移到小三角形上，长按或单击鼠标右键可弹出下拉菜单并选择其中一种工具。鼠标指针长时间悬停在工具上会显示工具的名称和快捷键，工具栏详细信息如图 3-4 所示。对于快捷键的使用，并不十分苛求，力求做到个人使用得方便快捷，提高工作效率即可。如果去过分强求，反而让工作过程变得束手束脚，影响提高工作效率。

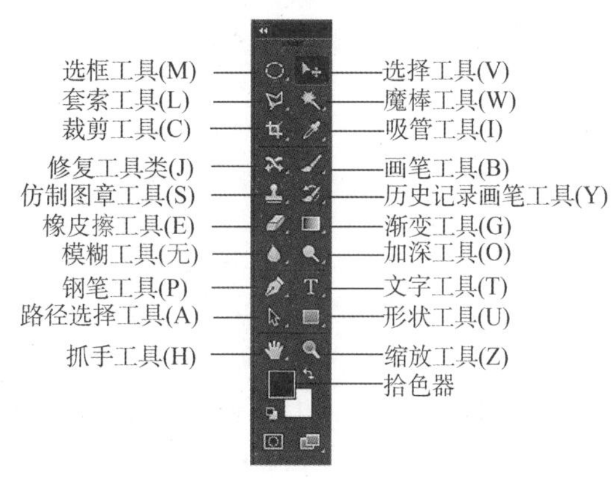

图 3-4　工具栏

3.1.3　工具属性栏

该属性栏主要用来调节工具的各项参数以实现不同的效果，不同的工具需要调节成不同的参数以满足需求。如图 3-5 所示为画笔工具属性栏，通过调节不透明度实现改变画笔颜色的深浅和明暗，在使用喷笔功能时，也可通过调节流量来改变涂抹的量度，在不改变不透明度的条件下，也可以通过调节流量实现对画笔的二级控制。

图 3-5　画笔工具属性栏

3.1.4　菜单栏

菜单栏位于 Photoshop 界面的顶端，最左侧为 Photoshop 的 Logo，最右侧依次为最小化、最大化和关闭按钮。菜单栏中间 11 个菜单分别为：文件、编辑、图像、图层、类型、选择、滤镜、3D、视图、窗口和帮助。快捷键皆为 Alt+“菜单名右侧括号内的字母”，通过菜单栏内的各项操作可执行 Photoshop 内的所有命令，如图 3-6 所示。

图 3-6　菜单栏

文件菜单：用于基本的新建、保存等文件处理。脚本和批处理可实现半智能化的图片处理。文件菜单中常用的命令有“新建”“打开”和“保存”。在“新建”对话框中，可根据需求设置宽度、高度和分辨率。执行“打开”命令可以打开 PSD、JPEG 等图片文件，或者直接将文件拖入 Photoshop 中可实现快速打开文件。“保存”命令可以将当前文件保存在想要保存的目录下，保存有多种格式，PSD(Photoshop 文件格式，可存储所有操作、图层)、JPEG(最常用的图片格式，存储时改变品质可改变文件大小)、PNG(可存储透明信息的图片格式，需要透明图片时可选用)。

编辑菜单：用于基本的文件编辑操作。编辑菜单中常用的命令有“后退”“还原”“剪切”“粘贴”“填充”和“描边”等。

图像菜单：对图像以及画布进行操作。图像菜单中常用的命令有“调整”“图像大小”“图像旋转”和“裁剪”等。执行“调整”命令可以对图片色调、饱和度、对比度等基本属性进行调节，基本功能收录在调整面板中。使用“图像大小”命令可以修改图片分辨率，但一般采用更改画布大小，再使用移动工具缩放更方便。“裁剪”命令可以结合选择工具快速更改图像大小。“图像旋转”命令可实现画布的旋转和翻转。

其他的菜单使用由于会在本书的案例中具体提到，在这里仅做简单介绍。

图层菜单：用于图层的操作，基本能在图层面板中完成。

选择菜单：用于选择等一些操作，配合模板、套索等选择工具使用更有效率。色彩范围功能常用。

滤镜菜单：用于添加图片的各类特效，后面将具体介绍。

视图菜单：排版校正类的功能，建议开启“显示”中的“智能参考线”功能，有助于对齐参考线。

窗口菜单：功能面板管理，变换布局。

3.1.5　色板

在色板上可以随时选择各类常用色作为前景色。鼠标悬停在色板上即默认使用吸管工具，单击任一颜色即可将此颜色设置为前景色，也可设置添加或删除其中的颜色。色板工作区域如图 3-7 所示，可以根据个人的色彩偏好自行设置个人色板，生成具有个人特色的色板，为日常工作中取色提供便利。

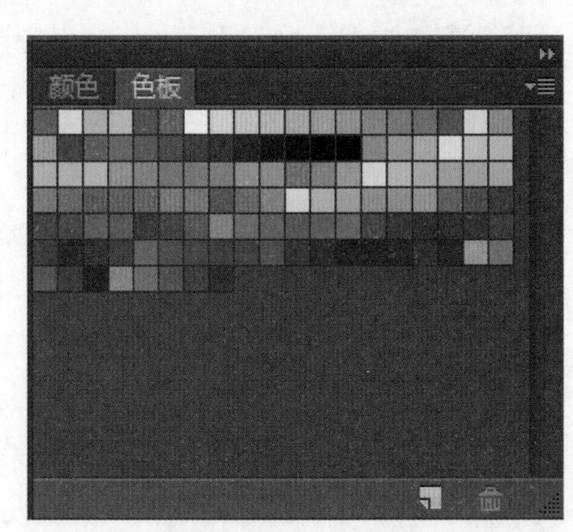

图 3-7　色板工作区域

3.1.6 历史记录面板

面板是 Photoshop CC 中非常重要的一个组成部分，通过它可以进行选择颜色、编辑图层、新建通道、编辑路径和撤销编辑等操作。在 Photoshop CC 中使用面板时，执行“窗口”|“工作区”命令，可以打开需要的面板。打开的面板都依附在工作界面右侧。单击面板右上方的三角形按钮，可以将面板缩为精美的图标，使用时可以直接单击所需面板按钮即可弹出面板。在使用 Photoshop CC 处理图像时，其中进行的每一步操作都会被载入历史记录面板中，单击其中的一步操作记录就会退到该操作时的状态，但如果对该图像进行操作，之前的后续操作记录会被覆盖。系统默认的历史记录保存项为 20 步操作，可执行“编辑”|“首选项”|“性能”命令，在弹出的“首选项”对话框中进行设置，如图 3-8 所示。单击历史记录最上部带文件名栏可回到文档最初始状态。历史记录面板如图 3-9 所示。

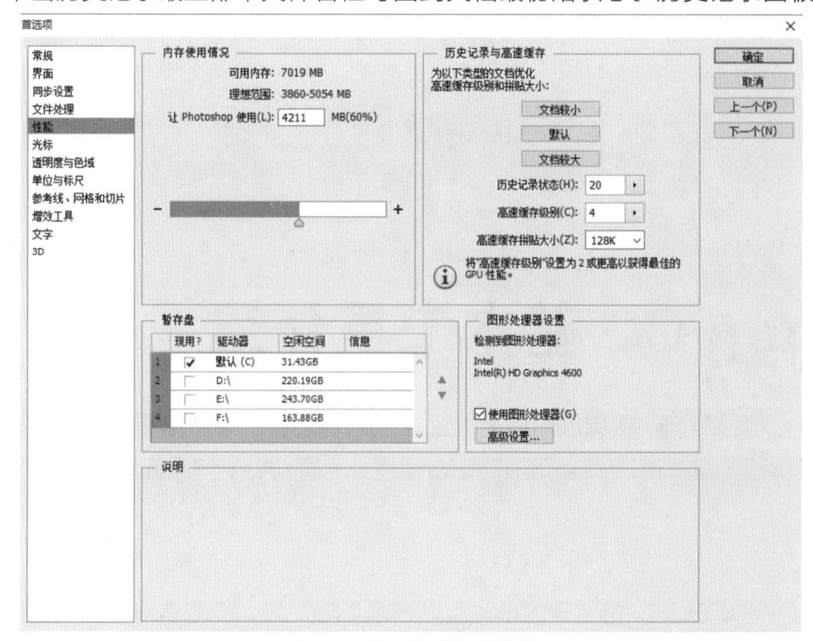

图 3-8 “首选项”对话框

图 3-9 历史记录面板

3.1.7 图层面板

通俗地讲，图层就像是含有文字或图形等元素的胶片，一张张按顺序叠放在一起，组合起来就形成页面的最终效果。图层可以将页面上的元素精确定位。图层中可以加入文本、图片、表格、插件，也可以在里面再嵌套图层。例如，在一张透明的玻璃纸上作画，透过上面的玻璃纸可以看见下面纸上的内容，但是无论在上一层上如何涂画都不会影响到下面的玻璃纸，上面一层会遮挡住下面的图像。最后将玻璃纸叠加起来，通过移动各层玻璃纸的相对位置或者添加更多的玻璃纸即可改变最后的合成效果，这也是 Photoshop 的基本工作原理。当然，也可以通过合并图层等操作来将几个图层上的元素重叠为一个新的图层。Photoshop 的工作原理就是通过绘制不同的图层，对不同的图层分别进行处理。将各个图层的各种效果叠加得到最终的图像，对单一图层的操作不会对其他图层造成影响。在绘制效果图的过程中，可以将复杂的图像分解为简单的多层结构，分别进行处理，从而降低工作的难度。对图层进行隐藏、锁定、合并、复制等操作来简化清晰绘制过程，并为图层添加一定的图层样式和改变混合模式等，也可以对图层进行分组、标记、锁定等操作，实现对图层的分层，分类管理，以便对图层进行有效甄别，大大提高绘图的效率，使得图层间的切换更加直截了当，图层面板如图 3-10 所示。

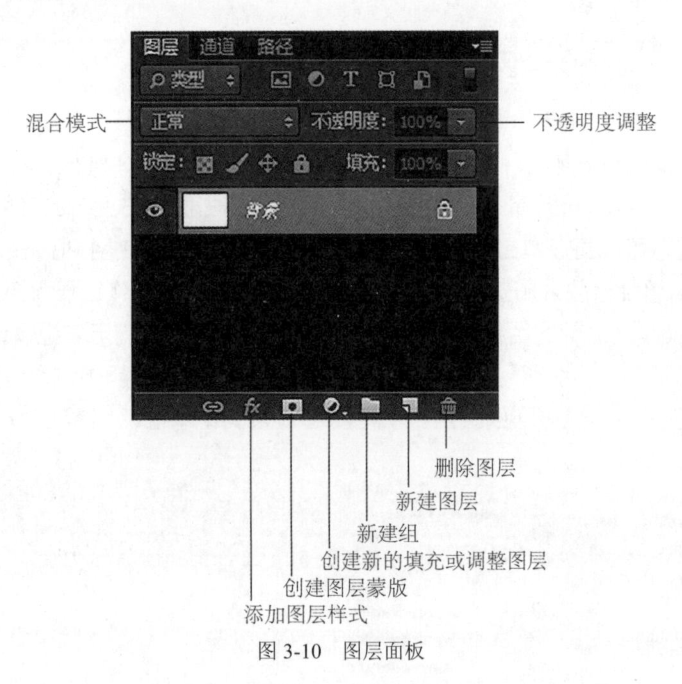

图 3-10　图层面板

3.2　Photoshop CC 基本工具介绍

Photoshop 的工具种类繁多，但绘制产品效果图时使用的工具相对有限，下面会单独介绍其中的常用工具，单个工具的功能都比较简单，重点在于各类工具的组合使用，来实现复杂效果的表达。

3.2.1　选框工具

“选框工具”主要用来建立规则图形选区，最常用的是“矩形选框工具”和“椭圆选框工具”，用于区域的填充和描边区域。使用该工具时，按住鼠标左键，拖动鼠标，即可形成各类选区，按住 Shift 键再拖动鼠标左键可以建立正方形或者正圆形选区。按住 Alt 键再拖动鼠标左键会以单击点为几何中心建立选区，建立选区后可使用组合键 Alt+Delete 填充前景色，使用组合键 Ctrl+Delete 填充背景色。“选框工具”示例如图 3-11 和图 3-12 所示。

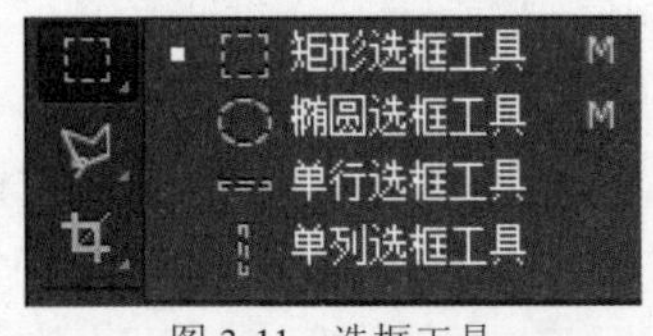

图 3-11　选框工具

图 3-12　矩形选区

3.2.2　移动工具

使用“移动工具”在未建立选区时可对图层内的所有图像进行移动，而在建立选区时仅对选区内的图像进行移动，方法是将鼠标指针移到图像上，按住鼠标左键进行拖动，图像会随着鼠标的移动而移动；按住 Alt 键，拖动鼠标左键移动图像会对图像进行复制并移动。“移动工具”示例如图 3-13 和图 3-14 所示。

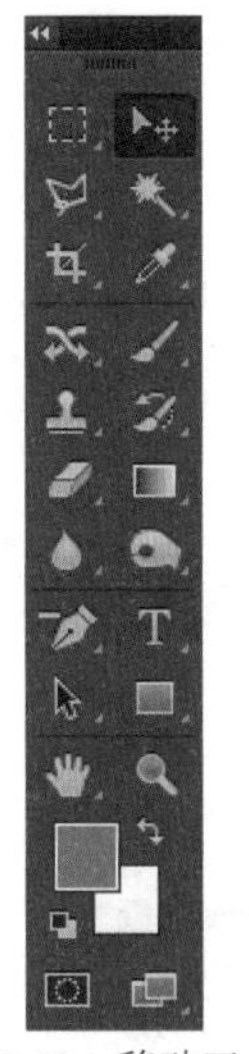

图 3-13　移动工具

图 3-14　移动选区

3.2.3　橡皮擦工具

“橡皮擦工具”可以用于擦除所在图层的图像，在该工具属性栏中，可以设置工具的各项参数。使用不同类型的画笔，可以擦出不同的笔触效果。调节画笔半径（使用快捷键 [减小画笔半径，使用快捷键] 增大画笔半径），调节画笔的不透明度可以擦出不同透明度的图像，当不透明度为 100% 时，会完全擦除图像，显示图像的透明度 =100%− 设置的不透明度。“橡皮擦工具”示例如图 3−15、图 3−16 和图 3−17 所示。活用 Photoshop 中的“橡皮擦工具”，可以出现类似马克笔或者喷笔的效果。橡皮擦涂抹之后的边缘多样，有的是光滑边缘，有的呈现渐变状，有的比较柔和。因此在控制光影时也可以适当使用“橡皮擦工具”进行辅助绘制和调节。

图 3-15　橡皮擦工具

图 3-16　不透明度 80% 擦除

40　模式：画笔　不透明度：80%　流量：100%　抹到历史记录

图 3-17　橡皮擦工具属性栏

3.2.4　渐变工具

在不建立选区的情况下，使用“渐变工具”会对整个图幅进行填充渐变，只有在绘制背景时才会用到。“渐变工具”一般会配合选区工具使用，对规定选区进行填充。“渐变工具”主要运用于过渡面的绘制和各类规则反光的表达。常用的渐变类型有 5 种：线性渐变、径向渐变、角度渐变、对称渐变和菱形渐变。在渐变工具属性栏中单击渐变缩略图可打开渐变编辑器，选择渐变模板，或者自行调节色标的位置、色彩和不透明度，也可以单击颜色条下方，添加新的色标，在颜色条上方为不透明度色标，可以改变选区中颜色的不透明度及位置。示例如图 3-18 至图 3-21 所示，系统已经预设了 16 种常见的渐变配色方案供大家选择。使用者也可载入其他渐变方案或者存储个人配置的渐变方案以便日后使用，为工作带来便利。其中属性栏中的“反向”复选框可以实现完全相反的效果，灵活使用可以提高工作效率。

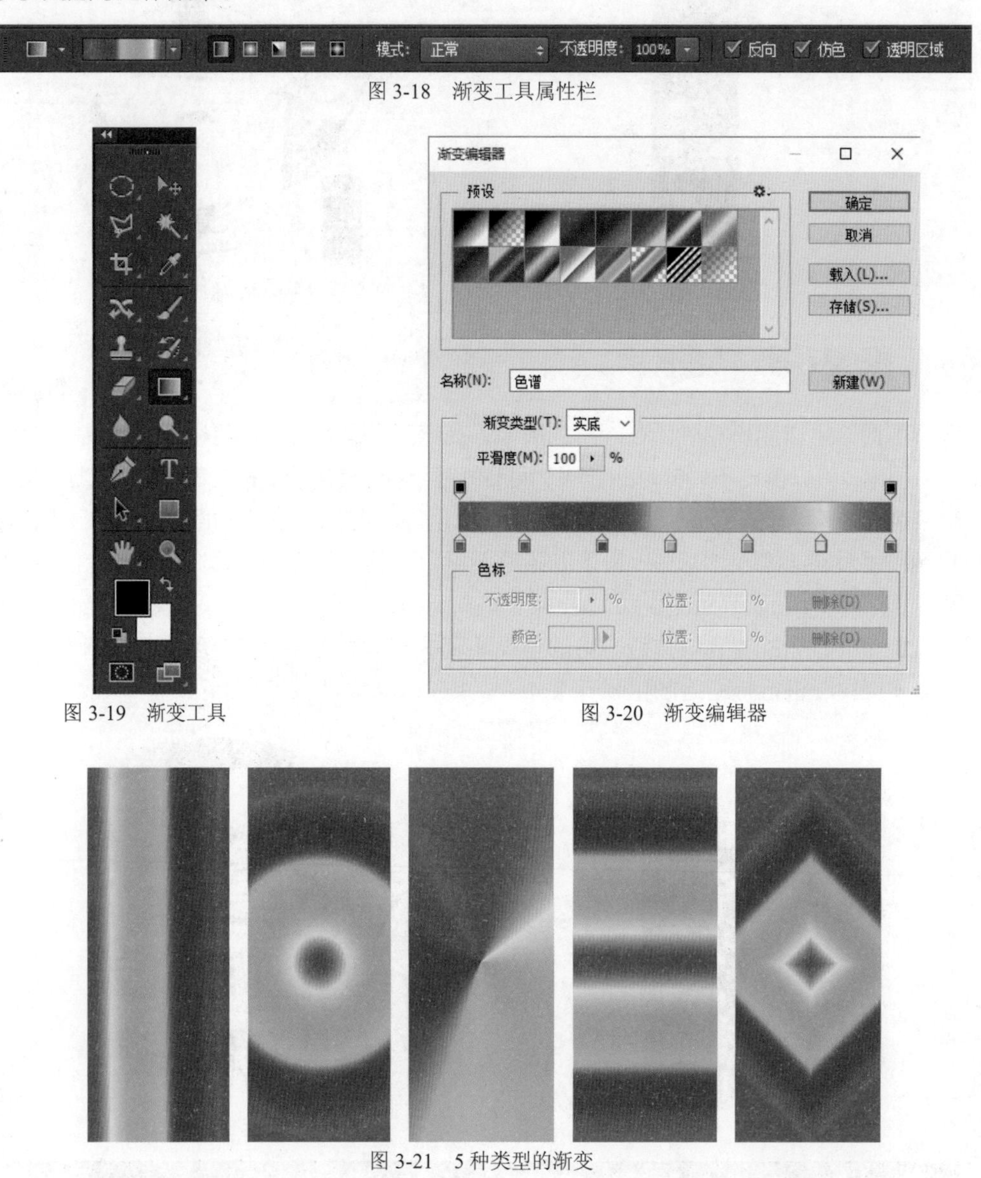

图 3-18 渐变工具属性栏

图 3-19 渐变工具

图 3-20 渐变编辑器

图 3-21 5 种类型的渐变

3.2.5 钢笔工具

“钢笔工具”在绘制产品效果图的过程中主要用于绘制产品的形态轮廓线和建立边界复杂的选区填色、描边，如图 3-22 所示为提供的几种钢笔工具。使用“钢笔工具”时，单击鼠标左键会在光标位置生成一个锚点，不同的锚点相互连接形成连续的路径，在单击生成锚点时按住鼠标左键不放拖动会形成两根与拖动方向一致的控制杆，路径会与控制杆相切，形成曲线路径，如图 3-23 和图 3-24 所示。完成路径后，可使用“添加锚点工具”或“删除锚点工具”为路径添加或删除锚点，如图 3-25 和图 3-26

所示。按住 Alt 键，单击锚点移动控制杆改变路径曲率，可控制单个控制杆；按住 Ctrl 键，单击锚点可以移动锚点。形成闭合路径后，可单击鼠标右键，执行“描边路径”命令来勾画轮廓，执行“建立选区”命令来建立复杂选区，如图 3-27 和图 3-28 所示。

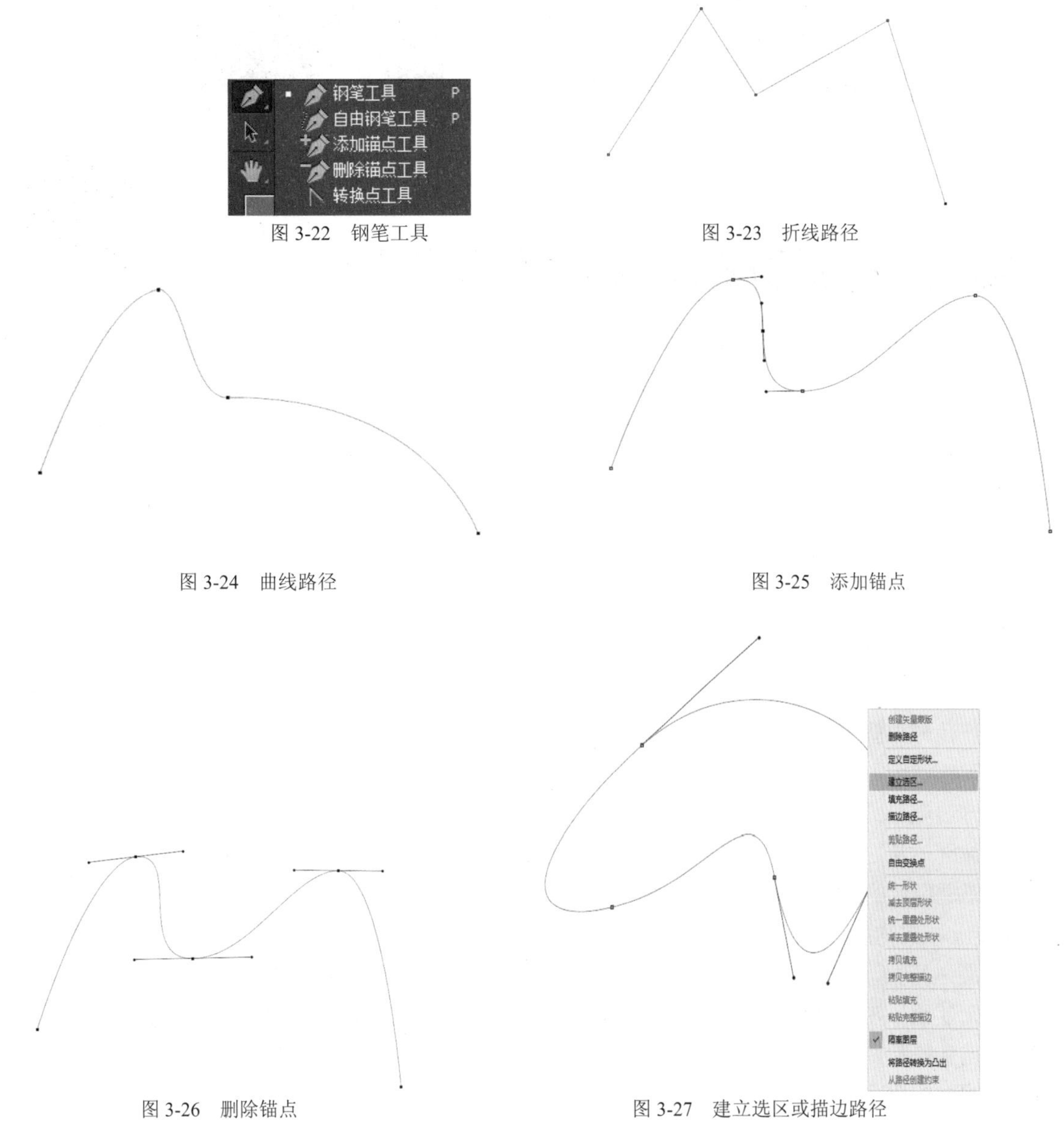

图 3-22　钢笔工具

图 3-23　折线路径

图 3-24　曲线路径

图 3-25　添加锚点

图 3-26　删除锚点

图 3-27　建立选区或描边路径

3.2.6　其他常用工具

“加深工具”和“减淡工具”在绘制产品效果图的过程中有着十分广泛的运用，能够使图像的颜色加深或减淡，常用于曲面的表现，体现图像不同的面之间的明暗关系。在使用“加深工具”或“减淡工具”时，常使用大半径的柔边画笔进行涂抹，这样相对容易控制。在处理不同的对象时，在工具属性栏中调节使用不同的范围：在色调较暗区域使用“阴影”，在色调较亮区域使用“高光”，一般情况下使用“中间调”。调节不同的曝光

图 3-28　绘制产品外轮廓

度其程度也不同，使用过程中尽量使用较低曝光度，便于控制效果。在使用这类工具涂抹时，使用硬度较小（边缘模糊）的画笔，使得光影间的渐变过渡更加自然、柔和，示例如图3-29至图3-32所示。

图 3-29　加深、减淡工具

图 3-30　改变范围、曝光度

图 3-31　减淡工具参数设置

图 3-32　加深工具涂抹

“模糊工具”主要是对图像进行局部模糊，按住鼠标不断拖动即可操作，一般在颜色与颜色之间比较生硬的地方加以柔和，也用于颜色与颜色过渡比较生硬的地方。“锐化工具”与“模糊工具”相反，它是对图像进行清晰化，作用在范围内的全部像素上，如果作用太明显，图像中每一种组成颜色都会显示出来，所以会出现花花绿绿的颜色，使用了“模糊工具”后，再使用“锐化工具”，图像就不能复原了，因为模糊后颜色的组成已经改变。“涂抹工具”可以将颜色抹开，一般用于颜色与颜色之间边界生硬或衔接不好的地方，将过渡颜色柔和化，有时也会用在修复图像的操作中。

3.3　本章小结

在绘制产品效果图过程中，常使用的几种工具的功能都相对比较简单，其难点在于不同工具的交替使用，多次重复使用，这一过程需要充满耐心。

虽然是通过电脑绘制效果图，但是对于明暗的掌握以及形状的把握是与手绘相通的，需要读者在阅读本书的时候随时将之前所学的绘画知识和生活常识迁移过来，才能帮助自己更好地理解每个步骤的缘由，更好地掌握鼠绘的技巧。

Photoshop 的功能和调节参数很多，只有了解它们的调节原理才能根据不同的使用场合和所要达到的设计意图进行灵活使用。因此 Photoshop 中不同的工具也可能在操作中实现相同的效果，可以根据个人喜好来使用，并无优劣之分，对于单一工具调节不同的参数也可以实现不同的效果。对于初学者，可以通过模仿和临摹快速积累使用经验，但是一定要在临摹的过程中思考操作的理由和原因，不能只是停留在照搬照做的层面。

Photoshop 功能和操作繁杂，通过一两个案例不可能熟练掌握，读者可以使用案例中提供的思路和方法将自己平时手绘的效果图尝试用 Photoshop 绘制出来。可以多多尝试，以求达到理想的效果。

《第 4 章》

Photoshop 的材质表现及典型应用

在人们的日常生活中，会接触到各类材质的产品。不同的材质由于不同的特性被赋予了形态各异的外观，熟悉材质的不同特性，就能做到真正的物有所用，物尽其用。

在本章内容中，会介绍几种常见产品材质的绘制方法以供学习参考，熟练掌握后能运用于大多数产品的效果表现，简单易学，行之有效。

下面是整理的几种常见的材质表现及其范例。

(1) 金属材质表现（典型产品表现：水龙头、金属水壶等）

(2) 塑料材质表现（典型产品表现：塑料电源插头、塑料储物箱等）

(3) 玻璃材质表现（典型产品表现：玻璃酒杯、玻璃瓶子等）

(4) 木质材质表现（典型产品表现：木质梳子、木质桌椅等）

(5) 拉丝材质表现（典型产品表现：电热水壶等）

4.1 金属材质表现

金属是生活中最为常见的一种材质，具有外表美观、坚固耐用等特点，也是高品质产品中的常见元素。

金属材质具有表面光洁度较高，有强烈的反光和明暗对比，同时色彩比较单一，以灰色为主的特点。金属产品的曲面变化多，因而明暗交界线和反射场景的影像会在其表面拉伸变形。受环境影响较多，在不同的环境下呈现不同的明暗变化。表现要点是：明暗过渡比较强烈，高光处可以留白不画，同时加重暗部处理。必要时读者也可以在高光处显现少许彩色，使表现更加生动传神。

如图 4-1 至图 4-4 所示为常见的金属水龙头和金属水壶，在绘制其效果图时应该多注意对曲面的明暗交界的变化和弧面过渡的层次的刻画，做到清晰简练，笔触果断。常见的金属材质分为平面和曲面两类，下面先介绍常见平面金属材质的表现方法。

图 4-1　水龙头 1

图 4-2　水龙头 2

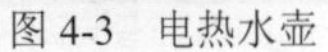

图 4-3　电热水壶

图 4-4　金属水壶

01 打开 Photoshop 软件，按住 Ctrl 键的同时双击空白背景处，在弹出的“新建”对话框中，设置文件的“宽度”为 8.5 厘米、“高度”为 8.5 厘米、“分辨率”为 300 像素 / 英寸，并将其命名为“金属材质”，如图 4-5 所示。

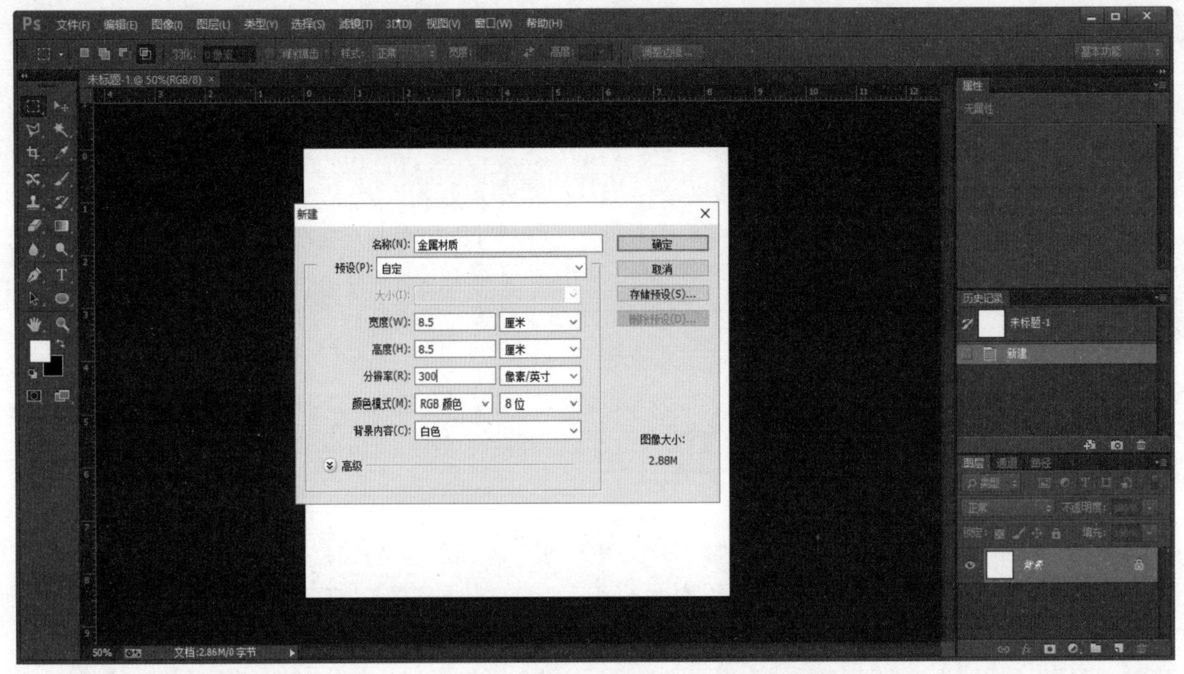

图 4-5　新建文件

这里需要注意的是：在绘制产品时，我们应该事先对图幅大小、比例有一个准确的概念，方便后续绘制的布局。

02 在工具栏中选择“渐变工具”（如图 4-6 所示），在弹出的“渐变编辑器”对话框中进行如图 4-7 所示的设置，然后对背景进行填充，生成如图 4-8 所示的线性渐变，以表现金属的色彩和光感。具体色彩可根据实际情况自行调节，高反光的地方使用浅灰色，低反光的地方使用深灰色，读者可以根据不同的金属使用不同色相的灰色，这都由读者自行调节，不必强求与本图相同，只要达到自身追求的理想效果即可。

03 在菜单栏中执行“滤镜”|“杂色”|“添加杂色”菜单命令，在弹出的“添加杂色”对话框中设置“数量”为 5%，选择“平均分布”单选按钮和“单色”复选框，效果如图 4-9 所示。添加杂色的操作会为材质表面添加颗粒感，具体数量可由读者根据产品表面材质精细程度而定，其中“数量”的值取决于金属打磨时的精细程度，“数量”的值越低，精细程度越高。“数量”设为 5% 和 15% 时的效果分别如图 4-10 和图 4-11 所示。读者可以反复尝试不同的“数量”值，以达到理想效果。

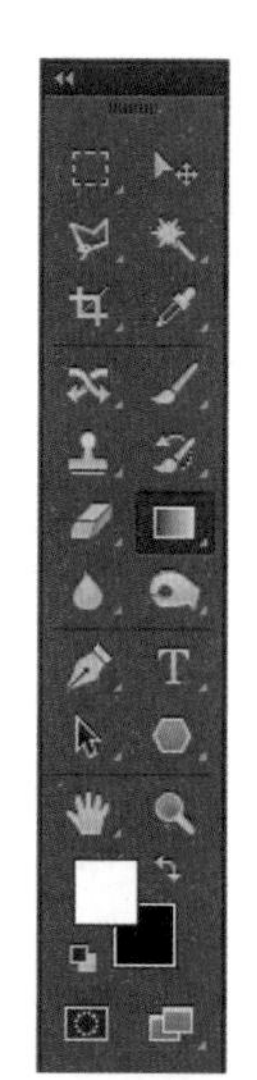

图 4-6　渐变工具

图 4-7　渐变编辑器

图 4-8　渐变效果

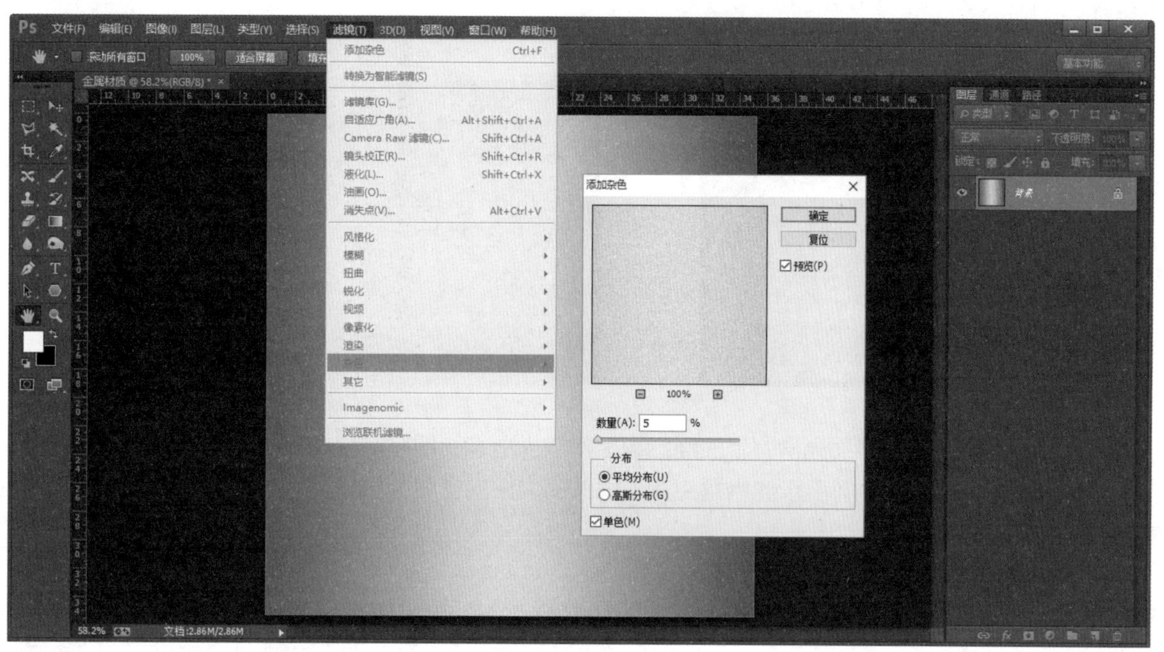

图 4-9　添加杂色

04 执行菜单栏中的“滤镜”|“模糊”|“动感模糊”菜单命令，将“角度”设为 0°，“距离”设置为 100 像素，如图 4-12 和图 4-13 所示。其中需要注意的是“动感模糊”命令中设置的角度需要和之前绘制的渐变角度相一致，否则将难以达到理想的金属拉丝效果。

图 4-10　添加杂色 5% 处理

图 4-11　添加杂色 15% 处理

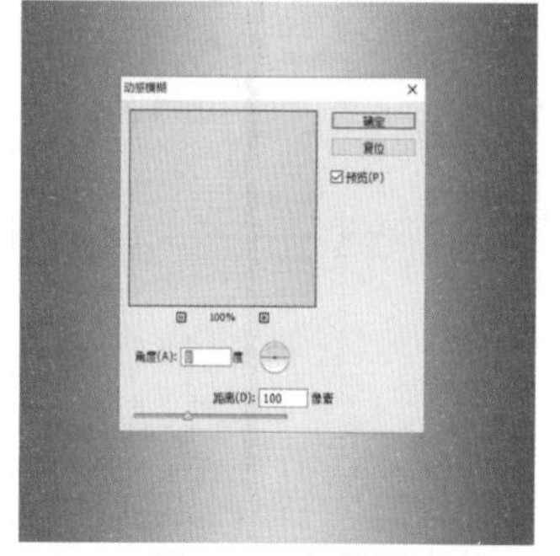

图 4-12　动感模糊设置

05 使用“动感模糊”命令操作后会发现图像左右两侧没有被模糊，此时读者可以使用工具栏中的“裁剪工具”(如图 4-14 所示)将左右两侧未被模糊的部分裁剪掉，如图 4-15 所示。产生这一瑕疵的主要原因在于“动感模糊”命令对边沿处理的不足，最终效果如图 4-16 所示。

图 4-13 动感模糊处理效果

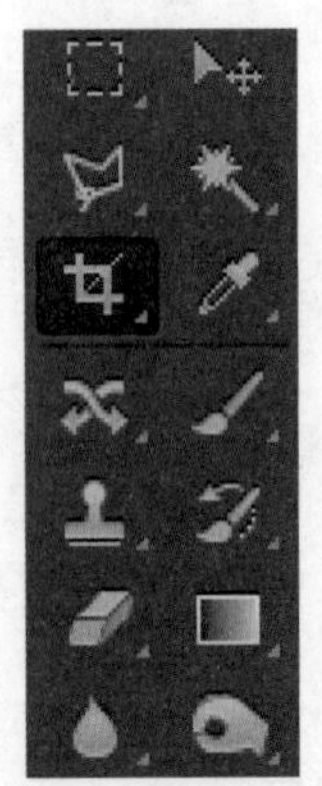

图 4-14 裁剪工具

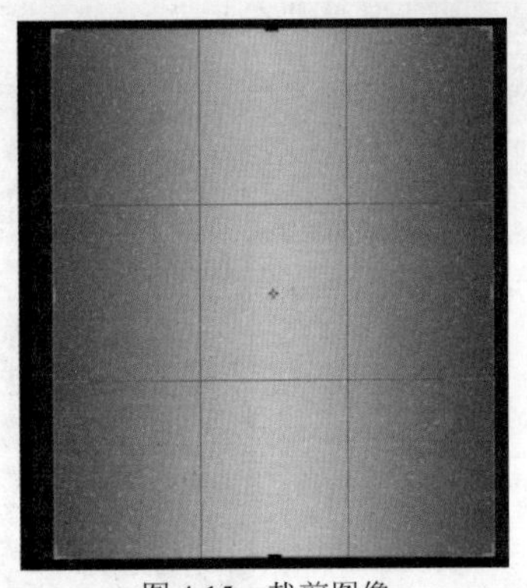

图 4-15 裁剪图像

图 4-16 完成效果图

金属水龙头这类产品表面光滑，但曲面结构相对较为复杂，明暗交界线明显，光影关系简单，但具有很强的表现力，如图 4-17 所示的水龙头在不同的面之间的交界处的处理，是常见不锈钢类金属制品的典型代表。

典型产品(金属水龙头)的表现如下。

01 新建一个大小为 15 厘米 ×17 厘米的 PSD 文件，“名称”为“金属水龙头”，“分辨率”为 300 像素 / 英寸，如图 4-18 所示。读者也可以根据自己的喜好进行自由发挥，任意设置图幅，从而表现形态不同的产品。我们的目标是学习不锈钢水龙头这一类典型产品的表现技巧，因此只需要学习同类细节的刻画即可。

图 4-17 水龙头表现效果图

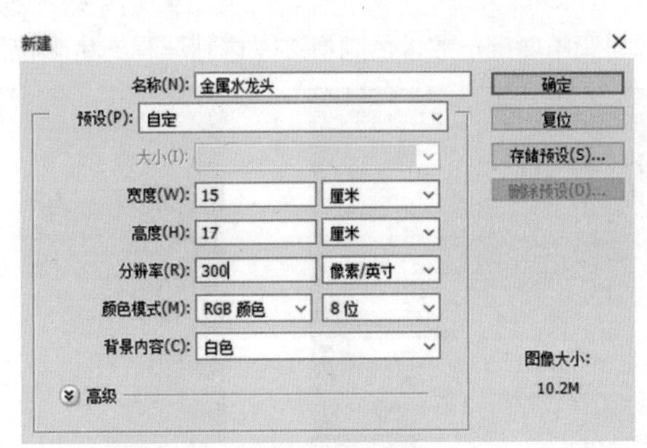

图 4-18 新建文件

02 新建一个图层，命名为“线稿”，在工具栏中选择“钢笔工具”，在该图层上勾画出如图 4-19 所示的路径，绘制出产品的外轮廓，然后单击右键，在弹出的快捷菜单中选择“描边路径”命令，在属性栏中预设画笔半径为 4 像素，黑色，如图 4-20 和图 4-21 所示，然后删除该路径。这一过程中可以将自己绘制的草图衬于该图层下方进行绘制，在勾画钢笔路径时，不必追求每一点都准确到位，可以在形成闭合路径后再分别调节各个锚点和控制杆，直至理想效果，这样做可以节省大量时间和精力。

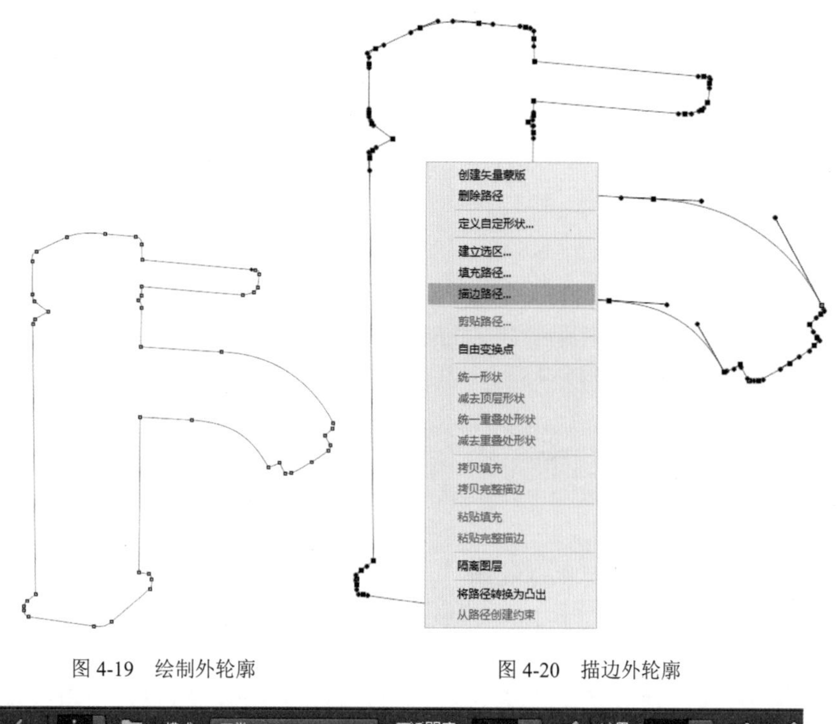

图 4-19　绘制外轮廓　　图 4-20　描边外轮廓

图 4-21　画笔参数设置

03 继续使用与上一步相同的操作，使用“描边路径”命令，画笔半径设置为 3 像素，读者也可以根据实际情况自己设定，需要注意的是外轮廓半径要稍大于内轮廓半径。将该产品的内部结构线耐心地勾画出来，如图 4-22 和图 4-23 所示。注意水龙头的各种细节之处，不要有遗漏。

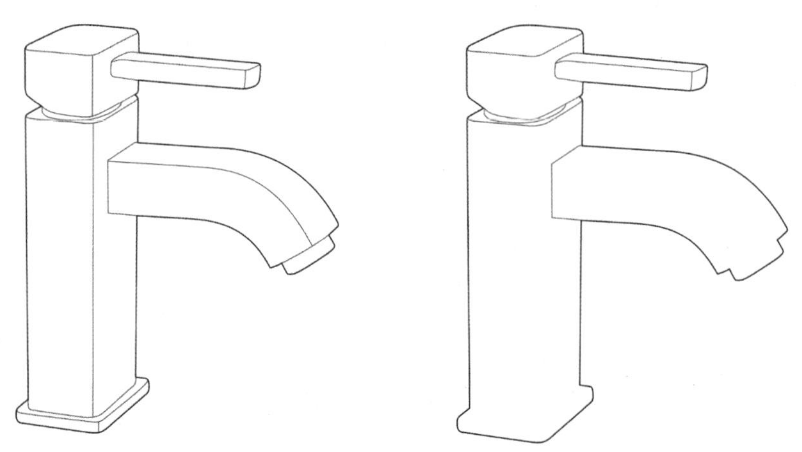

图 4-22　绘制内部结构线 1　　图 4-23　绘制内部结构线 2

04 新建一个图层，命名为“色块”。在工具栏中选择“钢笔工具”，勾画如图 4-24 所示的路径，单击“路径”面板底部的“将路径作为选区载入”按钮建立选区，同时按组合键 Shift+F5 填充颜色，这里填充淡灰色，如图 4-25 所示。

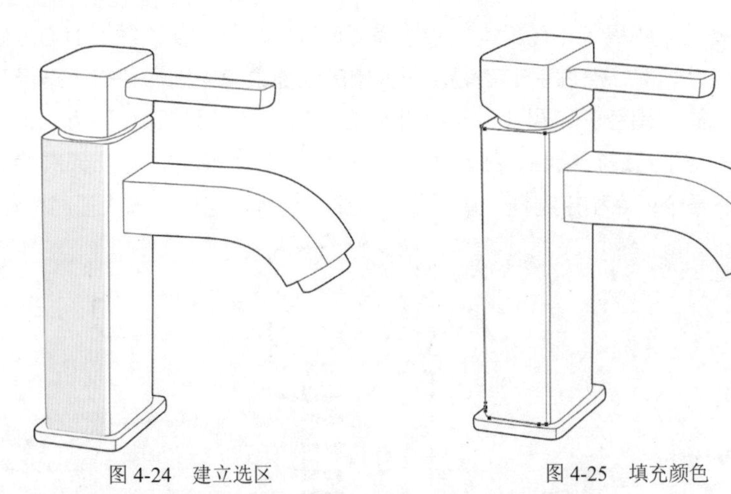

图 4-24　建立选区　　　　图 4-25　填充颜色

05 重复上一步填充颜色的操作，对产品剩余部分各个面填充主要色调。色彩的深浅由读者根据光影关系判定，注意不同面之间衔接处的契合。不同的面之间的色调深浅差异不要过大，保持好色调深浅相对关系即可，如图 4-26 和图 4-27 所示。

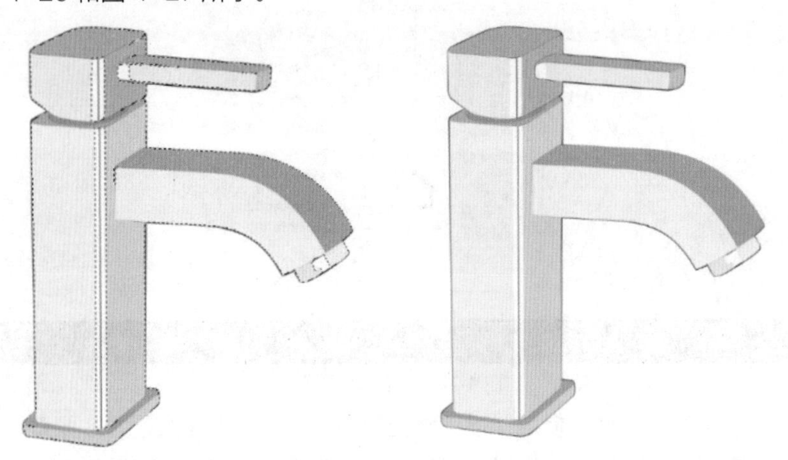

图 4-26　分步建立各部位选区填充颜色　　　　图 4-27　完成效果图

06 对该图层执行“滤镜”|“杂色”|“添加杂色”菜单命令，由于水龙头表面打磨得细腻光滑，颗粒感不强，添加杂色的数量可以设置得偏小一些，添加杂色数量为 2% 的效果如图 4-28 所示，也可根据需要自行控制，任意调节。

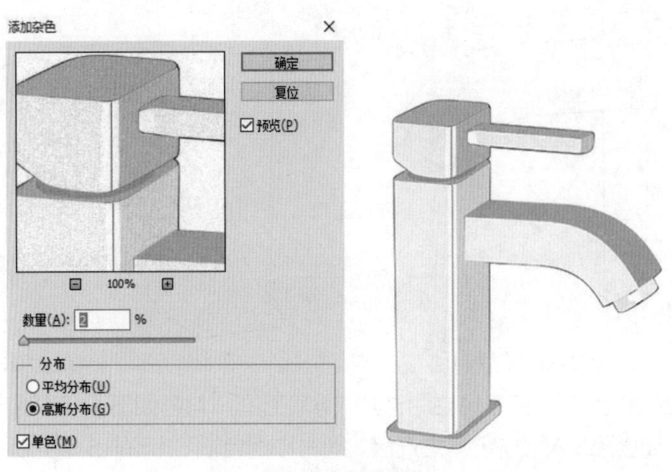

图 4-28　添加杂色

07 铁在不规则排列的情况下会呈现黑色，例如铁的粉末是黑色的，这也是铁被称为黑色金属的原因。不锈钢就是一种以铁为主要元素的合金。在不锈钢制品中的曲面部分，光线会产生不均匀的、角度不一的反射，十分容易出现漫反射的现象，此时不锈钢制品的某些部分映射到人眼中就会呈现为黑色。将“线稿”图层隐藏，新建一个图层，命名为“漫反射层”。使用工具栏中的“钢笔工具”勾画出漫反射部分的轮廓，然后单击右键，在弹出的快捷菜单中选择“建立选区”命令，“羽化”半径设置为 2 像素，使边界过渡显得更柔和。填充黑色或深黑灰色，这里尤其需要读者注意反光处选区的建立和填充，这部分区域也呈现为黑色，过程如图 4-29、图 4-30 和图 4-31 所示。

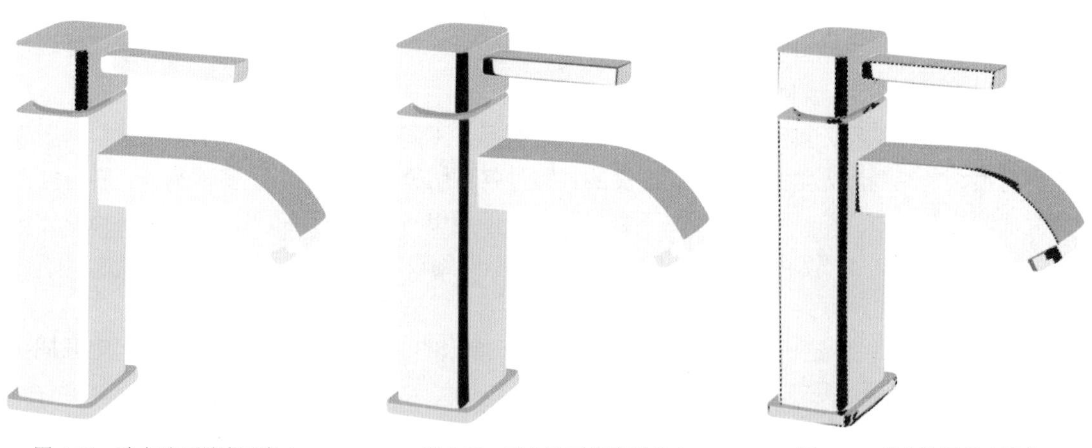

图 4-29　建立选区填充黑色 1　　图 4-30　建立选区填充黑色 2　　图 4-31　建立选区填充黑色 3

08 在“色块”图层上使用工具栏中的“加深工具”和“减淡工具”对水龙头边缘和反射处进行绘制，方法是先建立选区（重点是反光处的选区），再对局部进行加深减淡操作。特别要注重的是边沿转折处的加深和减淡，不同的部位使用不同的范围，亮部使用“高光”，暗部使用“阴影”，其他部位使用“中间调”，如图 4-32 至图 4-35 所示。注意将图幅放大后进行细微绘制时使用大半径笔刷，降低画笔硬度，低曝光度进行多次涂抹。这样做的好处是能够使画面效果更容易控制。虽然步骤较多，但操作简单，需要有足够的耐心。

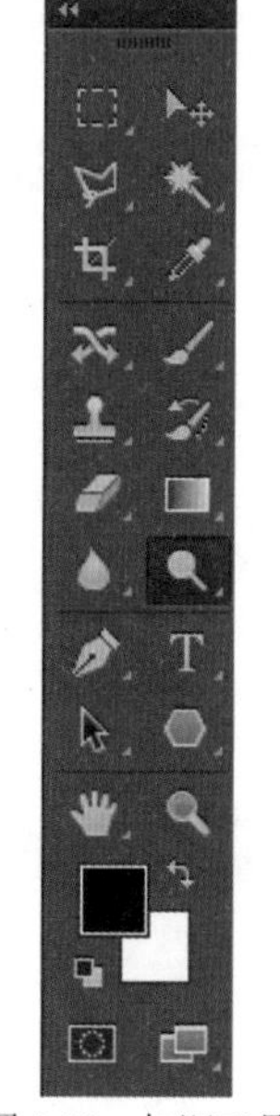

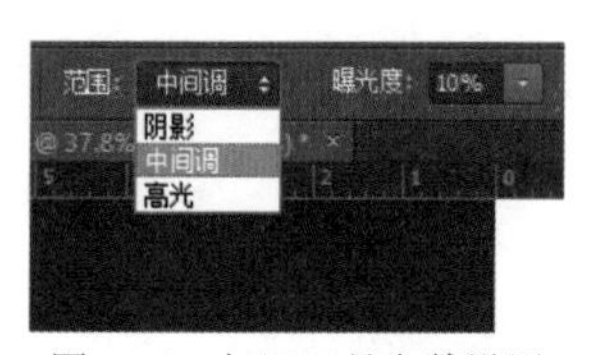

图 4-32　加深工具　　图 4-33　加深涂抹选区　　图 4-34　加深工具参数设置　　图 4-35　最终效果图

4.2 塑料材质表现

塑料是现代包装和加工最常用到的材料，因其种类繁多、形态功能各异、价格低廉而备受大众消费者的青睐。塑料制品的色泽和光泽都是绝佳，但耐磨性和抗氧化性不强，常作为一次性用品和廉价产品的主要材质，亲民实惠。

塑料属于半反光材料，表面给人的感觉较为温和，明暗反差没有金属材料那么强烈，表现时应注意它的黑白灰对比较为柔和，反光比金属弱，高光强烈。塑料材质的色泽和光泽的表现力都很丰富，尤其对于成色较新的产品，这两点是产品效果图中不可或缺的重要部分，如图 4-36 所示的塑料储物箱和图 4-37 所示的塑料电源插头就是最常见的两类塑料产品。

塑料制品较金属制品，其反光性良好但不如金属制品，不同曲面的反光差异不大。塑料材质表面精细度差异化很大，有高反光类的，也有磨砂类的或其他各种肌理的。色彩也是多种多样，转折处曲面常呈现高亮面。塑料材质的单一平面表现力不强，有时直接用单一色彩表现即可，其表现重点常体现在转折过渡处，可以通过图 4-37 所示的塑料电源插头的绘制得到较好的体现。

典型产品 (塑料电源插头) 的表现如下。

01 打开 Photoshop，新建一个大小为 8.5 厘米 ×8.5 厘米的 PSD 文件，命名为“塑料电源插头”，分辨率设置为 300 像素 / 英寸，如图 4-38 所示。

图 4-36 塑料储物箱

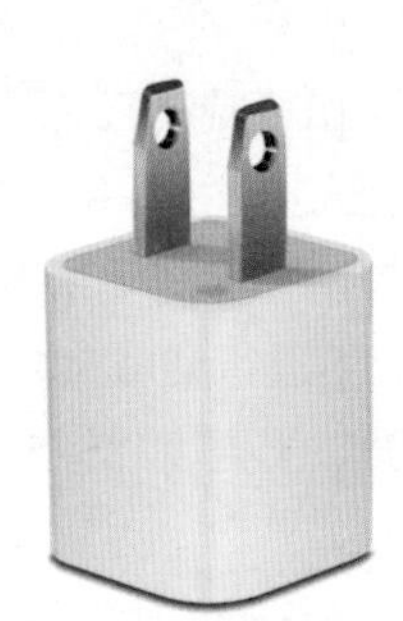

图 4-37 塑料电源插头

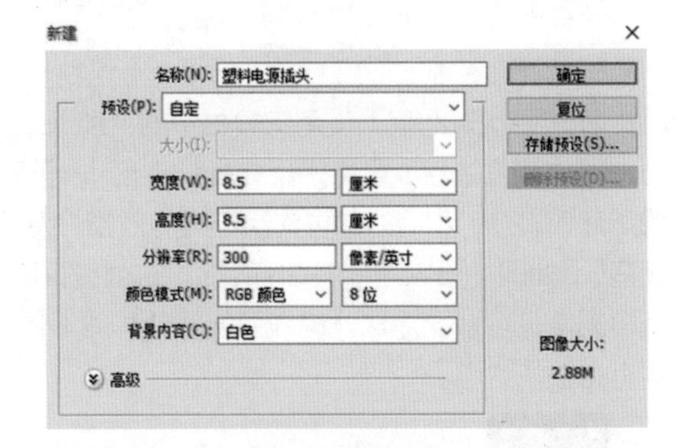

图 4-38 新建文件

02 新建一个图层，命名为“线稿”，使用工具栏中的“钢笔工具”在该图层上勾画出该塑料电源插头的外轮廓，如图 4-39 所示。单击右键在弹出的快捷菜单中选择“描边路径”命令，“画笔半径”设置为 3 像素、黑色，效果如图 4-40 所示。

03 重复上一步勾画轮廓的操作，对产品内部结构线进行绘制，“画笔半径”设置为 2 像素，过程如图 4-41 和图 4-42 所示。

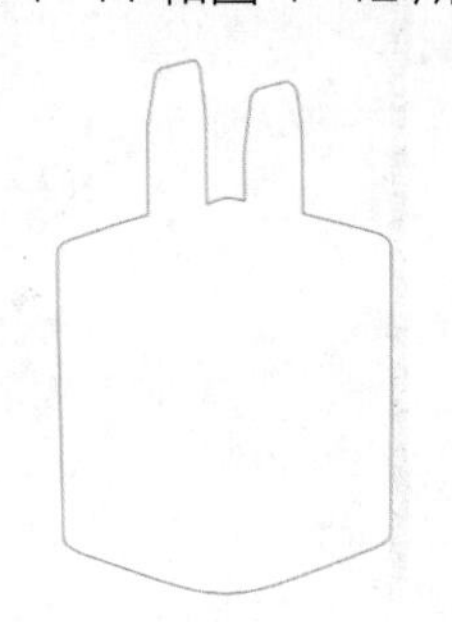

图 4-39 勾画外轮廓路径

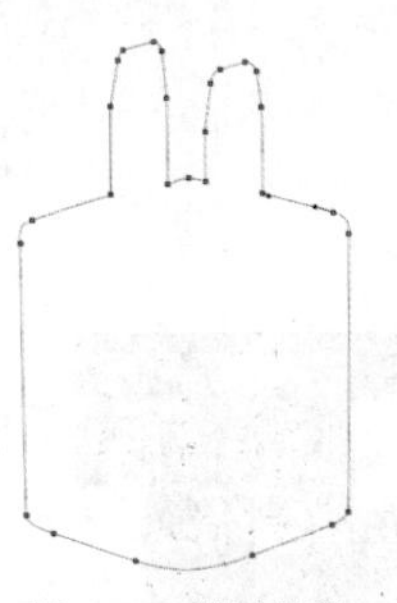

图 4-40 描边路径

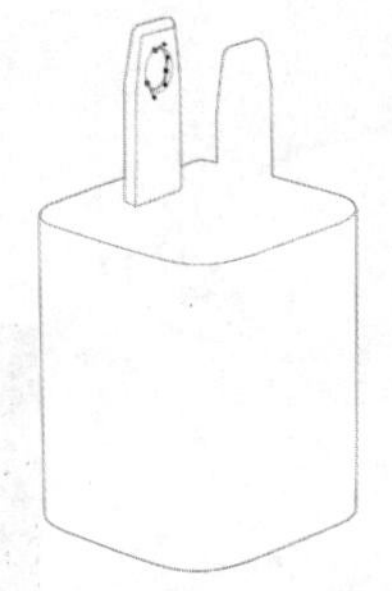

图 4-41 勾画内部结构线 1

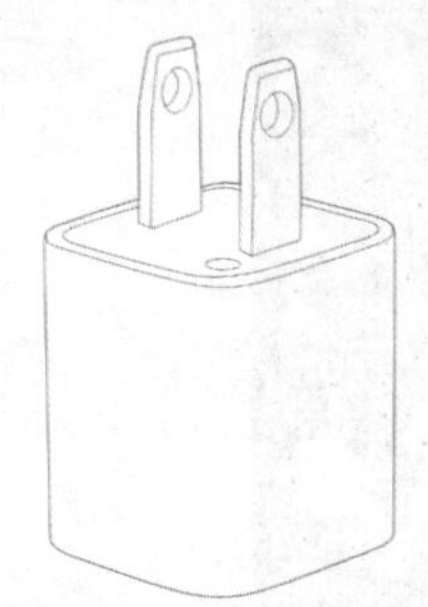

图 4-42 勾画内部结构线 2

04 新建一个图层，命名为“主体”，在该图层上建立如图 4-45 所示的选区，使用工具栏中的“渐变工具”(如图 4-43) 在选区内绘制如图 4-44 所示的水平“线性渐变”，对于渐变色彩的控制，幅度一定要小，两边颜色较深，向中间浅色过渡，着重表现中间过渡处的反光，最终效果如图 4-46 所示。

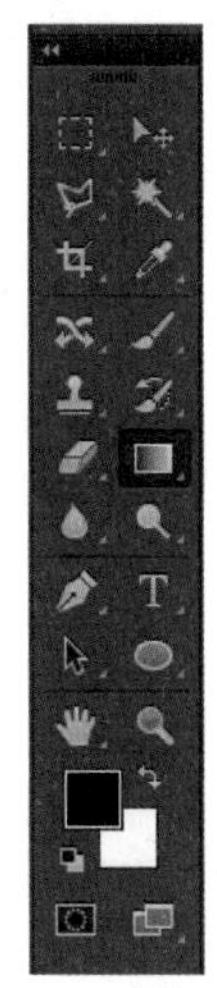
图 4-43　渐变工具

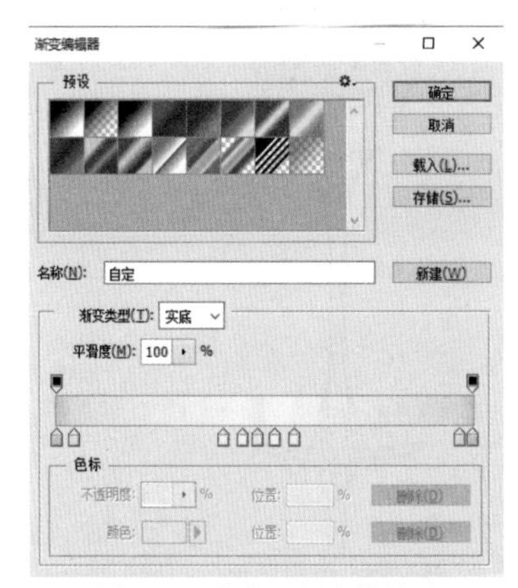

图 4-44　渐变工具参数设置

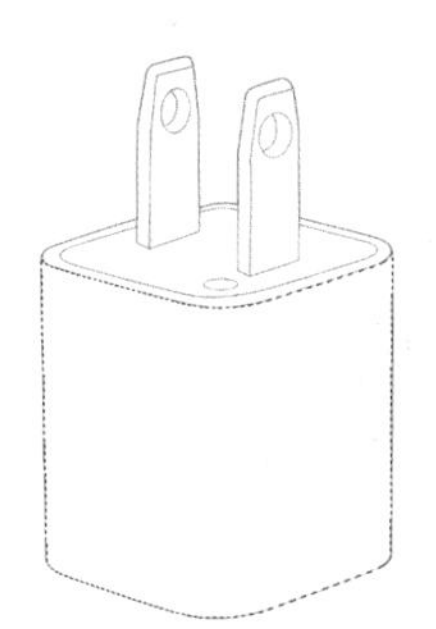
图 4-45　渐变填充选区

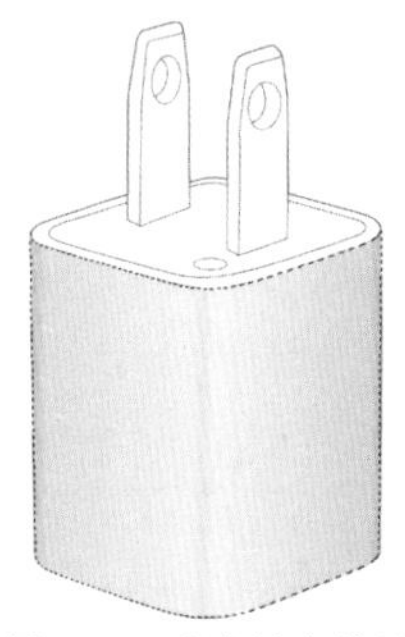
图 4-46　渐变填充效果

05 对插头上部进行建立选区和填充纯色的处理，如图 4-47 和图 4-48 所示。

06 对该图层整体执行菜单栏中的“滤镜”|“杂色”|“添加杂色”菜单命令，数量设置为 2%，效果如图 4-49 所示，增添塑料表面的颗粒感，因为电源插头这种塑料材质表面十分光滑，所以这里将数量设置为 2%，然后如图 4-50 所示对上部标识进行填充，这里将其填充为浅绿色即可。

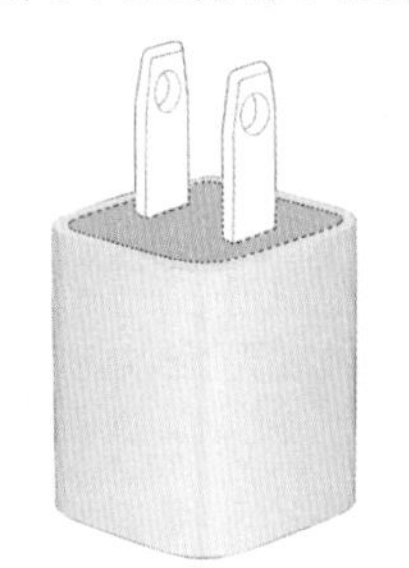
图 4-47　建立选区并填充 1

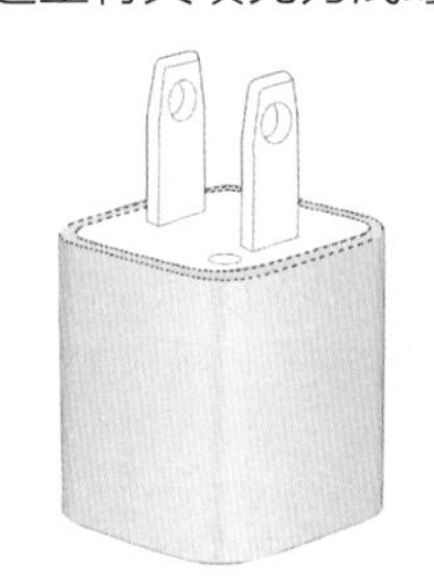
图 4-48　建立选区并填充 2

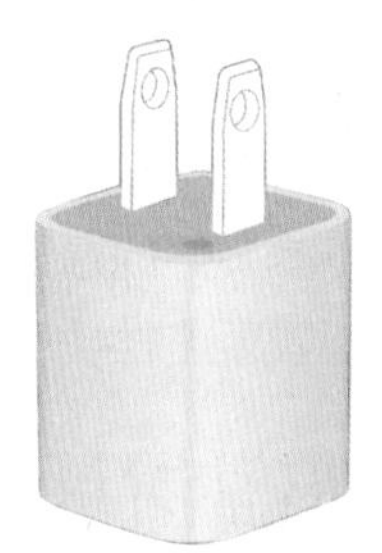
图 4-49　添加杂色

07 使用 4.1 节中学习的操作对插头金属部分进行绘制。首先，新建一个图层，在该图层上建立选区填充色块，绘制漫反射部分。其次，使用工具栏中的“加深工具”和“减淡工具”对细节进行绘制，接着再使用工具栏中的“模糊工具”对边沿过渡处进行打磨。最后，建立选区，绘制底部阴影。其步骤如图 4-51 和图 4-52 所示。虽然步骤比较烦琐，但操作简单，还望读者耐心操作。

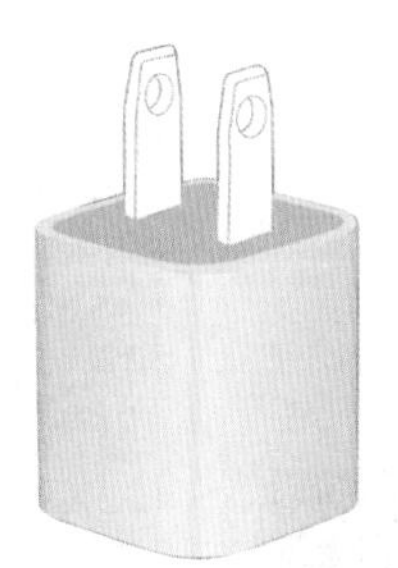
图 4-50　填充标识

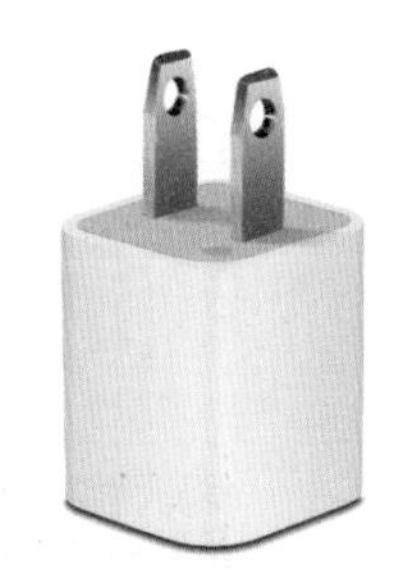
图 4-51　绘制金属插头部分

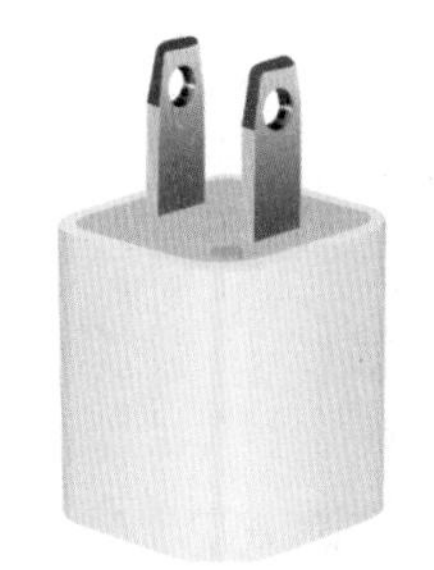
图 4-52　添加阴影和细节

4.3　玻璃材质表现

我们常常通过高光、高反射和折射等方式来体现常见的玻璃材质或透明塑料材质的通透感，这类材质的产品有显示屏幕和玻璃酒杯等，如图 4-53 和图 4-54 所示。

图 4-53 手机屏幕

图 4-54 玻璃酒杯

玻璃这类材质的特点是具有反光和折射光，光彩变化丰富，而透光是其主要特点。透光性使得材质的明暗和色彩变化更加丰富。例如玻璃球的四周和中心位置的色彩浓度会有很大的不同，表现时可借助环境底色，描绘出产品的形状和厚度，强调物体轮廓与光影变化，注意处理反光部分。尤其要注意描绘物体内部的透明线和零部件，以表现出透明的特点。透明的玻璃窗是由于受光照变化而呈现出不同的特征，当室内黑暗时，玻璃就像镜面一样反射光线；当室内明亮时，玻璃表现不仅透明，还对周围产生一定的映照，所以在表现时要将透过玻璃看到的物体画出来，把反射面和透明面相结合，使画面更有活力。

透明材质由于其良好的透光性、防水性和装饰性，而在产品设计制造中应用十分广泛，所以对于设计师来说，是绘制效果图时经常需要使用的材质，所以掌握这种材质的表现方法就显得尤为重要。

4.3.1 玻璃材质表现的绘制方法

01 对于手机屏幕，为表现出屏幕的通透感，着重表现了明暗分界线。在 Photoshop 中打开原图，在其中新建一个图层，在该图层上建立如图 4-55 所示的选区，填充纯白色，如图 4-56 所示。

02 将该图层的“不透明度”设置为 50%，为手机屏幕表面添加少量高光，如图 4-57 所示，效果如图 4-58 所示。

图 4-55 建立选区

图 4-56 填充白色

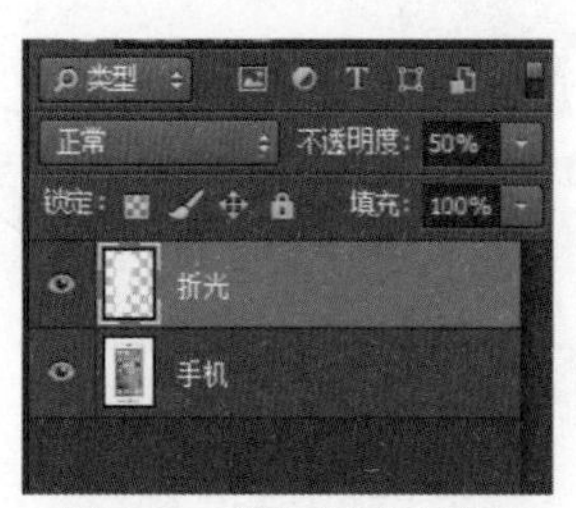

图 4-57 设置图层透明度

图 4-58 改变透明度效果

03 为该图层建立图层蒙版，为该蒙版绘制一个如图 4−59 所示的线性渐变，最终效果如图 4−60 所示。

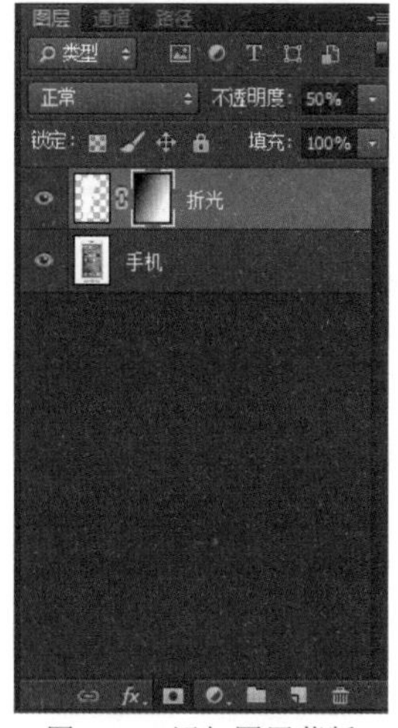

图 4-59　添加图层蒙版

图 4-60　最终效果图

4.3.2　典型产品（玻璃酒杯）的表现

01 新建一个大小为 12.6 厘米 ×18 厘米的 PSD 文件，命名为“玻璃酒杯”，“分辨率”设为 300 像素 / 英寸。同样，读者也可以根据个人的喜好自行设置图片的尺寸，只要能达到清晰的效果即可，不必严格遵循所给的数值，如图 4−61 所示。

02 新建一个图层，命名为“底图”。在该图层上使用工具栏中的“钢笔工具”将杯子的外轮廓勾画出来，如图 4−62 所示，然后单击右键选择建立选区，填充色为黑色，效果如图 4−63 所示。

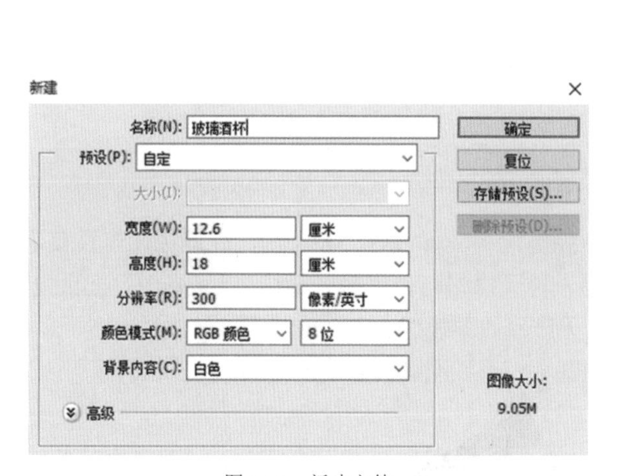

图 4-61　新建文件

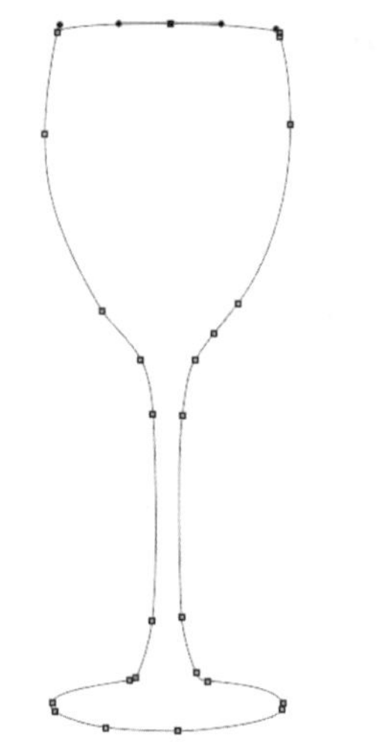
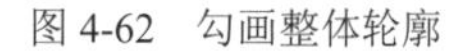
图 4-62　勾画整体轮廓

图 4-63　建立选区并填充 1

03 新建一个图层，命名为“色块”。在该图层上建立如图 4−64 所示的选区，填充各种程度的颜色，可使用工具栏中的“渐变工具”，过程如图 4−65、图 4−66 和图 4−67 所示，最终效果如图 4−68 所示，方法很简单，要有耐心。

04 选择工具栏中的“加深工具”和“减淡工具”，对“底图”图层上的不同部位分别进行加深和减淡涂抹，然后将“底图”层和“色块”层合并，使用工具栏中的“模糊工具”涂抹边界，如图 4−69 所示。然后按组合键 Ctrl+J 复制该图层，将复制的图层置于原图层之下，使用组合键 Ctrl+T 将图层垂直翻转，然后将图像移动至如图 4−70 所示的位置。

图 4-64　建立选区并填充 2　　图 4-65　建立选区并填充 3　　图 4-66　边沿填充　　图 4-67　填充内部液体部位

图 4-68　提亮两侧反光部位　　图 4-69　模糊工具处理边沿　　图 4-70　绘制倒影

4.4　木质材质表现

木材是人类最早使用的材料之一，因其质量轻、弹重比高、弹性好、耐冲击、纹理色调丰富美观、加工容易等优点，至今仍被大范围应用，而且木材是一种天然材料，且最易获取，无毒无害，因此被广泛应用于各类与人类息息相关的生活用品中，也是常见产品效果表达中不可或缺的部分。

常见的木质材料产品有梳子、木筷和家具等，如图 4-71 和图 4-72 所示。

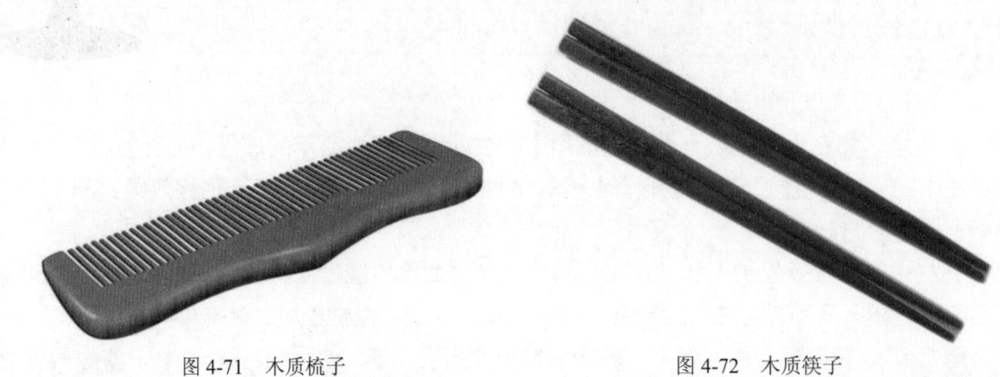

图 4-71　木质梳子　　图 4-72　木质筷子

木材的质感主要通过固有色和表面的纹理特征来表现。木纹的表现主要是突出木材的粗糙纹理，主要表现在地板和较大的家具结构面上。纹理的线条要自然，要具有随机性，不要机械化地表现相同的纹理。

木质产品在色彩上较为统一，任何天然木材的表面颜色及调子都是有变化的，因此用色不要过分一致，试着有所变化。但不同种类的木材在纹理上会有很大差异，图案也十分复杂，不建议使用 Photoshop 直接绘制，可使用相应素材，下面会介绍简单的表现效果。

典型产品 (木质梳子) 的表现如下。

01 新建一个大小为 20 厘米 × 16 厘米的 PSD 文件，命名为“木质梳子”，“分辨率”设置为 300 像素 / 英寸，如图 4-73 所示。

02 新建一个图层，命名为“主体”。在该图层上使用工具栏中的“钢笔工具”将梳子的外轮廓勾画出来，然后单击右键选择建立选区，将选区填充纯色 (CMYK:15 50 90 0)，这是一种比较贴近原木的色彩，如图 4-74 所示，在勾画轮廓的时候注意梳齿间距的统一和匀称。

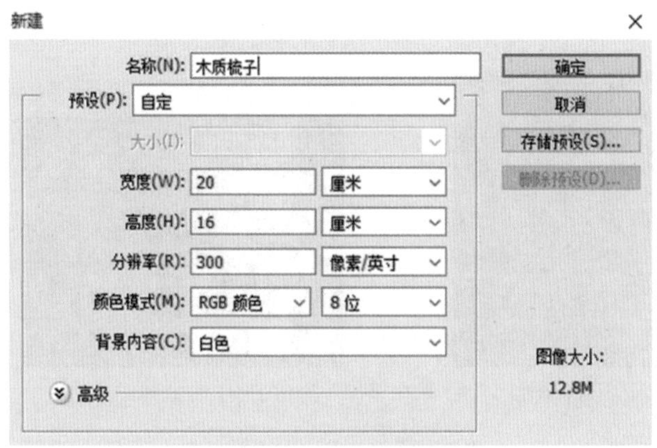

图 4-73　文件参数设置

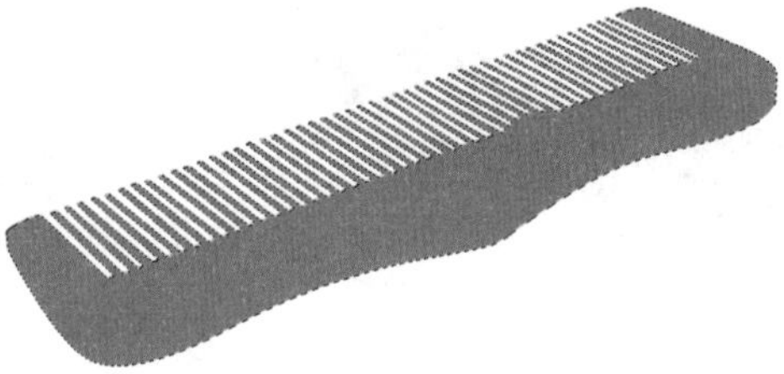

图 4-74　建立选区并填充

03 为“主体”图层添加“内阴影”和“投影”两个图层样式，如图 4-75 所示，参数如图 4-77 和图 4-78 所示，最终效果如图 4-76 所示。

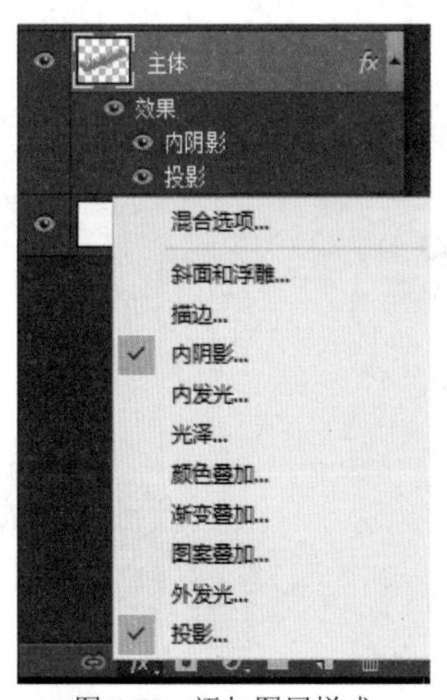

图 4-75　添加图层样式

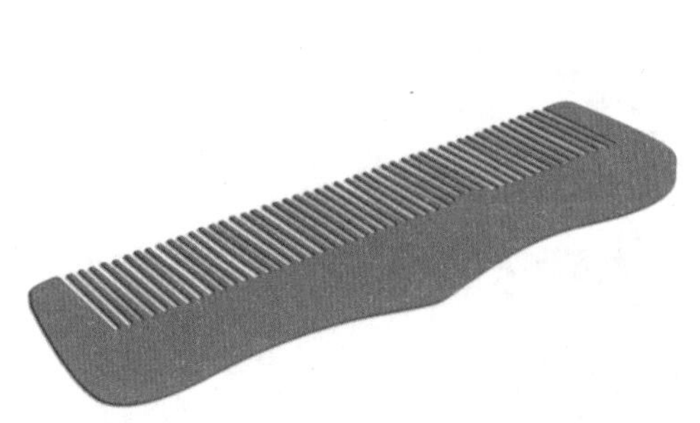

图 4-76　图层样式表现效果

04 添加图层样式的数值不必死记硬背，可以自己不断尝试，得到最好的效果，积累经验。建立一个如图 4-79 所示的选区，设置“羽化”半径为 20 像素，使用组合键 Ctrl+J 将该选区复制成一个新的图层，右键单击新的图层，在弹出的快捷菜单中选择“清除图层样式”命令，如图 4-80 和图 4-81 所示。

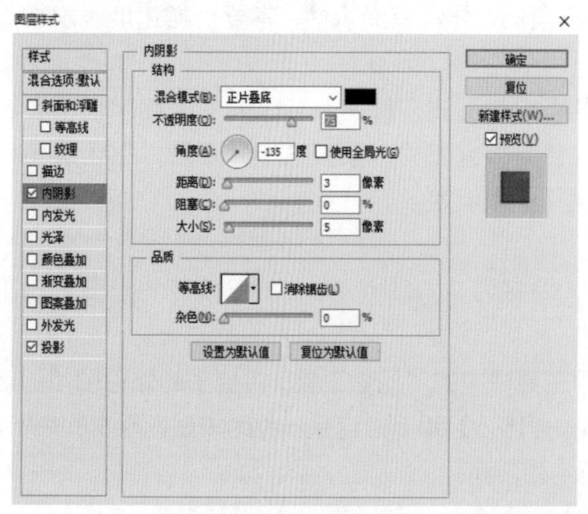

图 4-77　图层样式参数设置 1

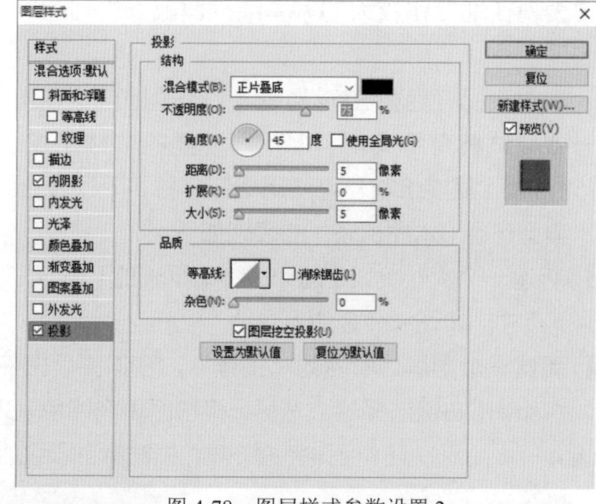

图 4-78　图层样式参数设置 2

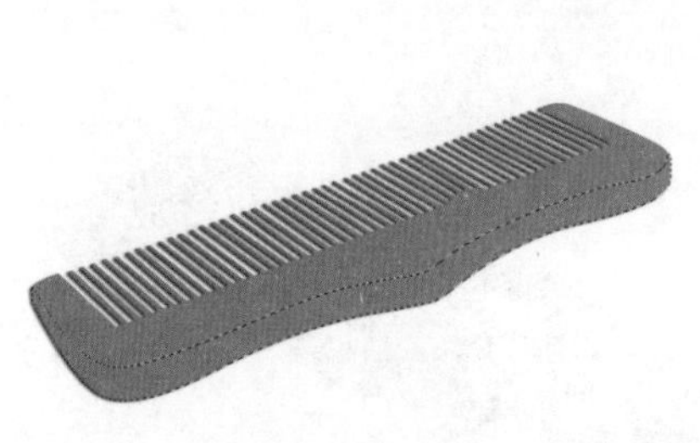

图 4-79　建立选区

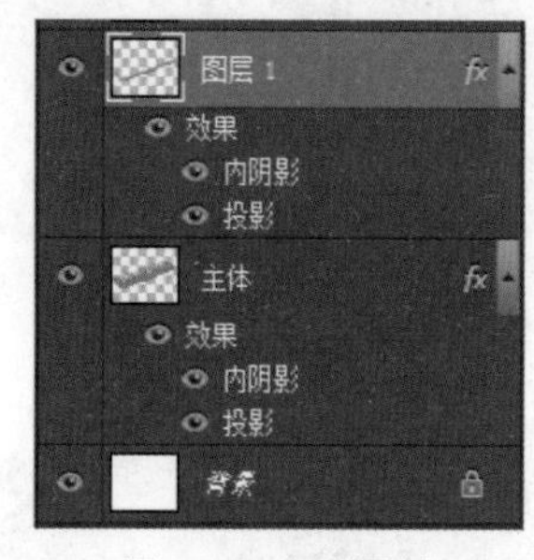

图 4-80　复制图层

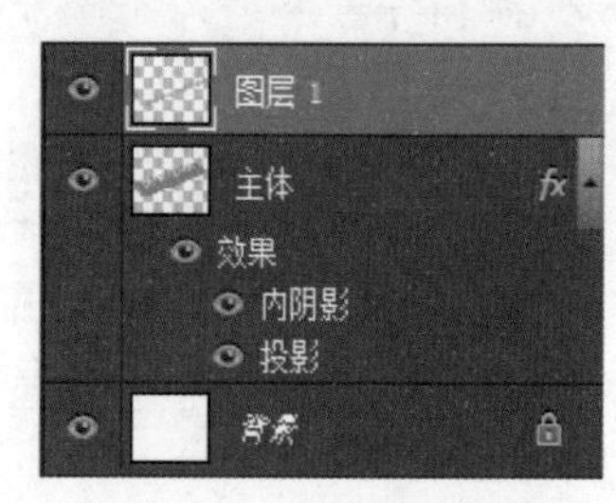

图 4-81　清除图层样式

05 对该图层执行“滤镜”|“渲染”|“纤维”菜单命令添加“纤维”滤镜，如图 4-82 所示，设置“差异”参数为 16、“强度”参数为 4，如图 4-83 所示，效果如图 4-84 所示。

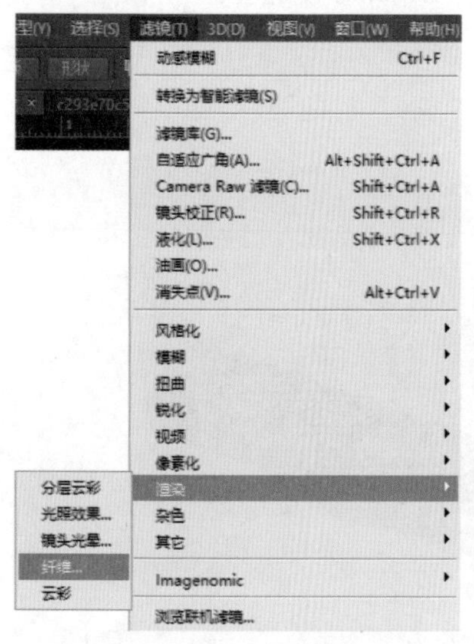

图 4-82　添加“纤维”滤镜

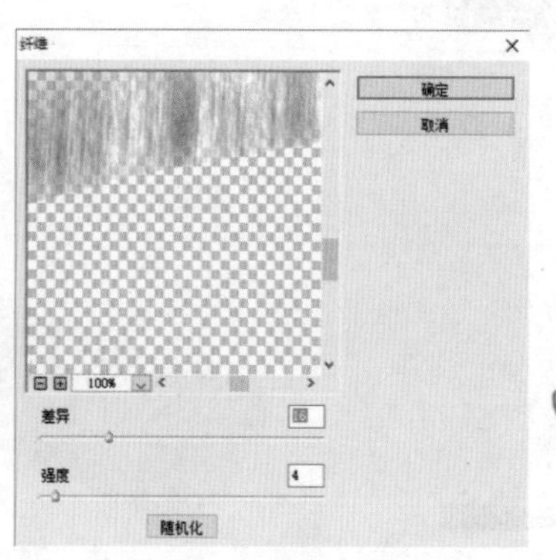

图 4-83　滤镜参数设置

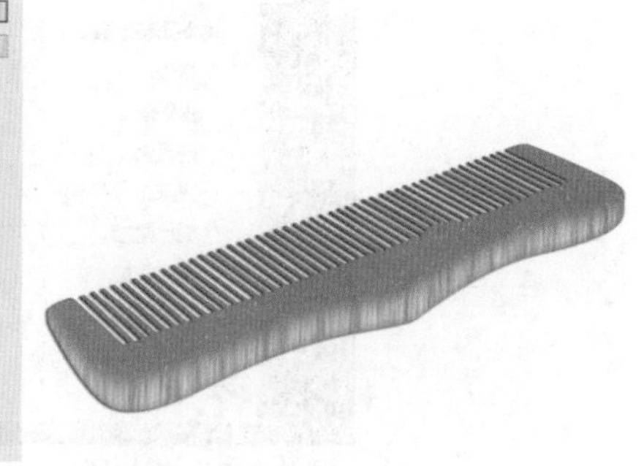

图 4-84　滤镜效果

06 对该图层执行“滤镜”|“杂色”|“添加杂色”菜单命令，设置“数量”为 20%、高斯分布、单色，然后执行“滤镜”|“模糊”|“动感模糊”菜单命令，设置“角度”为 90°、“距离”为 50 像素，效果如图 4-85 和图 4-86 所示。而后将该图层的“混合模式”调整为“柔光”，如图 4-87 所示，效果如图 4-88 所示。

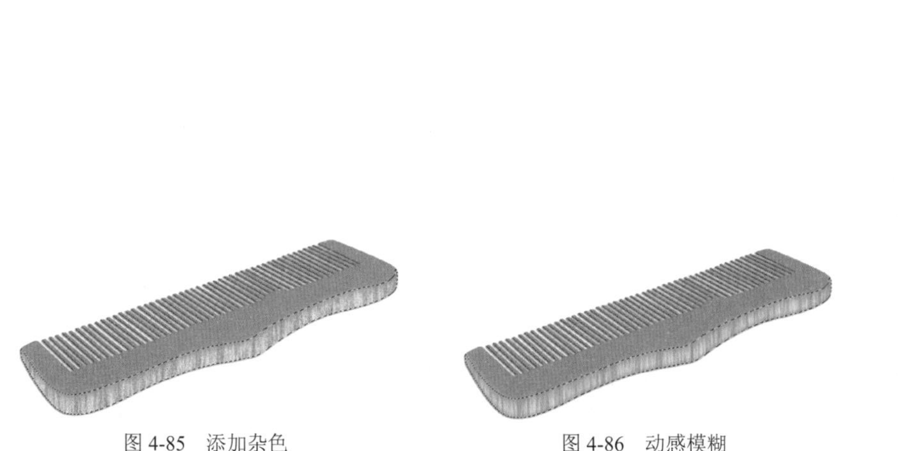

图 4-85　添加杂色　　图 4-86　动感模糊

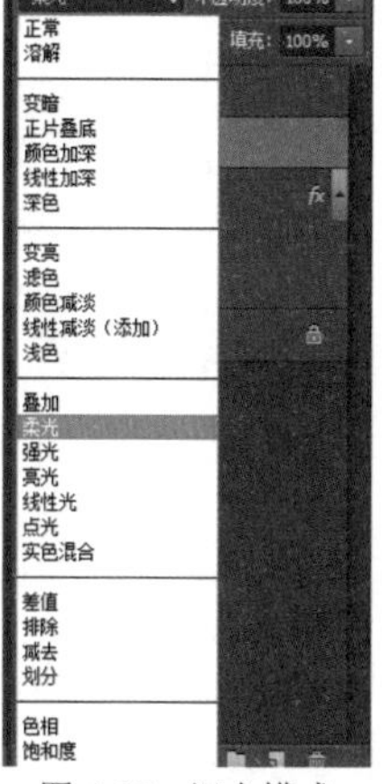

图 4-87　混合模式

07 在“主体”图层上建立如图 4-89 所示的选区，设置“羽化”半径为 5 像素，使用组合键 Ctrl+J 将该选区复制成一个新的图层，右键单击新的图层，在弹出的快捷菜单中选择“清除图层样式”命令，然后对该图层执行“滤镜”|“杂色”|“添加杂色”菜单命令，设置“数量”为 20%、高斯分布、单色，如图 4-90 所示，最后执行“滤镜”|“模糊”|“动感模糊”菜单命令，设置“角度”为 -30°、“距离”为 50 像素，完成效果如图 4-91 所示，最后将图层“混合模式”调整为“柔光”，效果如图 4-92 所示。

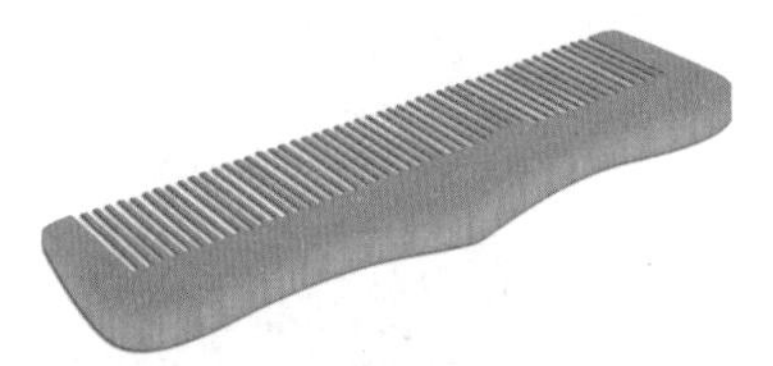

图 4-88　更改混合模式效果

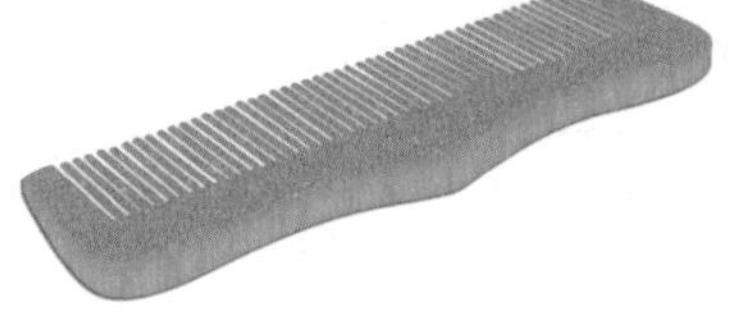

图 4-89　建立选区

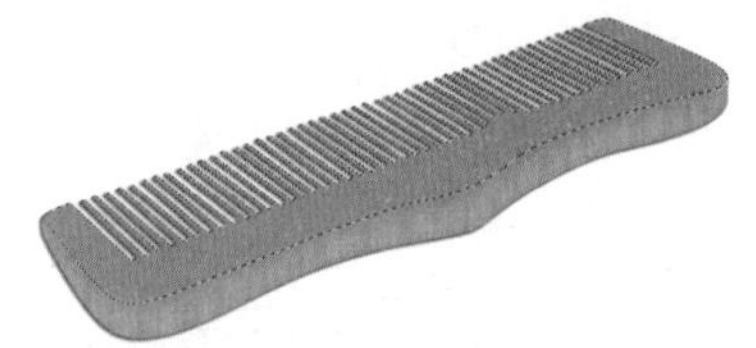

图 4-90　添加杂色

08 在“主体”图层上，使用工具栏中的“加深工具”和“减淡工具”对底部进行加深和转折处提亮，效果如图 4-93 和图 4-94 所示。

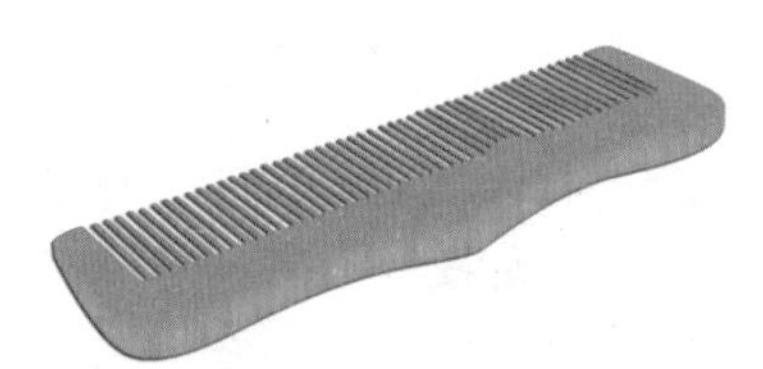

图 4-91　动感模糊

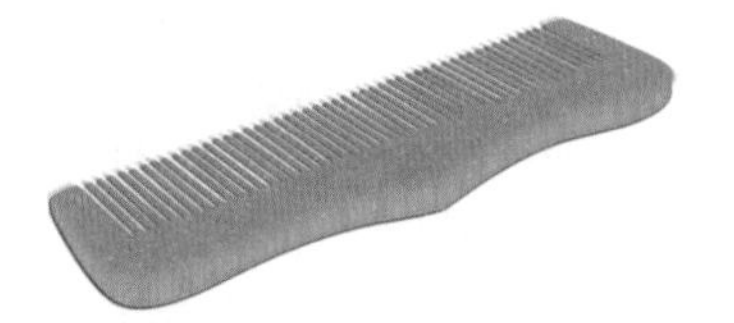

图 4-92　更改为“柔光”混合模式

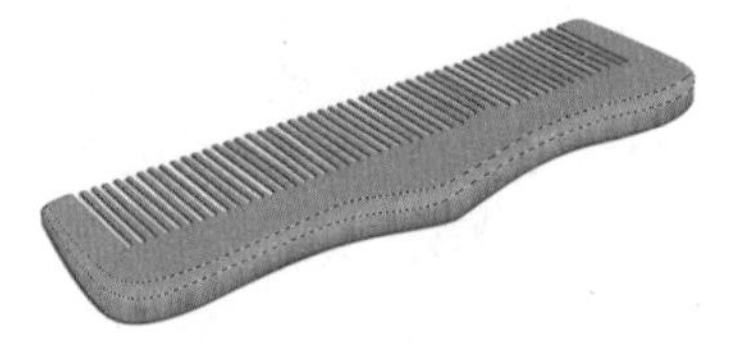

图 4-93　加深工具涂抹

09 新建图层，命名为“高光”，置于最上部。使用工具栏中的“钢笔工具”建立如图 4-95 所示的长条形选区，设置“羽化”半径为 5 像素，填充白色，将图层“不透明度”调整为 80%，效果如图 4-96 所示。

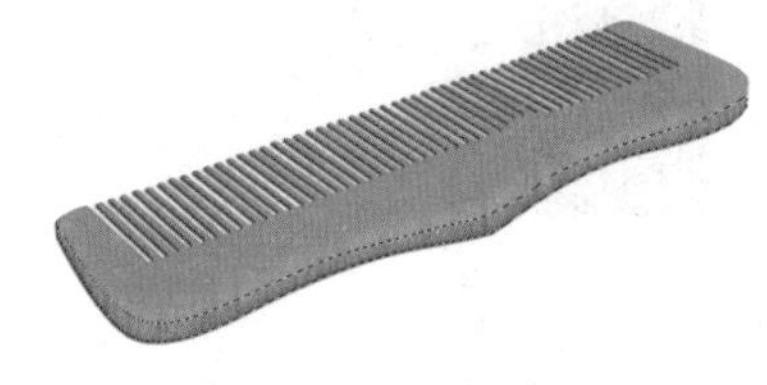

图 4-94　减淡工具涂抹

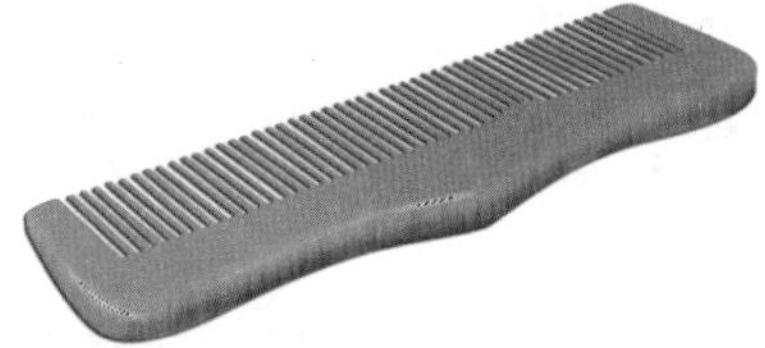

图 4-95　点缀高光

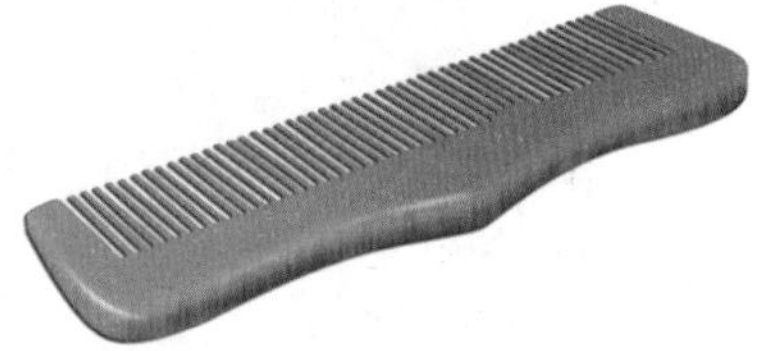

图 4-96　最终效果

4.5　拉丝材质表现（表面处理工艺）

表面拉丝处理是通过研磨产品在工件表面形成线纹，起到装饰效果的一种表面处理手段。由于表面拉丝处理能够体现材料的质感，得到了越来越多用户的喜爱和越来越广泛的应用。

为了突破设计师对装饰材料运用的限制，满足更多创意上的需求，21 世纪的人类出于对自我的肯定与对未知的探索，开发设计出知识力量与科技精神相结合的金、银拉丝饰面金属板。此类产品有金拉丝、银拉丝、雪花砂、喷砂表面，能将金、银色等在其他板材类难以表现的重金属感得以充分体现。金、银乃富贵色，是身份与地位的象征。金、银拉丝饰面金属板采用的主要金属材质可分为铝、铜与不锈钢三大类，以其原金属形态的质感、光泽与特性，加以雾面的、镜面的、立体的、浮雕的和特殊的木皮金属镂空面等各种不同表面处理。

常见的拉丝大致分为两类，即线性拉丝和环形拉丝，环形拉丝多见于细小部位的精细处理，例如按键之类的细节部位，而线性拉丝常见于大面积表面。

线性拉丝绘制的步骤可参与 4.1 金属材质表面的绘制，主要操作为“添加杂色”和“动感模糊”两步，角度自行调节。

下面介绍常见环形拉丝效果的绘制方法。

01 新建一个大小为 10 厘米 ×10 厘米的 PSD 文件，命名为“金属环形拉丝”，设置“分辨率”为 300 像素 / 英寸，如图 4-97 所示。

02 建立如图 4-98 所示的圆角矩形选区，使用工具栏中的“渐变工具”在选区内进行一个如图 4-99 和图 4-100 所示的角度渐变，注意首尾颜色相同。

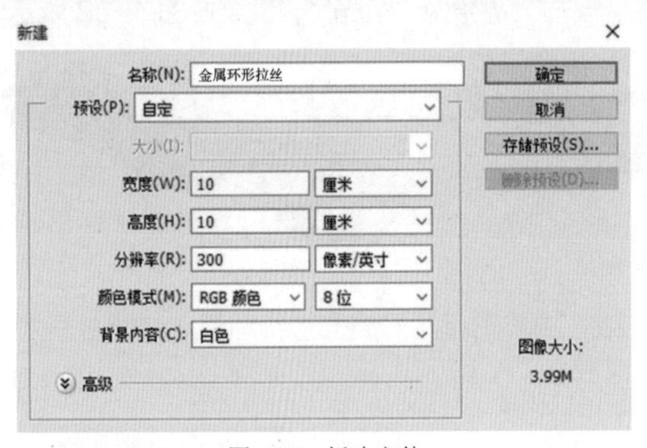

图 4-97　新建文件

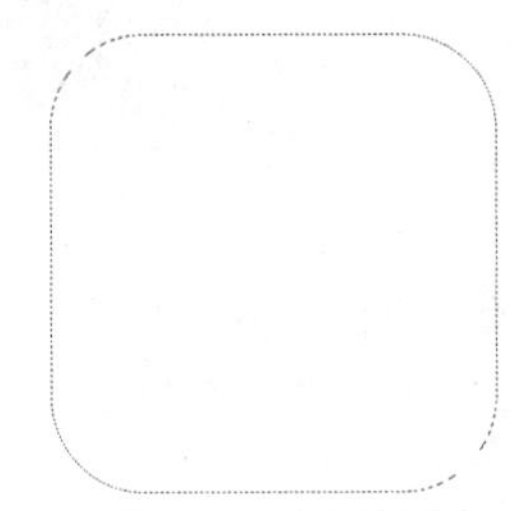

图 4-98　建立选区

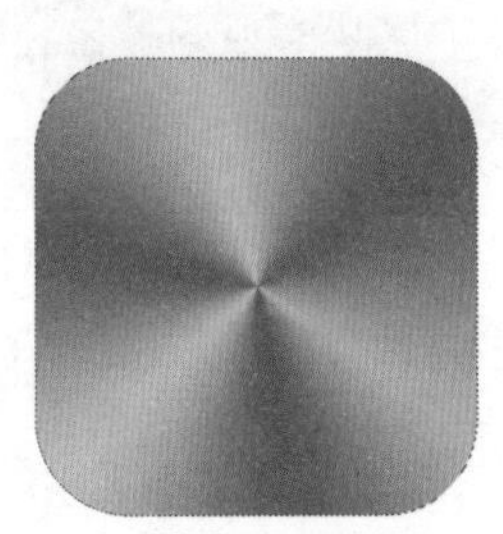

图 4-99　建立角度渐变

03 对该选区执行“滤镜”|“杂色”|“添加杂色”菜单命令，设置“数量”为 5%、高斯分布、单色，效果如图 4-101 所示，然后执行“滤镜”|“模糊”|“径向模糊”菜单命令，如图 4-102 所示，参数及效果如图 4-103 和图 4-104 所示。

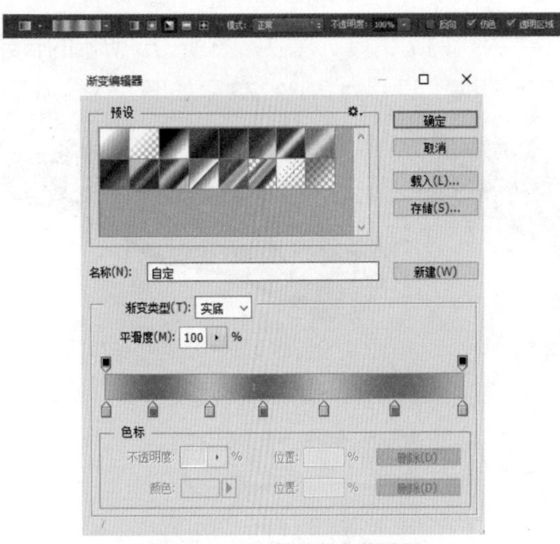

图 4-100　角度渐变参数设置

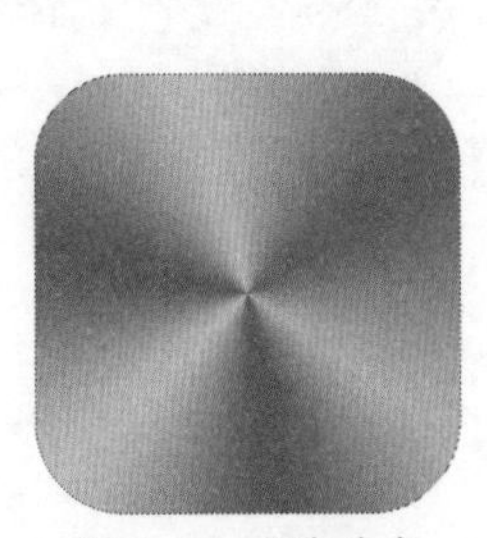

图 4-101　添加杂色

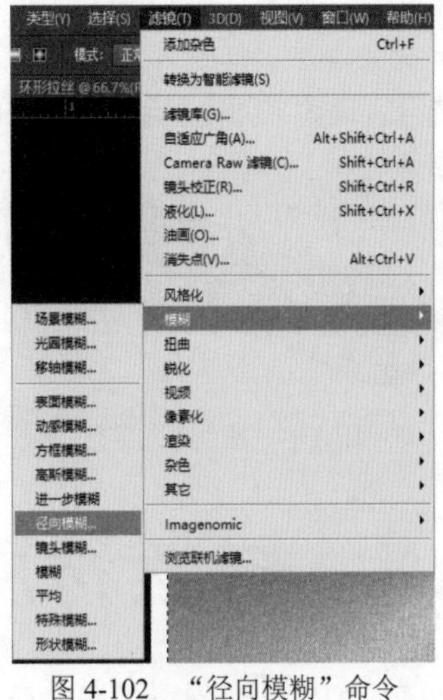

图 4-102　“径向模糊”命令

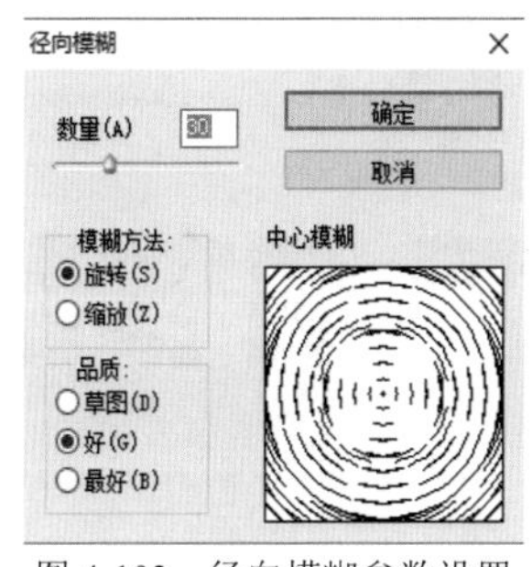

图 4-103　径向模糊参数设置

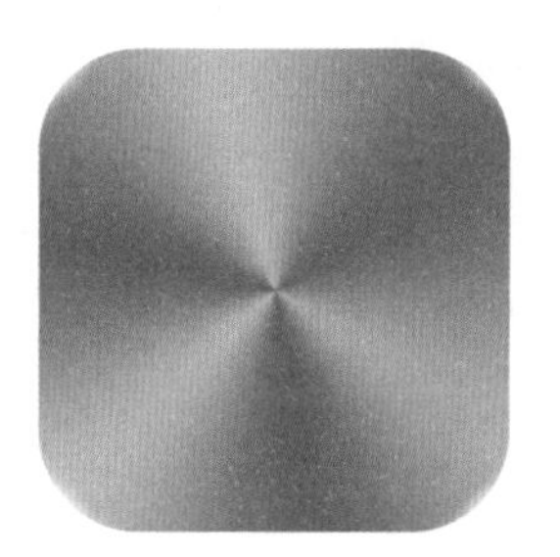

图 4-104　最终效果

4.6　本章小结

对于复杂产品，其表面材质并不单一，往往是多种材料的混合使用，不同的材质分别绘制，但要注意保持统一的明暗关系，也要保证不同材质衔接处的协调自然，前面讲解的都是生活中最常见的一些材质，多多综合利用，用于实现绘制复杂的产品。

过去的经验常常告诉我们，要在不同的图层上绘制不同的细节。例如，在为水龙头绘制金属材质时想在上面画一些反光。这时最好是新建一个图层，然后在这个图层中绘制这些纹理。为什么要这么麻烦呢？这很简单。如果你直接在金属材质层上画这些反光，过了一会儿，很有可能你想要修改或者擦除不合适的地方。那时光修复金属材质层的工作就非常麻烦。相反，之前要是建立了相应的图层，你可以很轻松删除或擦掉不需要的细节。

在创作时，千万记得为文件中的图层命名。当你在公司里的商业流水线工作时，有时你不得不把文件传给你的同事来实现协同工作。有逻辑的命名有助于其他人理解你工作的思路，这也有利于帮助他们也包括你自己迅速地找到相应的图层。所以，避免你我他都头疼的问题，养成命名图层的好习惯。

只要读者肯耐心临摹，体会各种材质的特点与表现技巧，熟练运用 Photoshop 进行各种材质表现将不是一件难事。

通过本章的学习，我们了解了许多具有代表性的材质的绘制方法和一般流程，同时对于 Photoshop 软件的常见命令和工具也有了一定的了解和掌握。可以看到 Photoshop 软件强大的功能为我们进行产品效果图绘制提供了无限的可能性，仅仅需要我们对常见的命令和工具认真学习。

《第 5 章》

绘制常见的产品细节部分

在我们日常接触到的产品中，由于造型、工艺或功能的需求，产品的外观追求各种各样的细节，产品无论多么复杂，当分析和观察的时候，就会发现它是由很多细节组成的。人的感官是很奇妙的，一种不同的声音，一种特别的气味，一点小小的点缀都可能会影响受众的感官反应，即受众对于一些细节的感官感受。细节决定了感官反应，而感官反应决定了对品质的感受，因此，同其他领域一样，在产品设计的绘制中，细节同样决定了品质。

是什么样的细节决定了产品的品质呢？我们大致可以想到的有：精致的铭牌和 Logo，体现科技感的灯光和光影，细腻的金属质感，按钮和旋钮，规整的接缝，隐藏的螺丝钉，恰到好处的丝印，精细的网孔和格栅，立体感的纹理，色彩点缀，每个细节都突显出产品所特有的品质，有细节的产品才更显真实自然，体现出产品不凡的品质。综合起来，产品外观表现上的细节主要有光影和色彩。

下面总结了一些常见的产品细节及其绘制方法，在绘制效果图的过程中将其灵活运用，能够很好地传达出自己的设计理念，从而保证产品的完整性和真实性。绘制产品细节时需要一定的素描功底，把握好亮度、色彩、阴影、材质各方面的变化，才能绘制出真实感强的效果图。

常见的产品细节如下。

(1) 孔位

(2) 按键

(3) 缝隙

(4) 槽位

(5) 指示灯

(6) 螺钉

这些常见的细节并不是十分精致巧妙，但在绘制效果图的过程中对产品起到画龙点睛的作用，步骤虽简单，却是新手必须熟练掌握的技能。

5.1 孔位的绘制

如图 5-1 所示是手机的耳机孔位，耳机的孔位是具有代表性的范例，是对常见同类产品细节的高度概括。手机孔位效果图的重点在于金属质感的表现，金属质感在于把握细节的光影关系，金属的反光较多，明暗对比较大，设计者在制作时需要注意这一点，要表现好产品的光影需要设计者在脑海中构思一个光线的来源，如果设计者有一定的素描功底，那么在表现产品细节的过程中就会轻松许多。

在绘制之前，首先要定好细节的透视，透视需要遵循底图的透视，这是非常重要的，这关系到图标的整体美感，透视本身也可以很好地表现图标的细节，为了透视的真实，可以通过 3D 软件或者平面软件中的一些透视功能来实现。整体框架搭好后，接下来开始正式的绘制。

图 5-1　孔位效果图

01 在未完成的手机底图上新建一个图层，使用“椭圆选框工具”(如图 5-2 所示)在新图层上建立如图 5-3 所示的红色线框圆形选区，常见的耳机孔位的直径是 35mm，制作者可以根据产品的比例规格绘制圆孔的大小。

注意　使用“椭圆选框工具”时，辅助键 Alt 键是从中点出发，Shift 键是保持正圆，在选取过程中如果按 Esc 键将取消本次选取。画正圆的时候要按住 Shift 键，才能保持正圆，注意必须全程都按住 Shift 键，一旦松开就无效了，画完以后要先松开鼠标，再松开 Shift 键。

02 前景色设置成黑色，将圆形选区填充黑色，然后在同一位置建立一个比图 5-3 略小的同心圆形选区，如图 5-4 所示，填充浅灰色 (CMYK:15 15 20 0)，效果如图 5-5 所示。

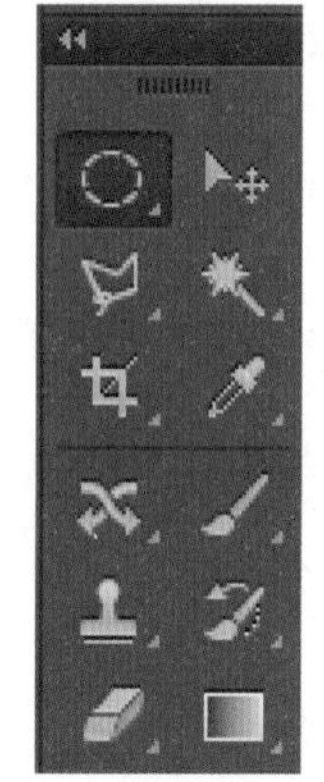

图 5-2　椭圆选框工具

图 5-3　建立圆形选区

图 5-4　建立选区

03 继续在同一位置建立更小的同心圆形选区，如图 5-6 所示，填充黑色。注意对新手来说，绘制的圆形尽量放在不同的图层上，以便于后期修改；如果熟练的话，可以将这几个同心圆形选区建立在一个图层上。

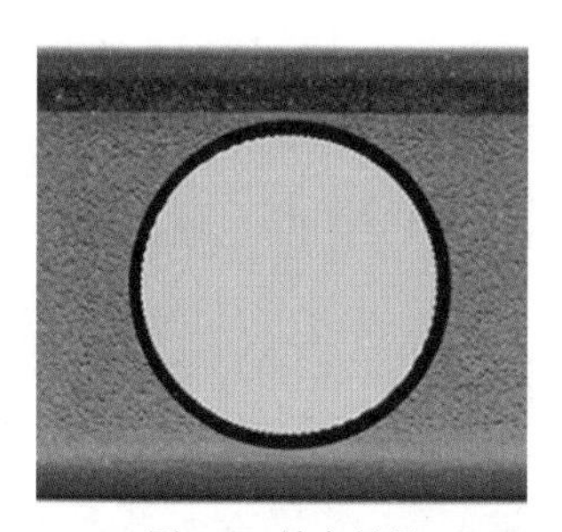

图 5-5　填充效果

图 5-6　建立选区并填充

04 建立一个如图 5-7 所示的环形选区，即紧靠于中心黑色圆形外围的圆环，首先确保位于黑色圆形的选区存在，然后执行菜单栏中的“选择”|“修改”|“边界”菜单命令，设置“宽度”为 1 像素，建立边界环形选区，此时会出现一个环状的选区，然后单击工具栏中的“渐变工具”，选择渐变工具中的“角度渐变”，双击图 5-8 中位于“渐变工具”图标左边的长方形，系统会弹出“渐变编辑器”对话框，运

用色标来绘制一个角度渐变，参数如图 5-9 所示。注意白色和灰色的过度变化，首尾都是白色衔接，从环形中心单击鼠标向外拖动，填充渐变色。此时我们可以看到，环形区域有了较强的金属质感，在以后的制作中也可以采用这种角度黑白渐变的方法表现环形的金属感。

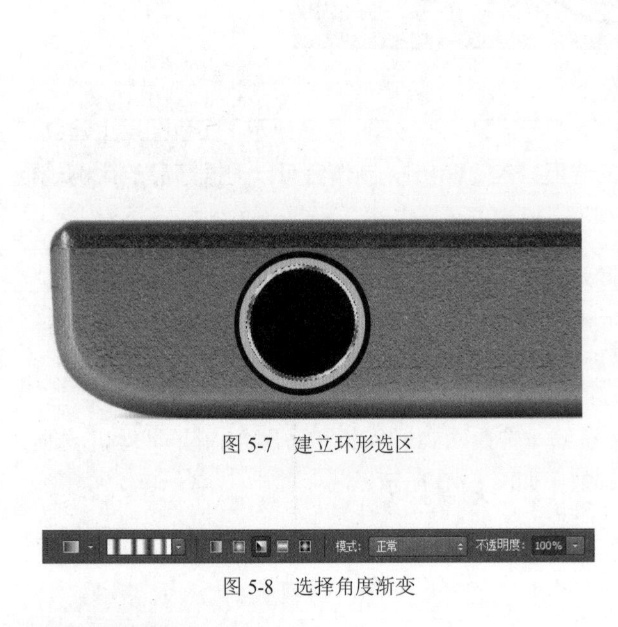

图 5-7 建立环形选区

图 5-8 选择角度渐变

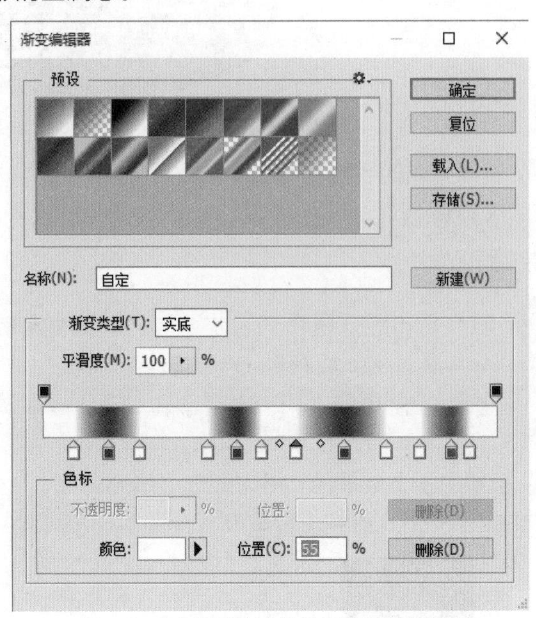

图 5-9 建立环形选区并绘制角度渐变效果

技术专题

绘制一个圆环形选区，还可以采用其他方式，如选区运算，所谓选区运算就是指添加、减去、交集等操作，它们以按钮的形式分布在属性栏上，分别为新选区、添加到选区、从选区减去、与选区交叉，下面分别介绍一下。

- 新选区：指新选区会替代原来的旧选区，相当于取消选择后重新选取，这个特性也可以用来取消选区，就是用选取工具在图像中随便点一下即可取消现有的选区。
- 添加到选区：光标带有“+”号，这时新旧选区将共存，如果新选区在旧选区之外，则形成两个封闭流动虚线框，如果彼此相交，则只有一个虚线框出现，
- 从选区减去：光标带有“-”号，这时旧的选区会减去新选区，如果新选区在旧选区之外，则没有任何效果，如果新选区与旧选区有相交部分，就减去了两者相交的区域，如果新选区在旧选区之内，则会形成一个中空的选区，在减去方式下如果新选区完全覆盖了旧选区，就会产生一个错误的提示。
- 与选区交叉：也称为选区交集，它的效果是保留新旧两个选区的相交部分，交叉选区也称为选区交集。

在这个绘制案例中，环形这个效果实际上就是先画一个大圆，再在其中减去一个小圆。关键是要保证两个圆是同心圆。那如何确保两个圆的圆心在同一位置呢？操作时只要先确定一个点，然后两个圆形选区都以这个点为中心来创建。确定这个点的方法有两种：使用网格，或使用标尺并建立参考线进行辅助定位，执行“视图”|“标尺”菜单命令，或按组合键 Ctrl+R，图像窗口的上方和左方就会出现标尺。在标尺区域按住鼠标左键向外拖动，即可建立一条参考线，建立以后可用“移动工具”或 V 键来移动参考线。然后先创建一个圆形选区，再创建一个同心的小一点的圆形选区，模式选择“从选区减去”即可实现。

05 建立圆形选区。如图 5–10 所示，执行“选择”|“修改”|“边界”菜单命令，设置宽度为 2 像素，建立边界环形选区，并填充浅灰色，然后根据不同部位的明暗关系运用“加深工具”和“减淡工具”进行修改，大致是左上部进行减淡操作，右下部进行加深操作，效果如图 5–11 所示。

注意 “减淡工具”作用是局部加亮图像，可选择为高光、中间调或暗调区域加亮；“加深工具”的效果与“减淡工具”相反，是将图像局部变暗，也可以选择将高光、中间调或暗调区域变暗，这两个工具曝光度设定越大则效果越明显，如果开启喷枪方式则在一处停留时具有持续性效果。

图 5-10　使用边界功能

06 同理，建立如图 5–12 所示的环形边界选区设置，“宽度”为 3 像素，填充浅灰色，效果如图 5–13 所示。

图 5-11　绘制边界环形选区

图 5-12　建立环形选区

图 5-13　填充浅灰色

07 对上一步建立的环形选区左上部分进行加深处理，整体进行明暗色调调节，不能使其成为一个平铺的圆环，然后在底图图层上建立选区，大致形状如图 5–14 所示，具体的大小自己把握，注意不要过大，对选区填充灰色，“羽化”半径 3 像素，使其边缘模糊，并用“加深工具”对此选区紧挨最外面圆的部分进行涂抹加深，使其产生阴影效果，此时可以看到耳机孔已经出现了立体感，并且和手机底图有融为一体的感觉，其阴影位于右下方，说明光线来源于左上方。

注意 在使用“羽化工具”时，羽化值越大，朦胧范围越宽；羽化值越小，朦胧范围越窄。可根据你想留下图的大小来调节，如果把握不准可以将羽化值设置小一点，重复按 Delete 键，逐渐增大朦胧范围，从而选择自己需要的效果。

08 新建一个图层，建立如图 5-15 所示的不规则选区，设置“羽化”半径为 2 像素，可以使用组合键 Shift+F6，对选区填充浅黄色，效果如图 5-15 所示。

09 对上一步建立的黄色选区进行加深和减淡处理，注意细节，然后对选区边缘进行模糊处理，体现出层次感，耳机孔位的最终效果如图 5-16 所示。掌握了此种方法，在以后的同类产品中都可以运用，例如钥匙孔、水壶嘴等。最后对建立的黄色选区进行加深和减淡处理，然后对边缘进行“模糊工具”处理，体现出层次感。

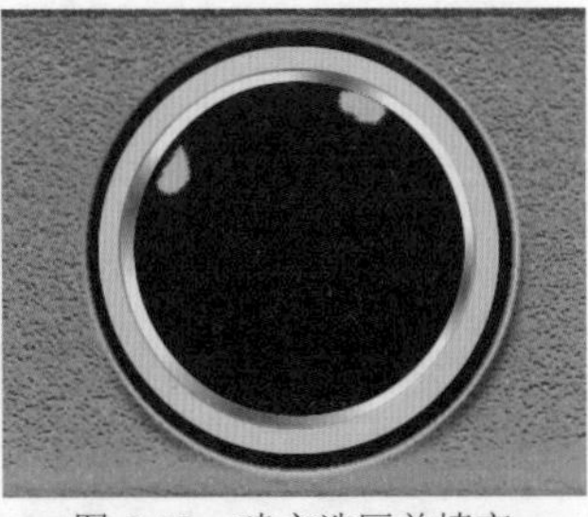

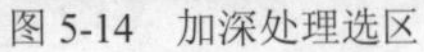

图 5-14　加深处理选区　　图 5-15　建立选区并填充　　图 5-16　最终效果

5.2　按键的绘制

常见的产品中都会有一些按键，在电子产品中，精细打磨的按键更能突显出产品的格调，如图 5-17 所示为音箱的按键部分。下面详细介绍产品按键的绘制步骤，相信如果掌握了技巧，在面对同类产品的细节处理时会更加得心应手。

01 在未完成的底图上新建一个图层，并建立如图 5-18 所示的椭圆形选区，设置“羽化”半径为 2 像素，填充中灰色，颜色可根据实际情况进行渐变处理，在本案例中，椭圆选区采用的是左边浅灰色向右边深灰色过渡，因为此案例的光线来源于右边，设计者在制作时要根据底图确定好自己的光线来源，一般来说如果光源在右，影子就在左，注意把握光影关系，最后可以根据产品的透视来调节椭圆选区的形状。

图 5-17　按键表现效果图

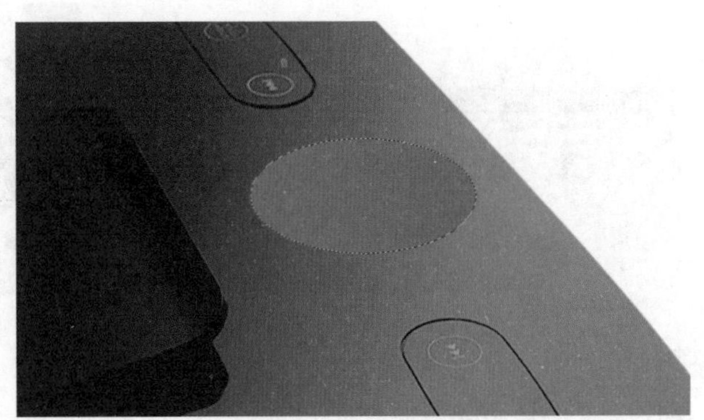

图 5-18　建立选区并填充

02 再新建一个图层，使用“钢笔工具”勾画出如图 5-19 所示的轮廓，注意轮廓一定要平滑，并贴合上一步的圆形，勾画完成后单击鼠标右键，选择“建立选区”命令，设置“羽化”半径为 1 像素，填充深灰色，执行“滤镜”|“杂色”|“添加杂色”菜单命令，设置“数量”为 5%，勾选“单色”单选按钮，然后再次执行“滤镜”|“模糊”|“高斯模糊”菜单命令，设置“半径”值为 2 像素，处理效果如图 5-20 所示。

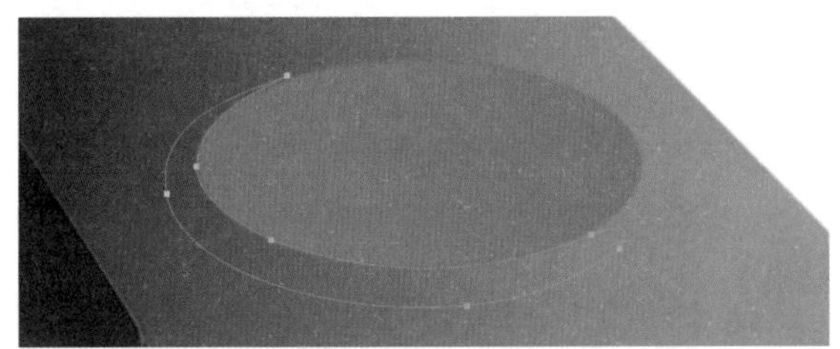

图 5-19　钢笔勾画路径

图 5-20　填充并进行处理

"钢笔工具"绘制出来的线条全部都是贝赛尔曲线，所以在使用"钢笔工具"之前，要具备贝赛尔曲线的常识。贝赛尔曲线由线段和节点构成，而每一个节点都有两个控制点。我们就是通过调节控制点来设计自己想要的线条。先总结下"钢笔工具"操作的几种组合键。

- 单击鼠标左键：新建锚点。
- Ctrl 键 + 鼠标左键：移动锚点 / 移动调节点。
- Alt 键 + 鼠标左键：锚点 / 角点转换。
- 方向键：微调锚点位置。
- Shift 键 + 鼠标左键：新建水平 / 垂直锚点。
- Ctrl 键 +Alt 键 + 鼠标左键：选中所有锚点。
- 锚点断点之后，按住 Alt 键单击鼠标左键在顶点处拉出一条调节点，就可以断点续接了。

在这个案例中，采用的是先使用"钢笔工具"确定两点，然后在两点之间的线条上再添加一个锚点 (用"钢笔工具"直接在线条上单击一下)，然后按住 Ctrl 键 + 鼠标左键，把该点拖移到适合位置，继续添加锚点 (添加锚点的原则就是在两个锚点之间的中间位置添加，然后按住 Ctrl 键 + 鼠标左键，单击该锚点就可以了)；新建的锚点默认都是带有两个调节点的锚点，如果是转角部分的话，是不需要调节点的，那么怎么办？其实很简单的，只要按住 Alt 键 + 鼠标左键，在该锚点上单击一下，该锚点就会变成没有调节点的角点。"钢笔工具"的这些操作方式需要多加练习，它属于矢量绘图工具，其优点是可以勾画平滑的曲线，在缩放或变形之后仍能保持平滑效果，也可以运用"钢笔工具"进行细致的抠图。

03 对上一步建立的选区使用"加深工具"进行明暗处理，效果如图 5-21 所示，重点是将中下部变暗。

04 在步骤 2 的图层下建立一个新的图层，使用"钢笔工具"绘制如图 5-22 所示的路径，单击右键建立选区，设置"羽化"半径为 5 像素，填充浅灰色，效果如图 5-23 所示，此时已经可以看出按钮是一个凸台的形状。

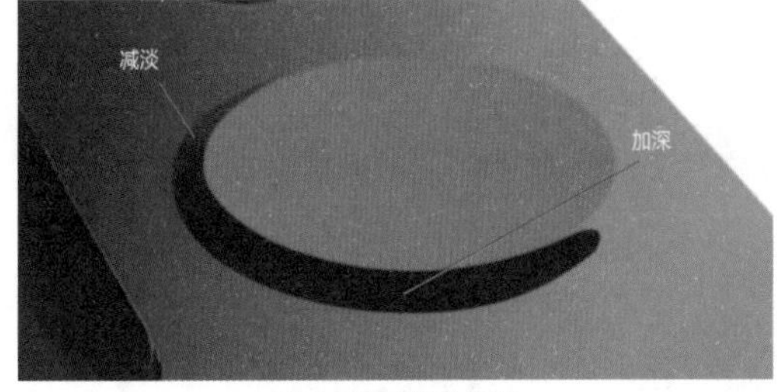

图 5-21　明暗处理

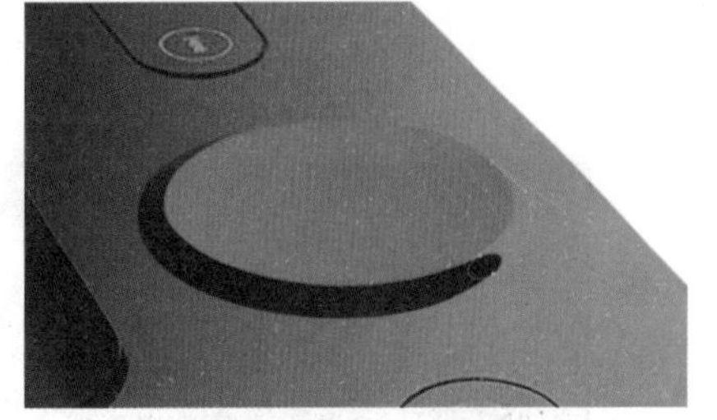

图 5-22　钢笔勾画路径

05 使用"钢笔工具"在上一步的图层中建立一个稍小的选区，设置"羽化"半径为 3 像素，并填充中

灰色，然后执行“滤镜”|“杂色”|“添加杂色”菜单命令，设置“数量”为5%，再执行“滤镜”|“模糊”|“高斯模糊”菜单命令，设置“半径”值为2像素，使用“加深工具”和“减淡工具”将选区涂抹至如图5-24所示的效果，注意左下方颜色深于右上方，使其和中心的椭圆融合。

图5-23 建立选区并羽化填充

图5-24 建立稍小选区并填充

“添加杂色”就是指增加噪点，在原来的图片上添加许多和原有不一样的颜色，有时候我们在一幅纯白或纯黑色的图片上，为了增加质感，会用杂色做出效果。相反“减少杂色”就是为了去除噪点，让图片更加清晰。

“添加杂色”的选项里面有“单色”单选按钮，其实就是黑白点，不勾选的话会有很多颜色，还有一个“高斯分布”，会让噪点变得更密集。简单来说，“平均分布”使用随机数值(介于0以及正/负指定值之间)分布杂色的颜色值以获得细微效果，“高斯分布”其实就是正态分布，沿一条钟形曲线分布杂色的颜色值以获得斑点状的效果，同等参数下，“高斯分布”的对比更加强烈，对原图的像素信息保留得更少，可以理解为“高斯分布”在某一个参数范围内，与“平均分布”相比，可以让画面显得更锐，对比更强烈，对原图的信息保留得更少，但超过一个阈值的时候，二者对画面影响的差别基本上可以忽略不计了，“单色”单选按钮将此滤镜只应用于图像中的色调元素，而不改变颜色。“添加杂色”之后有一步高斯模糊，目的是柔化所选区域，“模糊半径”指以多少像素为单位进行模糊，数值越大，产生的效果越模糊，所以在这个案例中，为了能够完整地保留按钮的质感，不需要将模糊半径设置得过大。

06 新建一个图层，建立如图5-25所示的选区，设置“羽化”半径为3像素，填充中灰色，使用“加深工具”和“减淡工具”进行明暗处理。

07 建立如图5-28所示的红色环形选区，执行“选择”|“修改”|“边界”菜单命令，设置“宽度”为2像素，对选区设置“羽化”半径1像素，填充红色，然后执行“图层”|“图层样式”|“内阴影”菜单命令，如图5-26所示，也可以双击此图层的图层缩略图，参数设置如图5-27所示，此步骤对图形的影响效果不是很明显，但仔细观察会发现，红色选区的内阴影增加了产品的真实感。

图5-25 建立选区并进行明暗处理

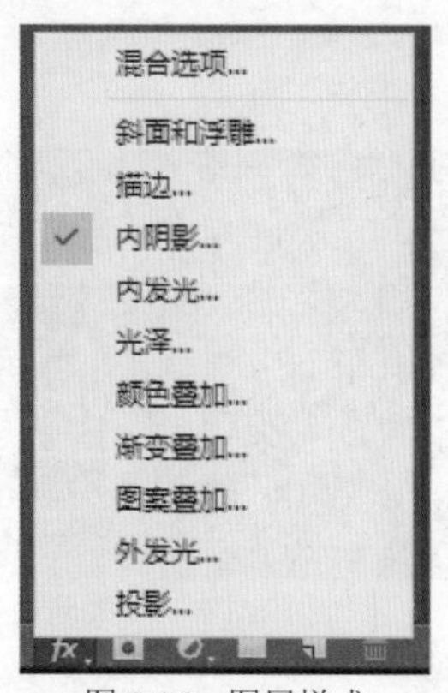

图5-26 图层样式

08 建立如图 5-29 所示的环形选区，执行“选择”|“修改”|“边界”菜单命令，宽度像素可以根据实际情况进行设置，建立边界环形选区，填充深灰色，注意对左下方暗部加深的处理，此处需要细致地进行加深涂抹，可以按住 Alt 键，滚动鼠标滑轮，对图形细节进行放大，便于进行涂抹，最终表现出如图 5-29 所示产品凸出来的效果。

09 建立如图 5-30 所示的椭圆形选区，填充灰色，然后执行“滤镜”|“杂色”|“添加杂色”菜单命令，设置“数量”为 5%，再执行“滤镜”|“模糊”|“高斯模糊”菜单命令，设置“半径”值为 2 像素进行模糊处理，执行“图层”|“图层样式”|“斜面和浮雕”菜单命令，调节参数至如图 5-30 所示的效果。

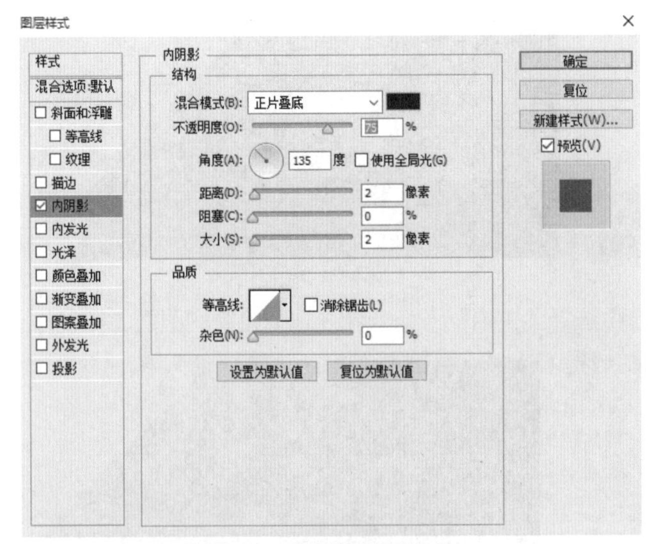

图 5-27　图层样式设置参数

图 5-28　环状绘制效果

图 5-29　内环表现效果

图 5-30　绘制按键中心

“斜面和浮雕”样式可以说是 Photoshop 图层样式中最复杂的，其中包括“内斜面”“外斜面”“浮雕”“枕形浮雕”和“描边浮雕”，虽然每一项中包含的设置选项都是一样的，但是制作出来的效果却大相径庭。

“内斜面”，添加了内斜面的层会同时多出一个高光层（在其上方）和一个投影层（在其下方），投影层的混合模式为“正片叠底”，高光层的混合模式为“屏幕”，两者的“不透明度”均为 75%；“外斜面”，被赋予了外斜面样式的层也会多出两个“虚拟”的层，一个在上，一个在下，分别是高光层和阴影层，混合模式分别是“正片叠底”和“屏幕”，这些和“内斜面”都是完全一样的；斜面效果添加的“虚拟”层都是一上一下的，而“浮雕效果”添加的两个“虚拟”层则都在层的上方，因此我们不需要调整背景颜色和层的填充不透明度就可以同时看到高光层和阴影层，这两个“虚拟”层的混合模式以及透明度仍然和斜面效果的一样；“枕形浮雕”相当复杂，添加了枕形浮雕样式的层会一下子多出4个“虚拟”层，两个在上，两个在下，上下各含有一个高光层和一个阴影层，因此“枕形浮雕”是“内斜面”和“外斜面”的混合体，“枕形浮雕”的效果大致是形成一个凸台，这个凸台又陷入一个坑中。

10 建立如图5-31所示的选区，填充粉红色，设置“羽化”半径为2像素，然后使用“加深工具”和“减淡工具”对按键的图案进行绘制处理。

11 绘制左侧高光部分，建立如图5-32所示的选区，设置“羽化”半径为2像素，填充白色。

图5-31 绘制按键图案

图5-32 点缀高光

12 在最顶部的图层上右击，在弹出的快捷菜单中选择“拼合”图像，合并之前绘制的图层，提亮按钮的右侧，然后对边缘过渡处进行模糊处理，能有效提高产品的质量，使产品更加真实，最终效果如图5-33所示。

图5-33 最终效果

5.3 缝隙的绘制

缝隙的绘制相对比较简单，但却是产品绘制中必不可少的一个步骤，如图5-34和图5-35所示为手机右侧的缝隙，这是一条不规则的缝隙。绘制缝隙的大致原理是：先绘制一条深色的线，宽度根据缝隙深度自定，然后根据环境光对缝隙两侧的棱边进行处理。

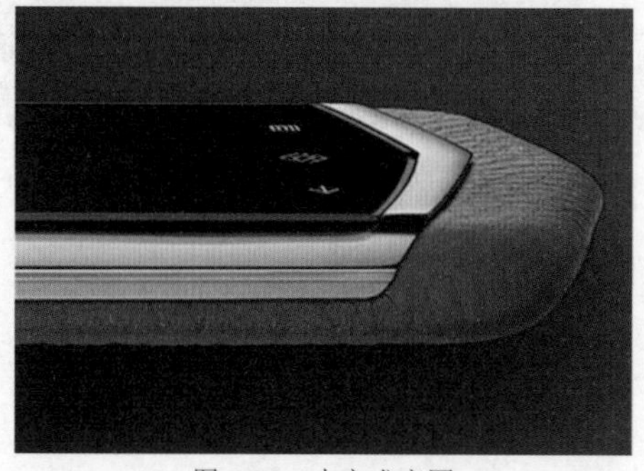

图5-34 未完成底图

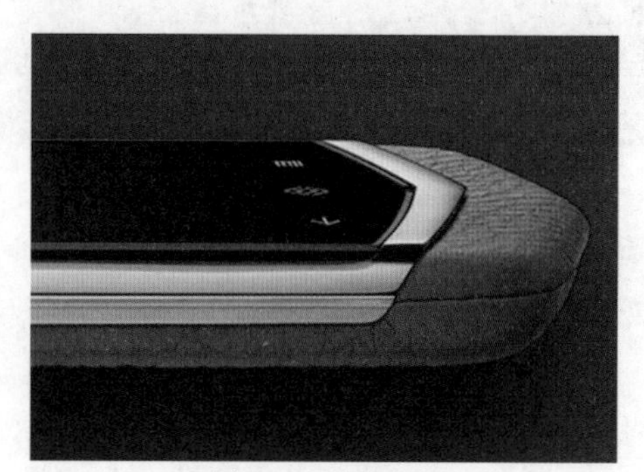

图5-35 缝隙表现

01 使用柔边画笔工具绘制如图5-36所示的曲线，注意绘制不同部位时需要调节画笔的半径，保证线条的流畅自然，图中所示为皮革材质，缝隙要有些扭曲，这样显得更加真实自然些。

02 使用“加深工具”对缝隙的上边缘进行加深涂抹，“减淡工具”对缝隙的下边缘进行减淡涂抹，这一过程一定要认真仔细、有耐心，方法虽然很简单，但是效果却十分突出，边缘的过渡是对缝隙细节处理最好的体现，最后用“模糊工具”处理边缘，最终效果如图5-37所示。

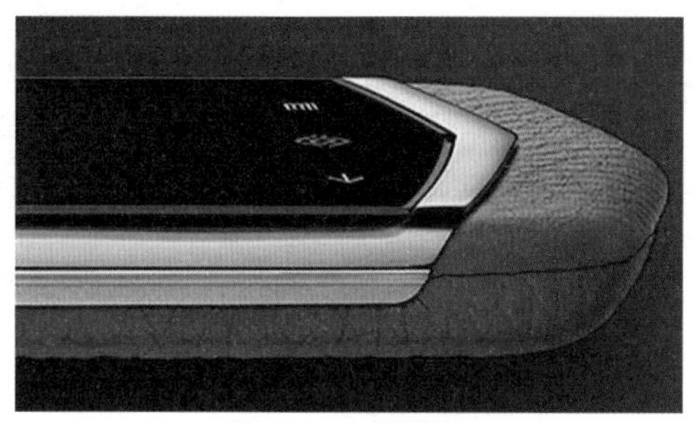

图 5-36　画笔描绘

图 5-37　最终效果

5.4　槽位的绘制

常见槽位的绘制和缝隙的绘制相似，但区别在于槽面明显可见，如图 5-38 所示就是一种十分常见的槽位，绘制时注意槽位的过渡面的明暗处理和过渡边沿的反光情况。

01 在底图图层上建立如图 5-39 所示的选区。

02 将上一步操作中建立的选区从左至右水平缩放 (按组合键 Ctrl+T) 至如图 5-40 所示的效果。

图 5-38　槽位效果表现图

图 5-39　建立选区

图 5-40　水平缩放

03 建立如图 5-41 所示的选区，槽面由于处于内侧，相对于整个外平面会稍暗些，所以对选区进行变暗处理，但是变暗的程度不要太重，槽位越深，其变暗的程度越重。

04 新建一个图层，建立如图 5-42 所示的长条形选区，分析光源信息可知光线大致是从左上方照射过来，所以槽面上部应该更暗一些，首先为建立的选区拉一个从上到下、从黑到白的线性渐变，然后将图层的“混合模式”调整为“正片叠底”，如图 5-43 所示，最终效果如图 5-44 所示。

图 5-41　加深涂抹选区

图 5-42　建立选区并绘制渐变

图 5-43　更改混合模式

05 将上一步建立的图层与底图图层合并，前几步建立的选区过于锐利，使用“模糊工具”将各个边界涂抹一下，但是程度不要太大，以免过犹不及，然后与缝隙的处理方式一样，将槽位的上边沿进行“加深工具”涂抹，下边沿进行“减淡工具”涂抹，使用柔边画笔，画笔半径可以自行调节，尽量使边沿过渡自然流畅，最终效果如图 5-45 所示。

图 5-44　混合模式更改效果

图 5-45　最终效果

5.5　指示灯的绘制

我们日常使用的电子产品中都带有各种各样的指示灯和呼吸灯，它们就像产品的眼睛一样，能够反映产品气质的细节，指示灯可以使产品更具有科技感，绘制时要使指示灯和产品融合协调，不能出现虚浮的感觉，指示灯的效果如图 5-46 所示。

01 先建立一个新图层，在未完成的底图上运用“圆角矩形工具”建立一个圆角矩形形状的选区，操作时首先选择“圆角矩形工具”，采用路径模式，在图层上画一个圆角矩形，使用组合键 Ctrl+T 旋转圆角矩形，使其与手机边缘平行，也就是要注意指示灯的透视，然后右击圆角矩形，在弹出的快捷菜单中执行“建立选区”|“新建选区”菜单命令，就可以形成一个圆角矩形选区，效果如图 5-47 所示。

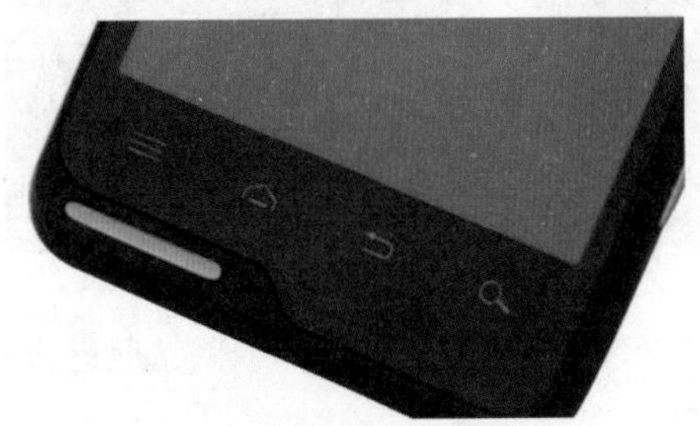

图 5-46　指示灯效果图

图 5-47　建立圆角矩形选区

提示　“圆角矩形工具”属性栏相比较于“矩形工具”属性栏，增加了“半径”选项，此选项用于设置所绘制矩形四角的圆弧半径，输入数值越大，4 个圆角的圆弧越圆滑。建立圆角矩形选区，可以使用“形状图层”或者“路径”来画圆角矩形，然后将路径转换为选区；如果使用“像素”来画圆角矩形，画完后可以用“魔术棒工具”选中圆角矩形，将其中的填充像素删除即可。

02 在上一步建立的选区中填充深蓝色，然后在其上方建立一个稍小一些的圆角矩形选区，这一步操作可以采用按住 Ctrl 键，然后单击上一步的图层缩略图，就可以将上一步的圆角矩形选区重新选中，然后执行“选择”|“修改”|“收缩”菜单命令，设置为 2 像素（参数具体自定），实现快速建立一个更小的圆角矩形选区，然后设置“羽化”半径 1 像素，效果如图 5-48 所示。

03 单击工具栏中的“渐变工具”，选择渐变工具中的“线性渐变”，双击位于“渐变工具”图标左侧的长方形，可打开“渐变编辑器”对话框，运用色标来绘制一个线性渐变，在区域右上方单击鼠标向左下角拖动，填充渐变色，拉一个浅蓝色的渐变，从深蓝色过渡到浅一点的蓝色，渐变程度不要过大，效果如图 5-49 所示。

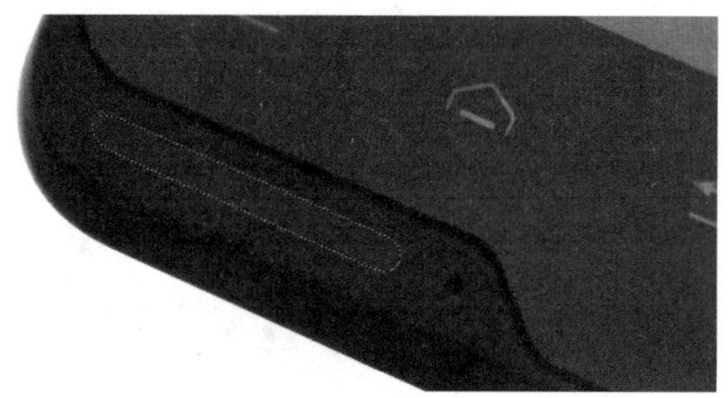
图 5-48 建立稍小选区

图 5-49 填充蓝色渐变

提示 “渐变工具”能在图片上勾勒出五颜六色的彩色线条或面积，提升画面美感程度，通过改变文字或者图形的渐变色，使之看上去形象逼真，在使用“渐变工具”时，前景色若为蓝色，背景色可为白色，所以渐变时使用的就是蓝白渐变；如果需要绘制平直的渐变，可以使用 Shift 键加以辅助，能够使画出的线条更加平直，只要在画的过程中按住 Shift 键不松手即可；在“渐变编辑器”对话框中调节颜色时，如果不想要当前的颜色可以先单击“删除”按钮，然后再重新进行选择后再确定。

04 点缀高光，对指示灯的边沿部分进行提亮，新建一个图层，建立选区，如图 5-50 所示。暗部填充深蓝色，亮部填充白色，选区要设置“羽化”半径为 1 像素，将图层设置“不透明度”为 50%。

05 在最顶部的图层右击，在弹出的快捷菜单中选择“拼合”命令，合并之前绘制的图层，然后使用“加深工具”对灯的边沿进行加深处理，最终效果如图 5-51 所示。

图 5-50 提亮上下两侧边沿

图 5-51 最终效果

5.6 螺钉的绘制

金属螺钉是常见机械产品的必备零件，到了现代，多数电子产品会尽量隐藏自身的螺钉等部件，但少数产品精美螺钉的装配往往也能成为精妙的点缀，作为产品的亮点出现。如图 5-52 所示的手机背部的精致六角螺钉就是很好的案例，和之前绘制耳机孔位的步骤十分相似。

01 在底图图层上新建一个图层，建立如图 5-53 所示的圆形选区，大小可根据实际情况自定，填充黑灰色。

图 5-52 螺钉效果表现图

图 5-53 建立圆形选区并填充黑灰色

02 在同一位置建立一个比上一步选区稍小的圆形选区，然后单击工具栏中的“渐变工具”，选择渐变工具中的“角度渐变”，双击位于“渐变工具”图标左边的长方形，打开“渐变编辑器”对话框，运用色标来绘制一个角度渐变，参数如图 5-54 所示。注意白色和灰色过渡的变化，首尾都是白色衔接，设置完成后，从环形中心单击鼠标向外拖动，填充渐变色，效果如图 5-55 所示。

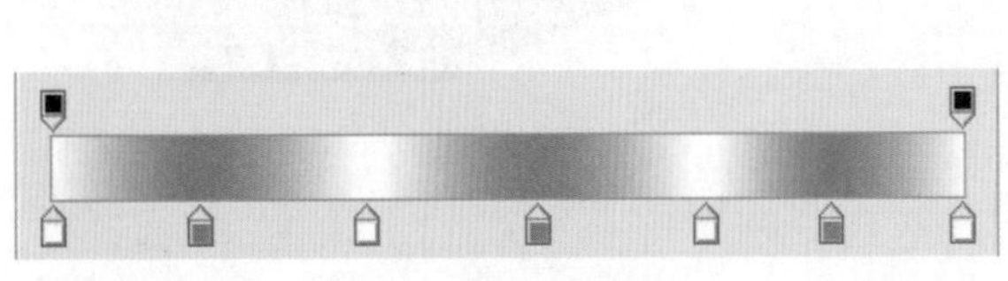
图 5-54　角度渐变设置

图 5-55　建立稍小选区并填充角度渐变

03 使用“钢笔工具”绘制如图 5-56 所示的六角星形路径，在绘制过程中，可以按住 Ctrl 键对钢笔的节点进行控制，绘制完成后，右击路径，在弹出的快捷菜单中选择“建立选区”命令，然后设置“羽化”半径为 1 像素，填充中灰色，效果如图 5-57 所示。

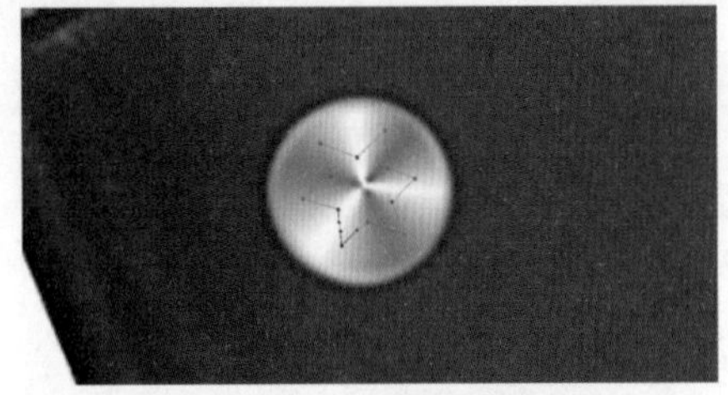
图 5-56　钢笔勾画螺钉槽位轮廓

图 5-57　建立选区填充灰色

04 在前一步的六角星形图案上分别建立三角形选区，相互交错，并对不同部位进行加深减淡操作，注意把握阴影关系，效果如图 5-58 所示。

05 新建一个图层，使用柔边“画笔工具”绘制螺钉边沿高光，设置图层“不透明度”为 70%，如图 5-59 所示。

图 5-58　加深或减淡槽位内部各面

图 5-59　高光提亮边沿

06 在螺钉的图层下新建一个图层，建立一个圆形选区，填充中灰色，然后根据光影关系调节明暗，左上方颜色浅一点，右下方深一点，使螺钉整体有种嵌入凹槽的感觉，明暗对比度可大一点，效果如图 5-60 所示。

07 将左侧螺钉复制至右侧，采用复制图层，然后使用“移动工具”将螺钉移动到右边，使用“模糊工具”对螺钉边沿进行打磨，程度不要太深，点到为止，得到的最终效果图如图 5-61 所示。

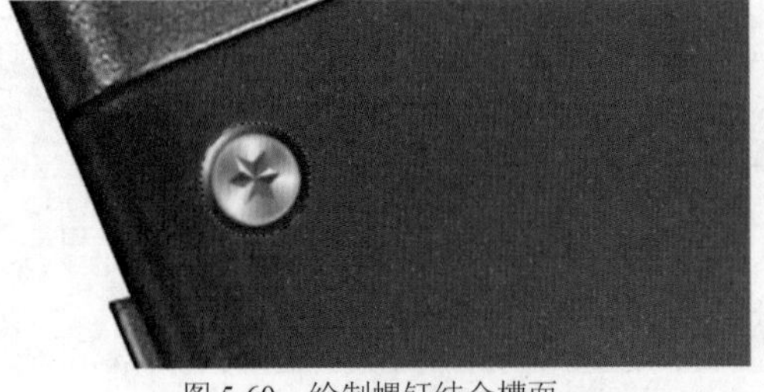
图 5-60　绘制螺钉结合槽面

图 5-61　最终效果

5.7　本章小结

本章介绍的就是常见的几种产品细节部分的绘制，绘制方法都比较相似，都是层层叠加，要把握产品的光影关系，而且步骤不是很复杂，操作也比较简单，容易上手，唯一的需要就是要有耐心，一些小的细节也不可大意忽略，往往就是这些小细节最能传达出设计者的专注精神和绘图功底，不可以忽视，也不要省略这些步骤。在绘制产品细节的时候，可以同类细节统一绘制，不急不躁，既要保证速度，也要保证质量。

《第 6 章》

鼠标设计表现

随着全球经济一体化的发展，科学技术的不断融合，电子产品的发展也随之不断加速，正成为 21 世纪的主流产品，目前人们的工作和学习越来越离不开电子产品，例如手机、计算机、数码相机等电子产品。在现代生活中，我们会接触到各种各样的电子产品，鼠标就是我们日常生活中经常接触使用的，在追求个性化消费的时代，不同造型、材质、色彩的鼠标可以满足消费者多样化的消费需求，这一章就来介绍鼠标常见的绘制方法。

6.1 鼠标的介绍

鼠标是使用个人计算机时必不可少的设备，鼠标的绘制是相对比较复杂的，它的构成面大多都是复杂的曲面，且材质也是多样化的，需要单独使用不同的表现手法。其中鼠标的 45° 角侧面的表现最为复杂，该角度视图对于鼠标的材质、色彩、造型有一个更直观、准确的反映，是最能够表现鼠标的效果的，鼠标的分面也是比较多的，如图 6-1 所示的鼠标效果图，这个鼠标左侧面的分面较多，分面处的细节也要细致刻画。

图 6-1　鼠标效果图

6.2 绘制效果图

鼠标的表现重点如图 6-2 所示。

图 6-2 细节处理

本案例中表现了 3 种材质：高反光塑料、磨砂塑料和电镀件。绘制过程中要注意明暗面的对比，以及明暗面平滑的过渡。鼠标的曲线复杂，曲面过渡也都十分流畅，绘制鼠标的线条的时候，曲线的控制点一定要尽可能少，以保证曲线的平滑。另一个需要注意的是，鼠标的边沿和棱角过渡都十分圆润光滑，需要表现出反光和明暗对比，这是绘制效果图很关键的一步，也是非常体现细节的地方。本章中会详细介绍具体的步骤。

在绘制的过程中，我们根据材质将鼠标分为三大部分绘制，即如图 6-3 所示的红色、蓝色、绿色线条三大区域。

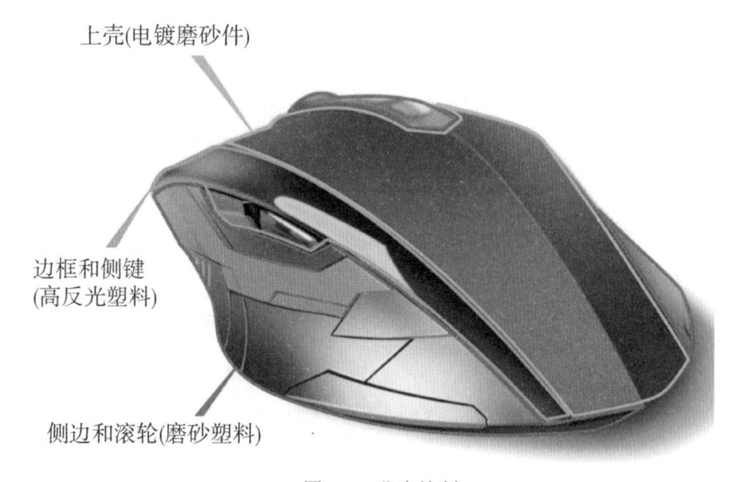

图 6-3 分步绘制

6.2.1 绘制轮廓线

01 打开 Photoshop，新建一个图像大小为 17 厘米 × 12.7 厘米的 PSD 文件，命名为“鼠标绘制”，“分辨率”设置为 300 像素 / 英寸，如图 6-4 所示。

02 新建一个图层，命名为“轮廓线”，用如图 6-5 所示的“钢笔工具”，绘制出鼠标的外轮廓，按住 Ctrl 键通过锚点调节曲线，使用尽可能少的锚点，以保证曲线的平滑，如图 6-6 所示。在勾画自己的产品设计效果图时，可以将自己的手稿置于底图进行勾画，然后在“钢笔工具”下单击鼠标右键，在弹出的快捷菜单中选择“描边路径”命令，如图 6-7 所示。使用画笔描边，预设“画笔半径”为 5 像素，然后删除钢笔路径，最终效果如图 6-8 所示。

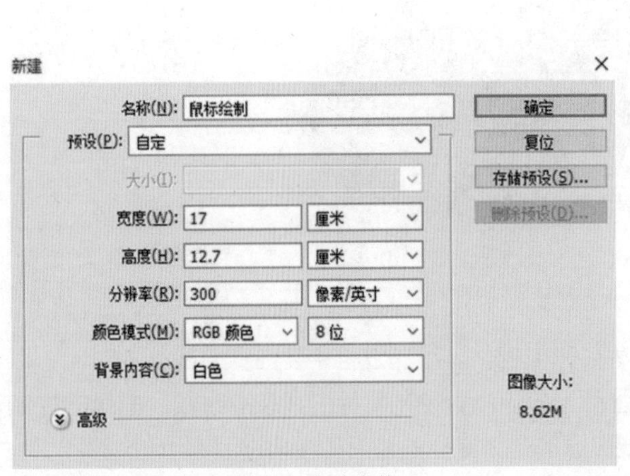

图 6-4 新建文件

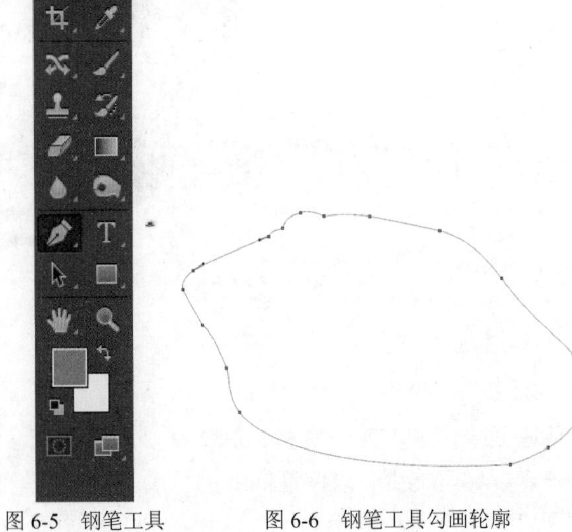

图 6-5 钢笔工具　图 6-6 钢笔工具勾画轮廓

03 使用同样的方法，将鼠标内部主要的结构线用“钢笔工具”勾画出来，切换到“画笔工具”，设置画笔“半径”为 3 像素，可以根据自己的需求用快捷键“[”和“]”调节画笔半径，再切换回“钢笔工具”，右击画出的钢笔路径，选择“描边路径”命令，选择“画笔工具”，即可完成描线，注意不可勾选“模拟压力”单选按钮，模拟压力的功能和压感笔类似，描边出来的线条是两边渐小中间粗，没点的话描出来的线是一样粗的。为方便后期修改，每一条线可以单独是一个图层，最终效果如图 6-9 和图 6-10 所示。

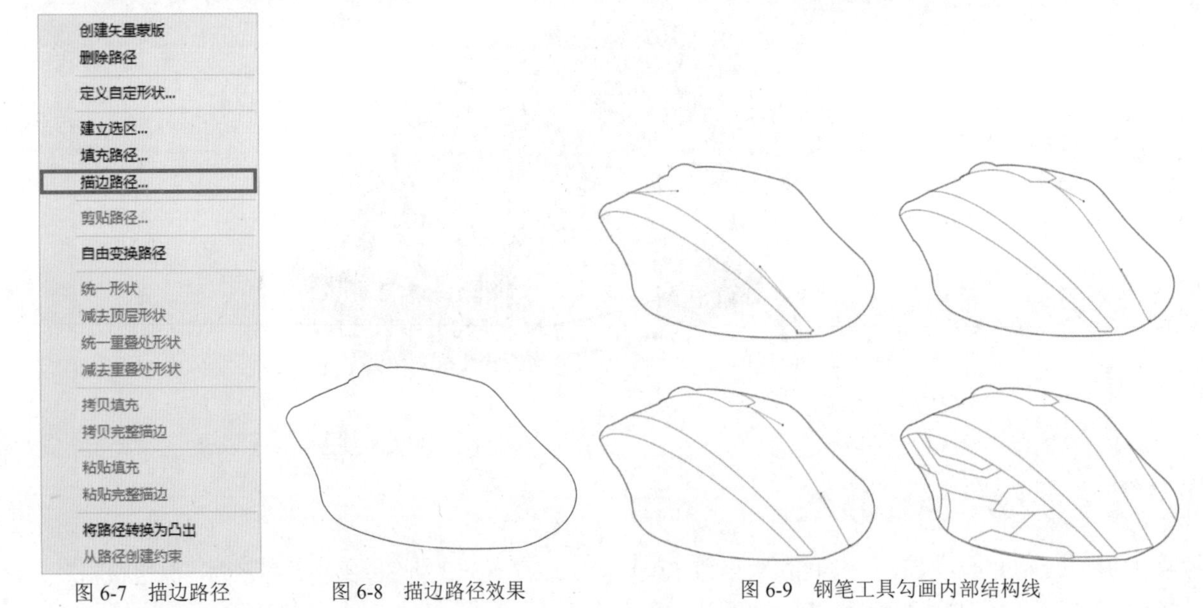

图 6-7 描边路径　图 6-8 描边路径效果　图 6-9 钢笔工具勾画内部结构线

6.2.2 绘制上壳（电镀磨砂件）

01 新建一个图层，命名为“上壳”，使用“钢笔工具”勾画如图 6-11 所示的轮廓，单击鼠标右键，在弹出的快捷菜单中选择“建立选区”命令。

02 单击工具栏中的“渐变工具”（如图 6-12 所示），选择渐

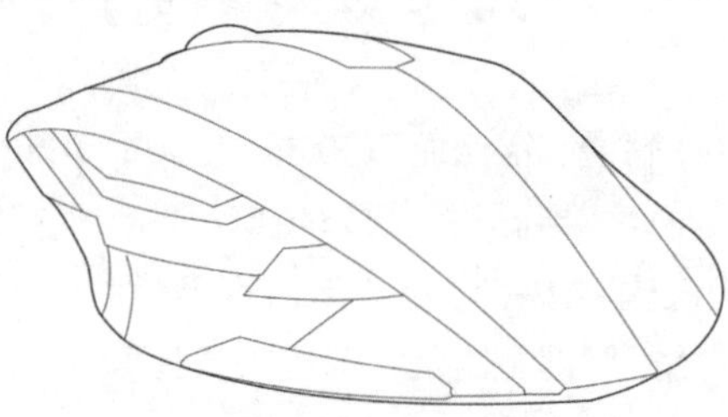

图 6-10 内部结构线完成效果

变工具中的“线性渐变”，双击位于“渐变工具”图标左边的长方形，可打开“渐变编辑器”对话框，运用色标来绘制一个线性渐变，在区域上方单击鼠标向下拖动，填充渐变色，渐变的颜色为 (CMYK:0 90 95 0) 到颜色 (CMYK:25 100 85 15) 的线性渐变，如图 6-13 所示。电镀件的色彩比较丰富，也可以根据自己的需求调节颜色，亮部使用浅色调，暗部使用深色调，最终效果如图 6-14 所示。

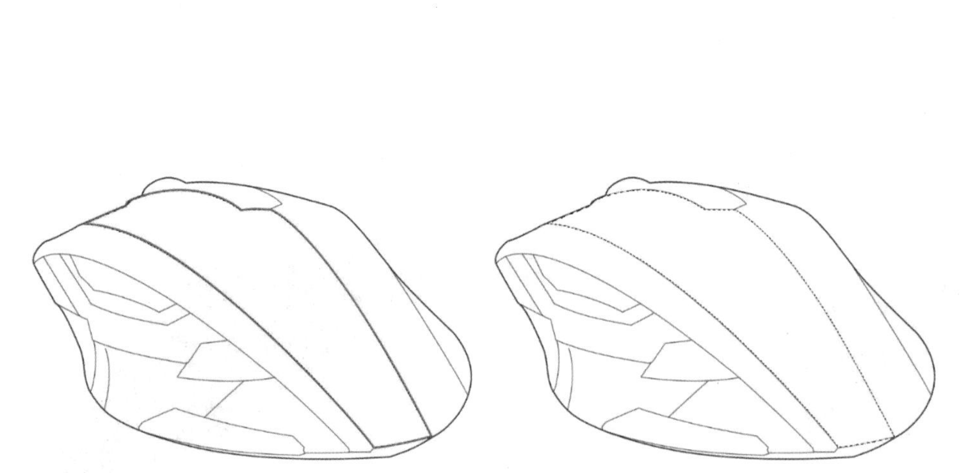

图 6-11　钢笔工具建立选区

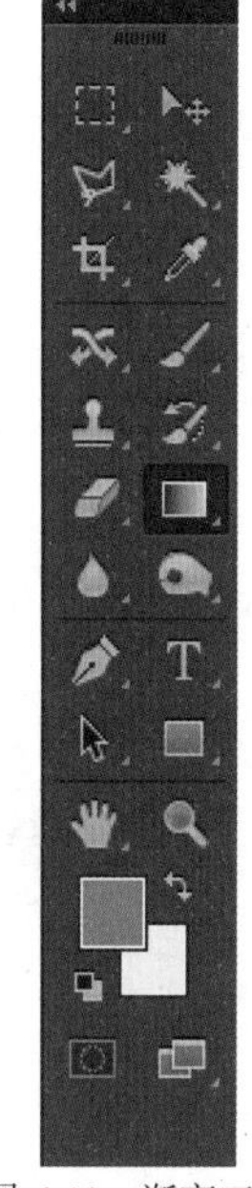

图 6-12　渐变工具

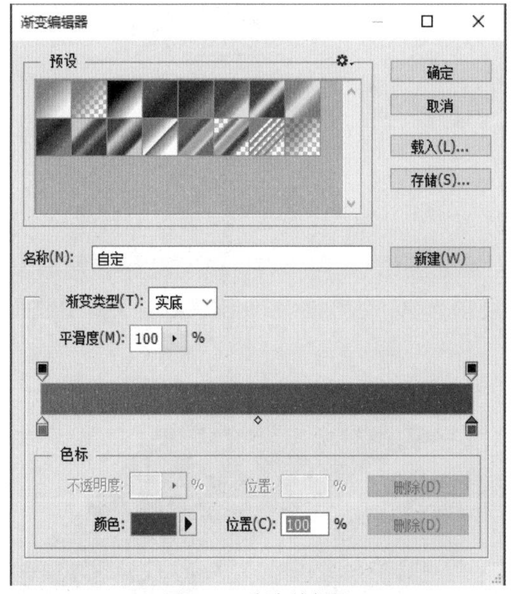

图 6-13　渐变编辑器

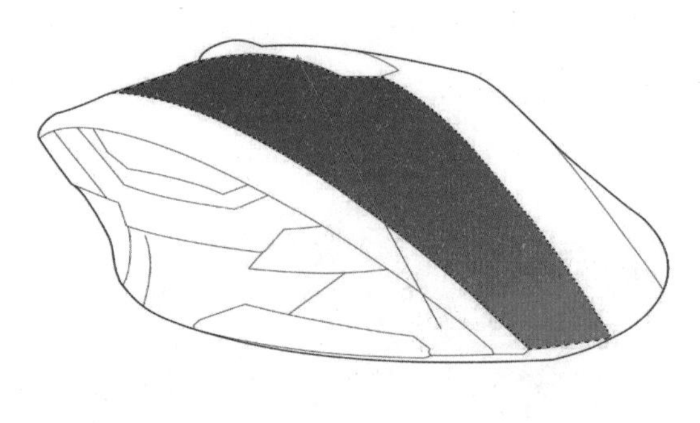

图 6-14　渐变方向

03 执行“滤镜”|“杂色”|“添加杂色”菜单命令，为原选区添加磨砂质感，添加杂色的数量可以在绘制时自行调节，图中的“数量”设置为 12.5%，模式选择“高斯分布”，最终效果如图 6-15 所示。

04 执行“滤镜”|“模糊”|“高斯模糊”菜单命令处理选区，让选区更平滑自然，在此设置模糊“半径”为 2 像素，如图 6-16 所示。在个人的绘制中，可自行调节，电镀磨砂的效果已初步形成，如图 6-17 所示。

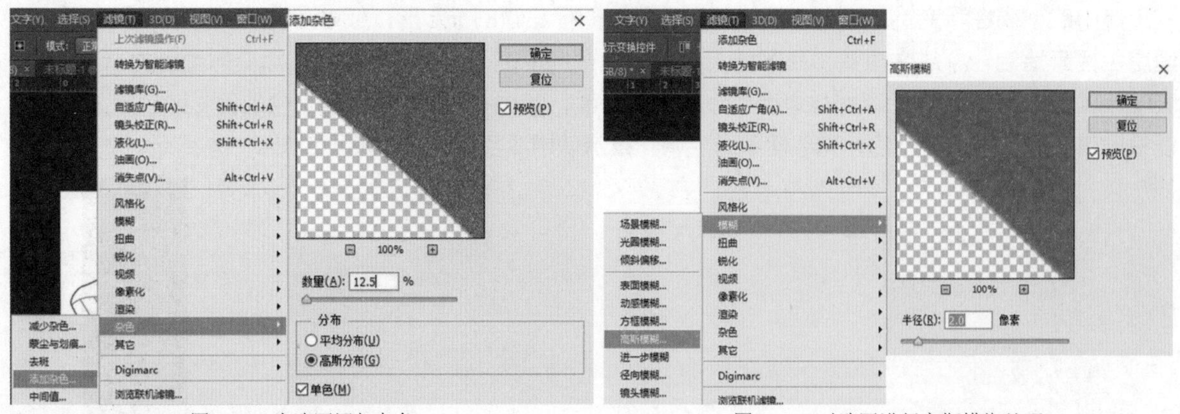

图 6-15 为选区添加杂色　　　　图 6-16 对选区进行高斯模糊处理

05 重复之前步骤2、3和4的操作，对上壳的另一半进行绘制，分析光源，另一半处于背光面，使用暗色调，图中使用的色彩为 (CMYK:18 78 72 50) 到 (CMYK:36 93 82 55) 的渐变，效果如图 6-18 所示。

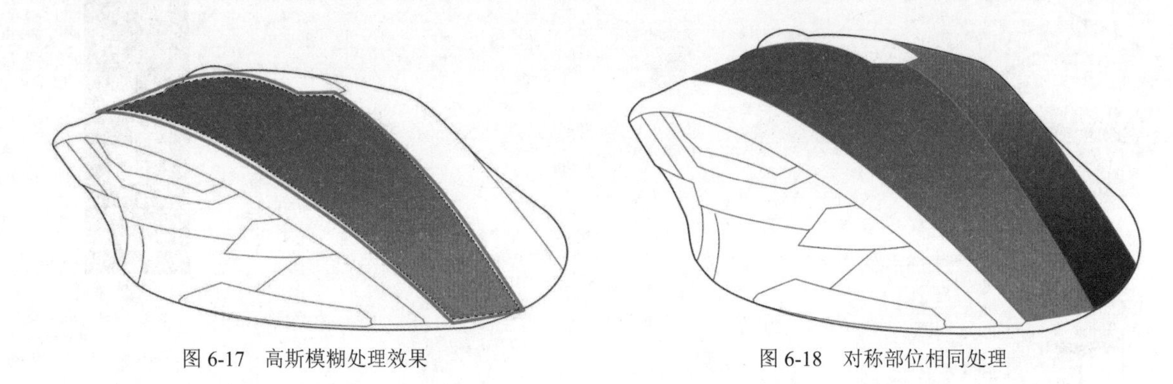

图 6-17 高斯模糊处理效果　　　　图 6-18 对称部位相同处理

6.2.3 绘制侧边（包括按键）和滚轮（磨砂塑料）

1. 绘制侧边大块色调和装饰件

01 磨砂塑料件相对于电镀磨砂件来说，色彩灰暗，反光度较低。在“轮廓线”图层以下新建一个图层，命名为“侧边和滚轮”，建立如图 6-19 所示的选区，填充纯色 (CMYK:45 40 40 5)，然后接着建立一个新的图层命名为“边框”，将剩余的高光部分纯色填充 (CMYK:80 70 60 60)，效果如图 6-20 所示。

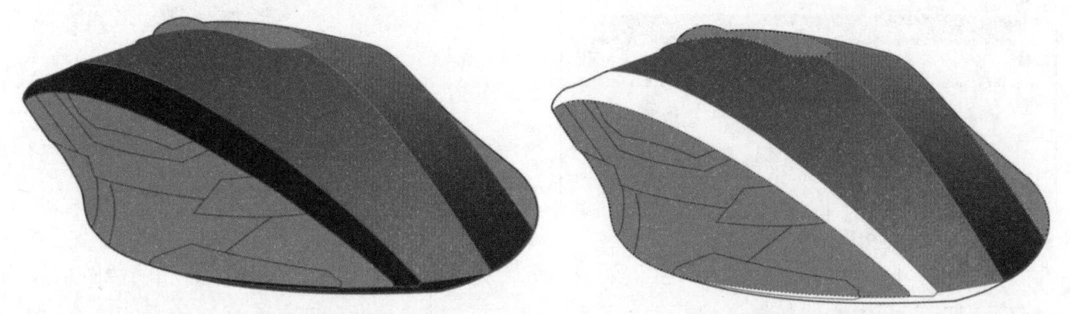

图 6-19 填充主要色调 1　　　　图 6-20 填充主要色调 2

02 对磨砂塑料图层执行“滤镜”|“杂色”|“添加杂色”菜单命令，设置“数量”为 5%，再执行“滤镜”|“模糊”|“高斯模糊”菜单命令，设置“半径”为 2 像素，进行模糊处理。由于磨砂塑料表面的颗粒感并不是很明显，添加杂色的数量和高斯模糊的半径参数设置得较低，效果如图 6-21 所示。

03 使用“加深工具”和“减淡工具”，如图 6-22 所示，强化明暗对比和阴影，范围设置为中间调，“曝光度”设置为 30%，参数如图 6-23 所示。选中侧边选区进行涂抹，画笔使用大的半径，以保证过渡流畅自然，如图 6-24 所示。同时对边框和上壳部分进行加深和减淡处理，此步骤比较烦琐，在涂抹的过程中，要实时调节曝光度，尤其是明暗交界处，阴影的变化要自然过渡，操作时可以将曝光度参数设置得稍微低一些，效果若不明显，可以多涂抹几遍，注意要细致，涂抹错误时及时撤回改正，否则涂抹的步骤过多，撤回不到初始状态，就需要删掉一整个图层，重新制作该区域。

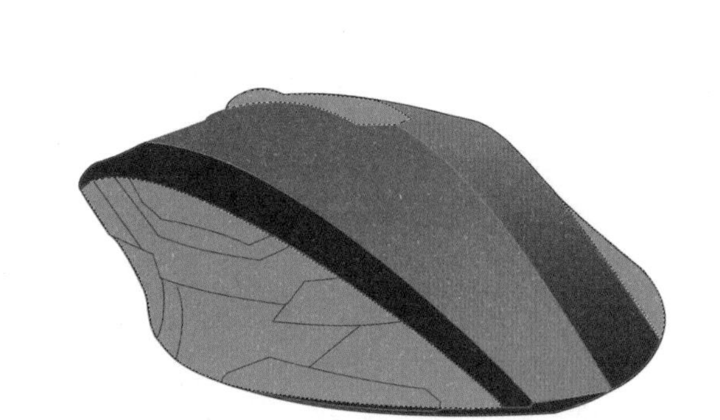

图 6-21　添加杂色和高斯模糊处理选区

图 6-22　加深工具和减淡工具

200　范围：中间调　曝光度：30%　保护色调

图 6-23　曝光度设置为 30%，范围为中间调

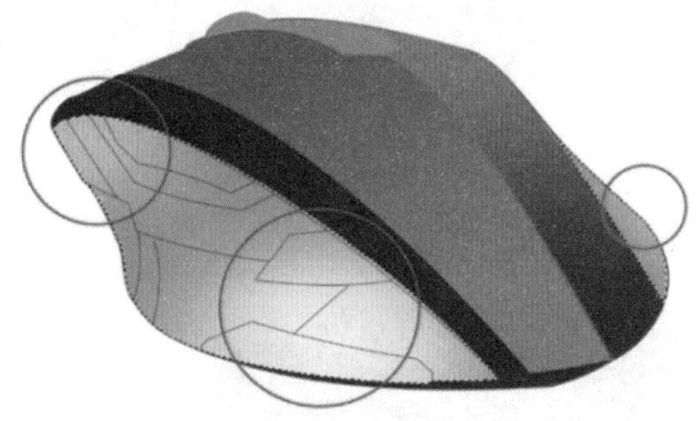

A 减淡工具涂抹

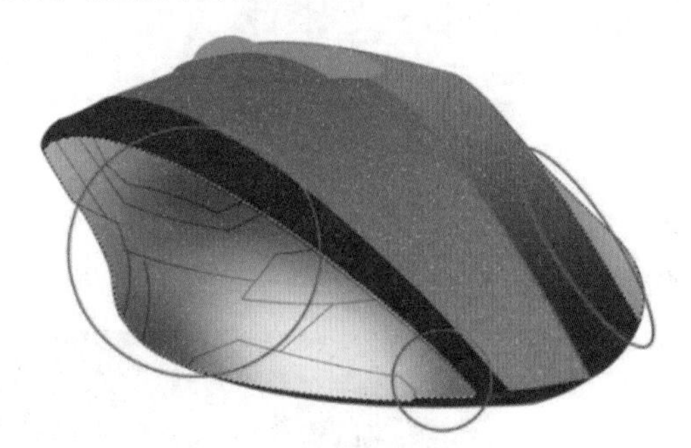

B 加深工具涂抹

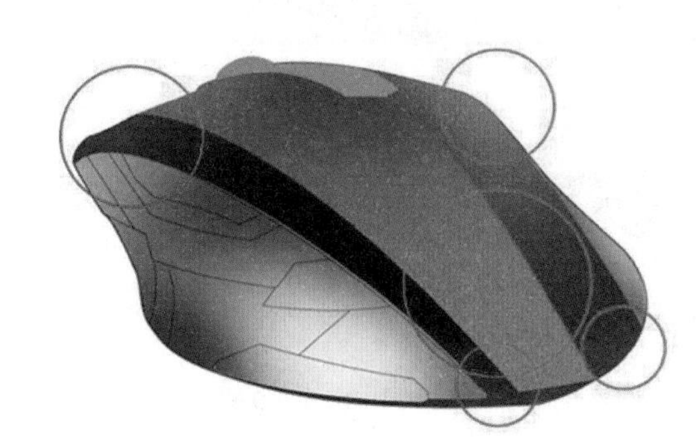

C 减淡工具涂抹

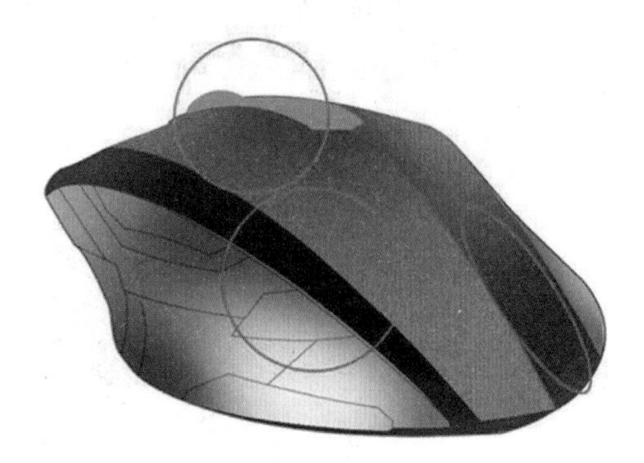

D 加深工具涂抹

图 6-24　明暗处理

04 在“侧边和滚轮”图层，建立如图 6-25A 的选区，填充纯色 (CMYK:0 70 40 0)，对选区执行“滤镜”|“杂色”|“添加杂色”菜单命令，设置“数量”为 5%，然后进行 2 像素的高斯模糊处理，设置“添加杂色”和“高斯模糊”效果的原因第 5 章已经论述过，此处不再多加解释。模糊后对选区的左右进行减淡涂抹，表现光影关系，最终效果如图 6-25B 所示。

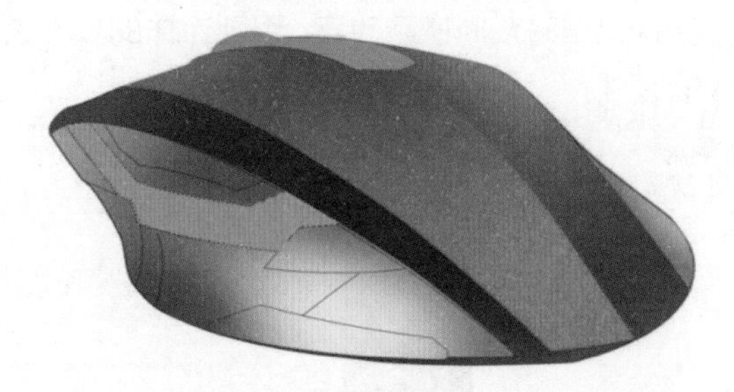

A 建立选区，填充　　B 减淡工具涂抹

图 6-25　绘制侧边

05 建立如图 6-26 所示的选区，对选区进行羽化 (组合键 Shift+F6) 处理，“羽化”设置为 1 像素，然后对选区进行加深涂抹，表现出边框的层次感。

06 使用上一步的方法，对如图 6-27 所示的选区进行相同的操作，进一步完善得到的效果如图 6-28 所示，这两步是对分面的缝隙进行光影处理，使分面更加立体，虽然处理的部位比较细小，但是不能觉得无关紧要就马虎大意，仍需要细致处理。

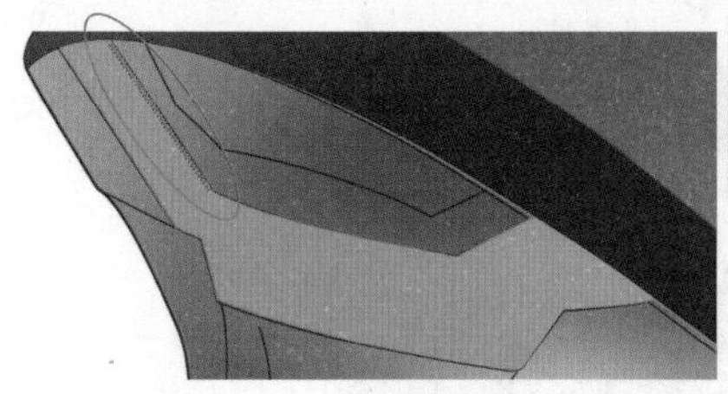

图 6-26　加深涂抹过渡边沿

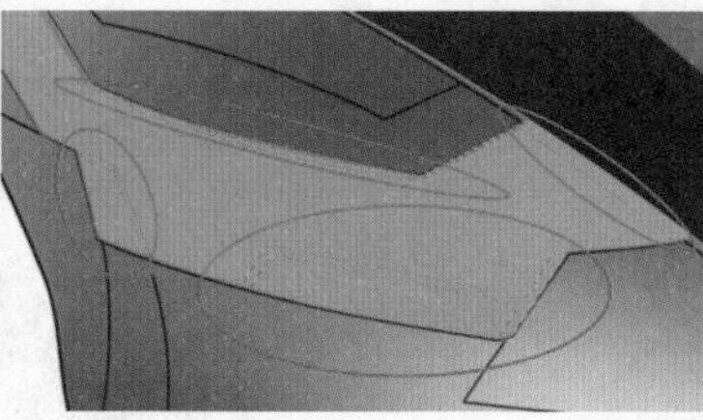

图 6-27　完成剩余过渡边沿

图 6-28　涂抹边沿效果

2. 绘制侧键

01 绘制侧边的侧键，建立如图 6-29 所示的选区，设置“羽化”为 1 像素，填充纯黑色。

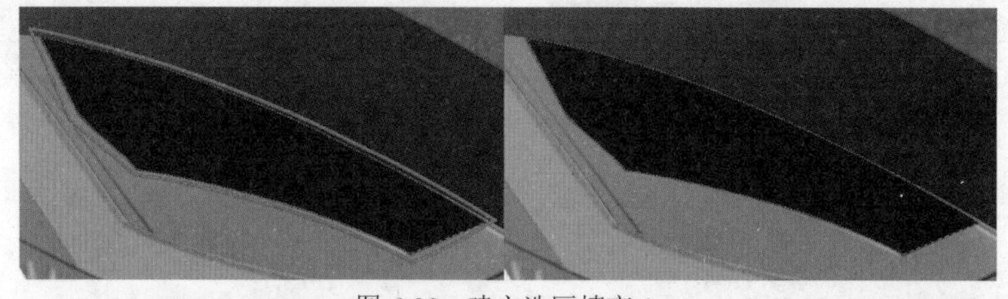

图 6-29　建立选区填充 1

02 建立如图 6-30 所示的选区，设置“羽化”为 2 像素，填充纯色 (CMYK:60 50 50 20)。

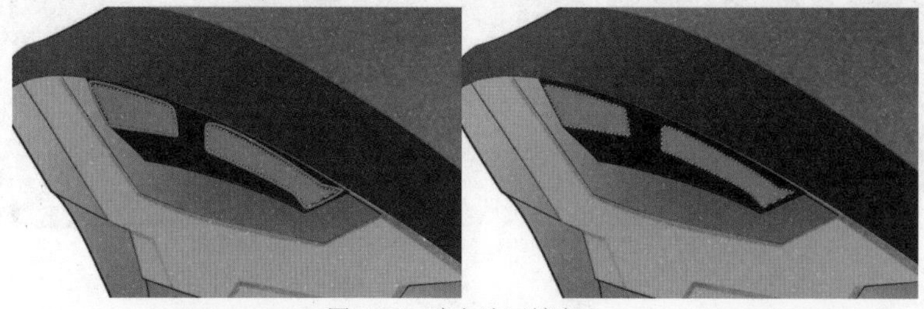

图 6-30　建立选区填充 2

03 建立如图6-31所示的选区，设置“羽化”为2像素，填充纯色(CMYK:55 45 4510)，并使用“加深工具”和“减淡工具”进行涂抹，注意突出各个面之间的明暗对比。

04 建立如图6-32所示的选区，羽化并进行纯色填充，绘制高光及阴影，使用“加深工具”和“减淡工具”实现明暗对比，最后高斯模糊处理，使此区域更加柔和。

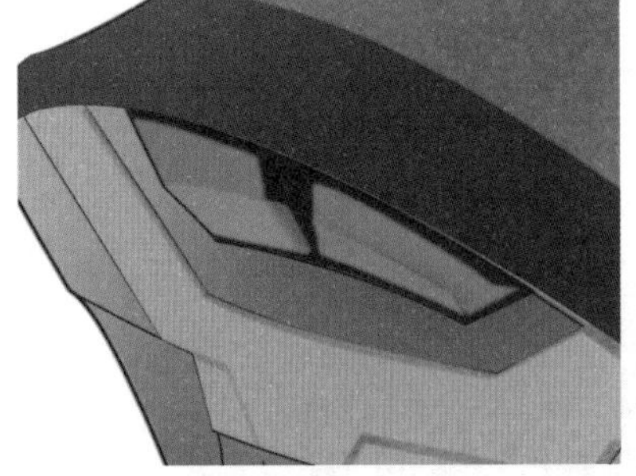

图6-31　填充纯色并调节明暗

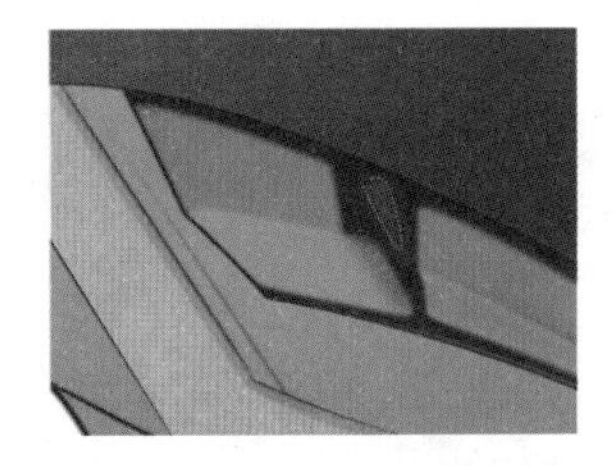

建立选区，羽化4像素，填充灰色

建立选区，羽化2像素，填充灰色

建立选区，羽化4像素，填充白色(CMYK:5 5 5 0)，作为高光

建立选区，羽化2像素，填充红黑色，作为对下部粉色部位的反射

图6-32　侧键高光和暗部的绘制

3. 绘制滚轮部分

01 建立如图6-33所示的选区，设置“羽化”为2像素，填充灰色，最后使用“减淡工具”进行调节。

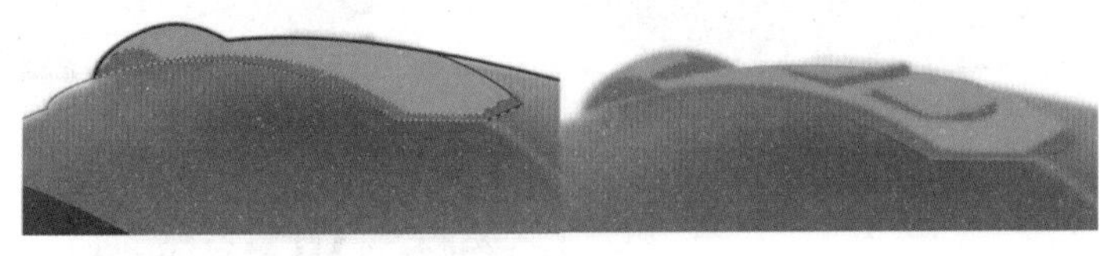

图6-33　滚轮部分暗面

02 建立如图6-34所示的选区，设置“羽化”为2像素，填充灰色，然后对滚轮处使用“加深工具”和“减淡工具”进行涂抹，注意左边的按键整体要暗一些，右边的按键整体亮一些，同时左边的按键左上部分比右下部分亮一些，右边按键自身区域明暗对比差别不大，可以不用修改，注意涂抹时过渡自然，最终效果如图6-35所示。

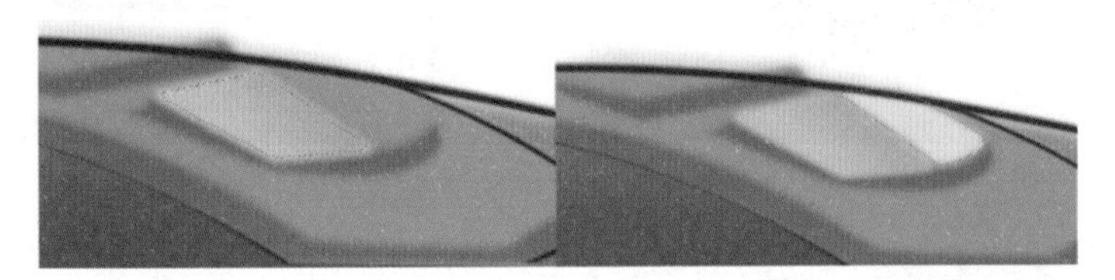

图6-34　按键表面明暗处理1

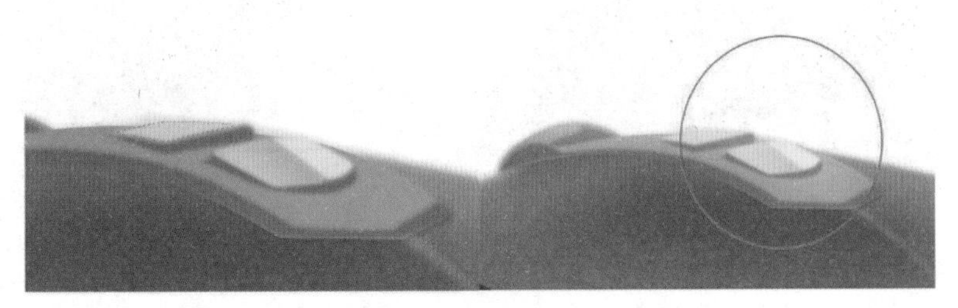

图6-35　按键表面明暗处理2

4. 绘制结构槽

01 新建一个图层，命名为“结构槽”，使用“钢笔工具”勾画出如图6-36和图6-37所示的选区，设置“羽化”为1像素，填充黑灰色，注意这些选区的明暗也有区别，最终的效果如图6-38所示。

图 6-36　结构槽位置

图 6-37　钢笔工具勾画路径

02 新建一个图层，命名为“边沿过渡”，使用“钢笔工具”绘制高光路径，建立细长条形选区，如图6-39所示。高光选区都在分面的缝隙处，对建立的选区设置“羽化”为2像素，填充纯白色，然后如图6-40所示将图层“不透明度”设置为60%，目的是减淡高光的反光度，最终效果如图6-41所示。

图 6-38　建立选区并填充

图 6-39　钢笔工具绘制高光路径

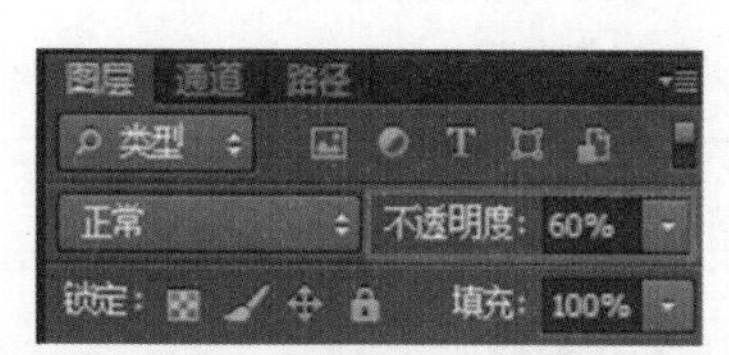

图 6-40　图层不透明度调整

图 6-41　高光位置分布

03 在“边沿过渡”图层上，建立如图6-42所示的选区，设置“羽化”为2像素，填充黑灰色。

04 在“边沿过渡”图层上，建立如图6-43所示的选区，设置“羽化”为1像素，填充灰色。

图 6-42　填充暗部

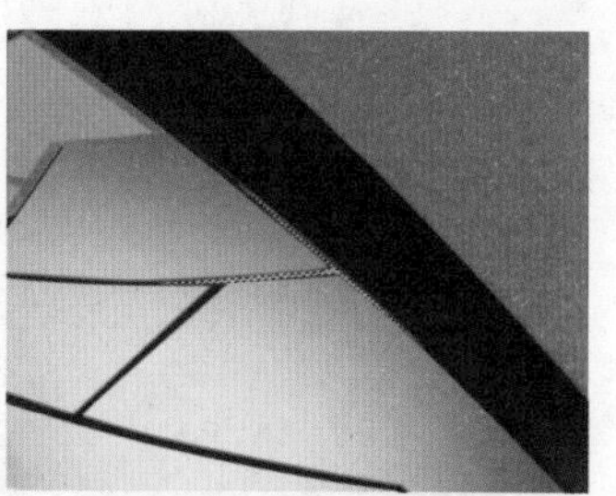

图 6-43　填充结构槽内反光

5. 绘制边沿过渡部分和高光

01 在“边沿过渡”图层上建立如图 6-44 所示的选区，设置“羽化”为 4 像素，填充灰白色。

02 在“边沿过渡”图层上建立如图 6-45 和图 6-46 所示的选区，绘制高反光区域，设置“羽化”为 2 像素，填充纯白色。

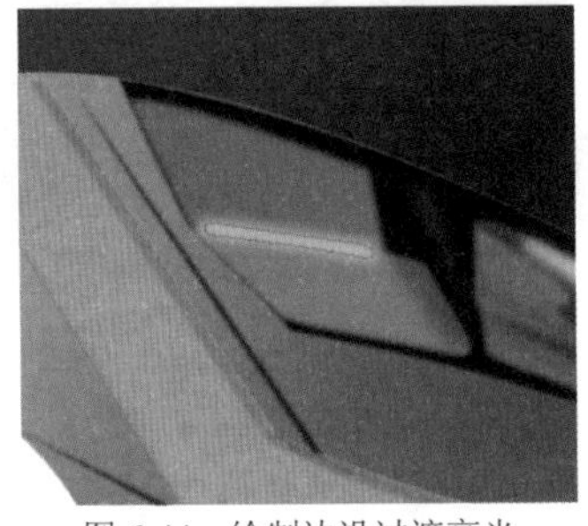

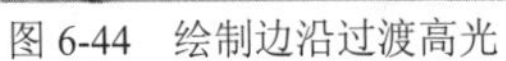

图 6-44　绘制边沿过渡高光

图 6-45　点缀侧键高光

图 6-46　点缀滚轮处高光

03 新建一个图层，建立如图 6-47 所示的选区，绘制过渡区域，设置“羽化”为 2 像素，填充纯白色，将图层“不透明度”设置为 30%。

04 将原鼠标所有图层放在一个组中（不包括轮廓线），并单击右键，在弹出的快捷菜单中选择“复制组”命令，将该组副本隐藏起来，方便修改，在原组上单击右键，在弹出的快捷菜单中选择“合并组”命令，如图 6-48 和图 6-49 所示。

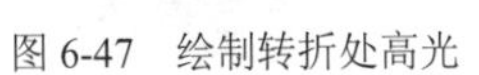

图 6-47　绘制转折处高光

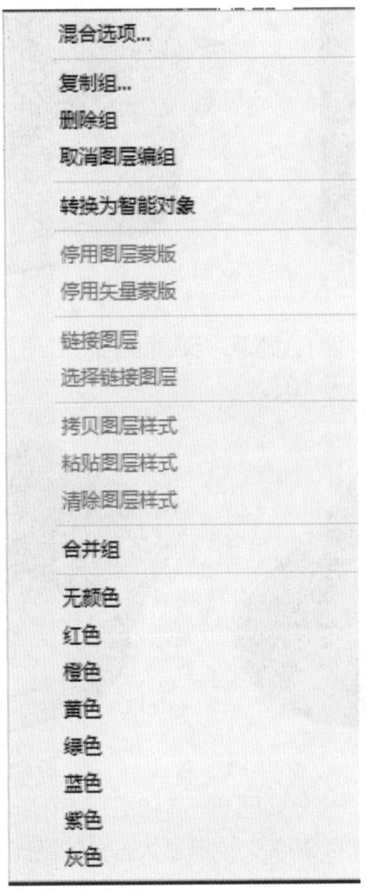

图 6-48　复制并合并组 1

图 6-49　复制并合并组 2

05 使用“减淡工具”（小半径画笔）描绘各个棱角边沿的反光部位，使边缘更加平滑，效果如图 6-50 至图 6-52 所示。

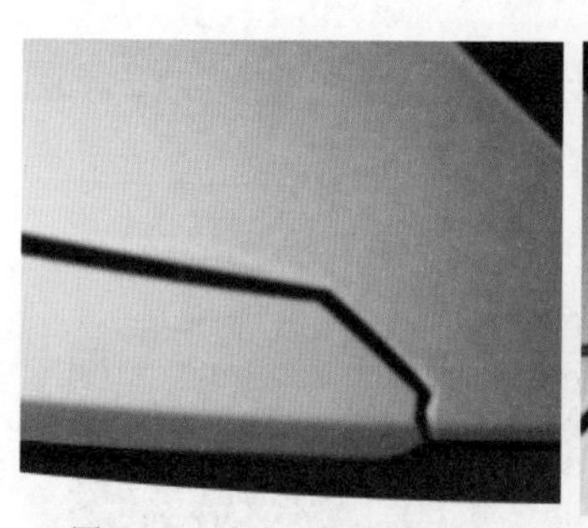

图 6-50　减淡工具涂抹边沿 1

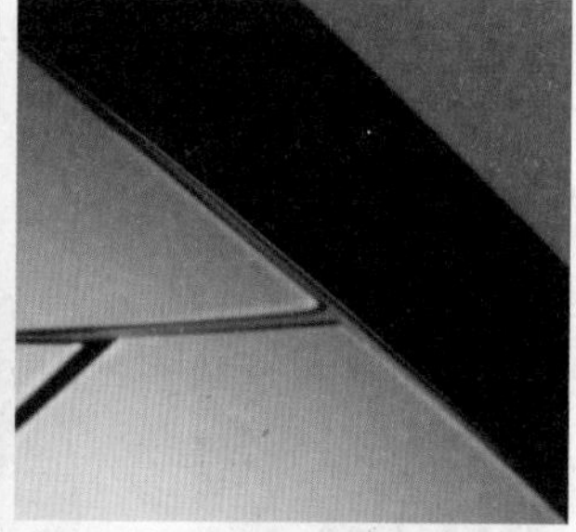
图 6-51　减淡工具涂抹边沿 2

图 6-52　边沿处理部位

6.2.4　边框（高反光塑料）的绘制

01 新建一个图层，命名为“高光一”，使用“钢笔工具”勾画如图 6-53 所示的选区，设置“羽化”为 5 像素，填充纯白色，将图层“不透明度”设置为 30%。

02 新建一个图层，命名为“高光二”，建立如图 6-54 所示的选区，设置“羽化”为 20 像素，拉一个黑白线性渐变，将图层“不透明度”设置为 50%。

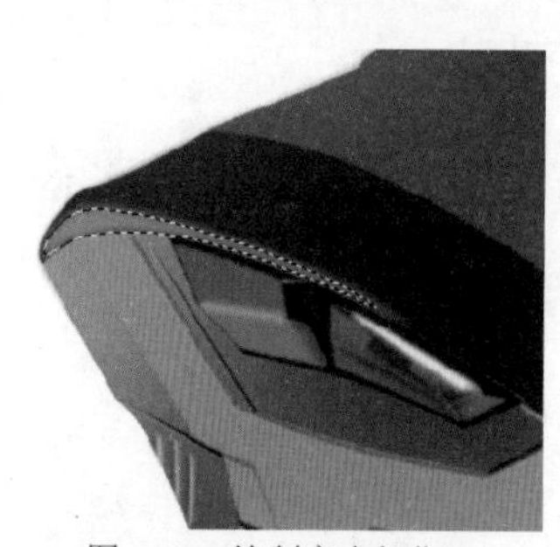
图 6-53　绘制高光部位 1

图 6-54　绘制高光部位 2

03 新建一个图层，命名为“高光三”，建立如图 6-55 和图 6-56 所示的选区，设置“羽化”为 20 像素，填充纯白色，将图层“不透明度”设置为 10%。

图 6-55　绘制高光外围 1

图 6-56　绘制高光外围 2

04 新建一个图层，命名为“高光四”，建立如图 6-57 和图 6-58 所示的选区，设置“羽化”为 2 像素，填充纯白色，将图层“不透明度”设置为 80%，绘制最大部分的高光。

05 新建一个图层，命名为“高光五”，建立如图 6-59 所示的选区，设置“羽化”为 5 像素，填充淡灰色，绘制高光中的暗部。

06 使用“减淡工具”提亮如图 6-60 所示的区域。

图 6-57　绘制大面积高光 1

图 6-58　绘制大面积高光 2

图 6-59　绘制高光内暗部

图 6-60　减淡工具提亮局部

6.2.5　整体效果的绘制

01 将鼠标图层和之前几步的高光图层合并，使用如图 6-61 所示的“模糊工具”，沿轮廓线涂抹，强度自行调节，使图像整体更为自然流畅，然后隐藏轮廓线图层，效果如图 6-62 所示。

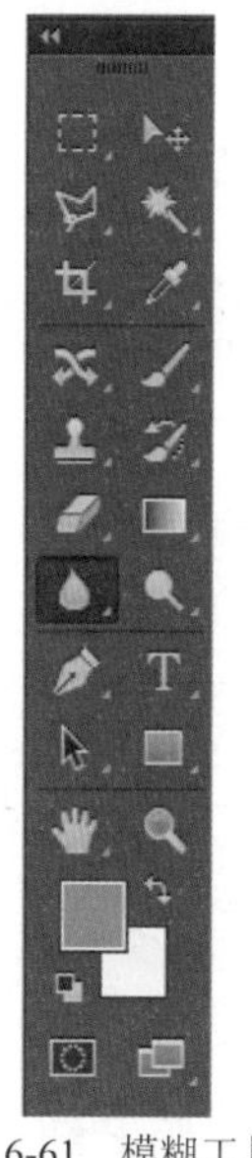

图 6-61　模糊工具

图 6-62　模糊工具处理边沿

02 在鼠标这个图层上建立如图 6-63 和图 6-64 所示的选区，设置“羽化”为 20 像素，对选区进行高斯模糊处理，设置“半径”为 5 像素，创造景深效果。

图 6-63　建立远端模糊选区

图 6-64　高斯模糊选区

03 在“背景”图层上建立如图 6-65 所示的选区，设置“羽化”为 20 像素，填充浅灰色，对内部阴影使用“加深工具”进行涂抹处理，最终效果如图 6-66 所示。

图 6-65　建立阴影选区

图 6-66　最终效果

注意　在步骤 2 中，“模糊工具”是将涂抹的区域变得模糊，模糊有时候是一种表现手法，将画面中其余部分做模糊处理，就可以突显主体，此处是建立镜头对产品的聚焦效果，增加产品的真实感，模糊工具的操作是类似于喷枪的可持续作用，也就是说鼠标在一个地方停留时间越久，这个地方被模糊的程度就越大。

6.3　本章小结

相对于其他产品而言，鼠标的结构和材质并不复杂，但其表面的结构线大多为顺滑的曲线，在勾画结构轮廓线时需要细致一些，另外由于磨砂材质的使用，产品表面明暗面的对比会更加强烈，在使用“加深工具”和“减淡工具”时可以程度大一些，同时不同结构件结合处的缝隙需要加深表现，转折处边缘是微小的弧面，可适当提亮以表现产品微小的细节，突出产品工艺的完备。在绘制的过程中，可以发现，虽然鼠标的分面比较多，步骤的重复性较多，但是绘制的操作并不复杂，用到的主要工具有“钢笔工具”“画笔工具”“模糊工具”“羽化”“加深工具”“减淡工具”“高斯模糊”“渐变工具”这 8 种工具，这 8 种工具的运用可以完成绝大部分产品的绘制，所以对 Photoshop 不熟悉的新手需要多加练习这几种工具，当然，Photoshop 只是一种表现产品的手段，同类产品如 CorelDRAW、Illustrator，只要在产品绘制方面掌握一种软件，其他的也会掌握，其绘图的原理都是相通的，对于有素描基础的人来说更能理解这一点，所以设计者在注重掌握工具使用的同时，也要加强产品表现技法理论的学习。

《第 7 章》

单反相机设计表现

单反相机是时下摄影爱好者必不可少的专业级设备，它以成像质量高、速度快和对光线的准确传达等特点而备受青睐，是消费级相机所无法比拟的，但是其高昂的价格也让大众在选择它时不得不谨慎考虑。但作为高端消费品，单反相机的品质也是得到大众肯定的。

7.1 单反相机的介绍

单反相机是一种较为精密的设备，它的结构是十分复杂和多样化的，一般的单反相机主要分为机身和镜头两个主要部分，表面的主要材质为各种不同类型的塑料和镜头部分的高质量的镜片，辅以少量的金属构件。其中最复杂的部分为镜头镜面部分的透明材质的表现，只有着重表现出镜头部分的层次感和反光，才能体现出单反相机的品质感，如图 7-1 所示。

7.2 绘制效果图

单反相机的表现重点如图 7-2 所示。

本案例中主要表现了透明玻璃和塑料两种材质，其中要分别着重表现高反光塑料、磨砂塑料和表面带有明显肌理的一类塑料。再加上少量金属按键的点缀，才能完美地表现出整体的质感和品质。其中对于镜头部分的刻画是其难点，也是最重要的一点。

在绘制的过程中，我们将单反相机根据结构分为镜头和机身两个部分，如图 7-3 所示。其中镜头分为镜面和塑料两部分，机身分为磨砂塑料和带肌理塑料两个部分。

图 7-1 单反相机效果表现图

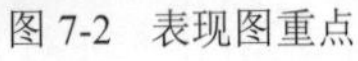
图 7-2　表现图重点

图 7-3　分部位绘制

7.2.1　绘制轮廓线

01 新建一个文件。打开 Photoshop 软件，使用组合键 Ctrl + N, 弹出“新建”对话框，在其中设置文件的“宽度”为 18 厘米、“高度”为 18 厘米、“分辨率”为 300 像素 / 英寸，并将其命名为“单反绘制”，如图 7-4 所示。

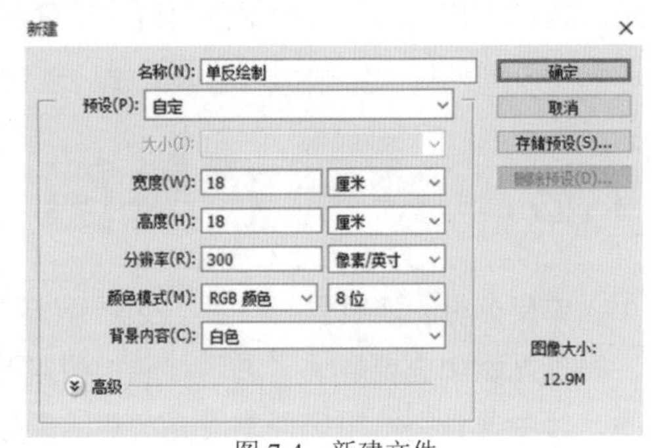

图 7-4　新建文件

02 绘制单反相机的外轮廓路径并进行外轮廓描边。新建一个图层，命名为“轮廓线”。选择“画笔工具”，预设“画笔半径”为 5 像素。选择工具栏中的“钢笔工具”，描绘出单反相机的外轮廓。注意要使用尽可能少的锚点。由于该相机轮廓较为复杂，可以将原图置为底图进行勾画轮廓，效果如图 7-5 所示。然后单击鼠标右键，在弹出的快捷菜单中选择“描边路径”命令。接着在打开的“描边路径”对话框中选择“画笔”选项，最后单击“确定”按钮。然后打开“路径”面板，将外轮廓的路径删除，如图 7-6 所示。

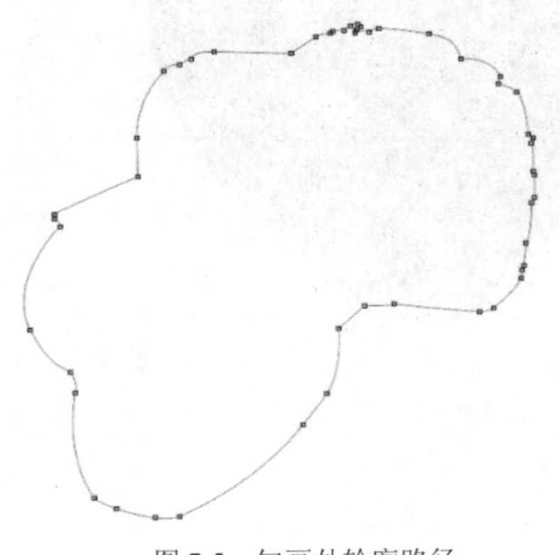
图 7-5　勾画外轮廓路径

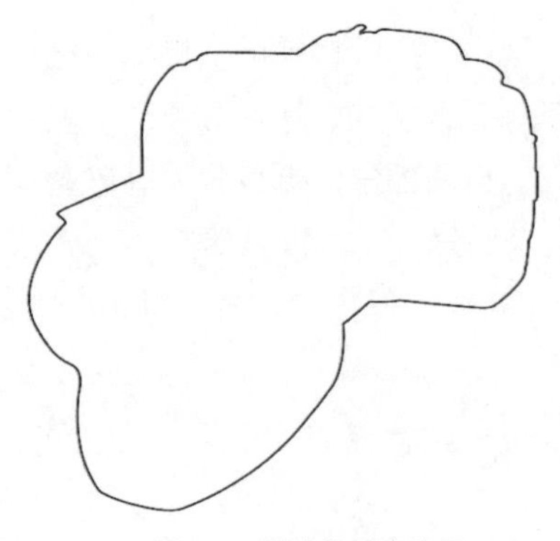
图 7-6　描边外轮廓路径

03 绘制内部的主要结构线。使用与步骤 2 相同的方法，将内部主要的结构线勾画出来。画笔半径预设为 3 像素，也可以根据自身需求任意调节画笔半径。绘制的效果如图 7-7 和图 7-8 所示。

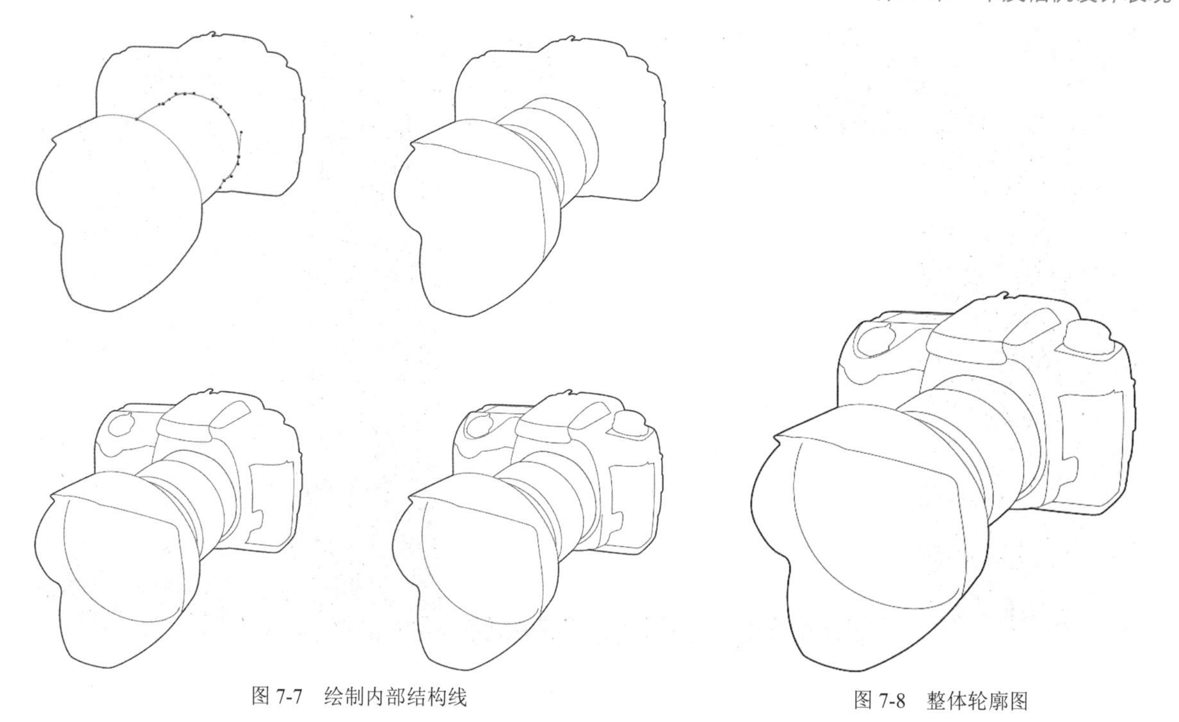

图 7-7　绘制内部结构线　　图 7-8　整体轮廓图

7.2.2　绘制机身部分

1. 绘制机身的带肌理塑料部分

01 创建新图层并建立肌理图层，新建一个图层，命名为“肌理塑料”，选择工具栏中的“钢笔工具”，绘制出如图 7-9 中红色线所示的轮廓路径。单击“路径”面板底部的“将路径作为选区载入”按钮，将绘制好的路径转换为选区。

02 填充选区。将工具栏中的“前景色”设置为深灰色 (CMYK:65 55 55 30)。单击鼠标右键，在弹出的快捷菜单中选择“填充”命令，在弹出的“填充”对话框中将“内容”项设置为“前景色”，单击“确定”按钮，效果如图 7-10 所示。

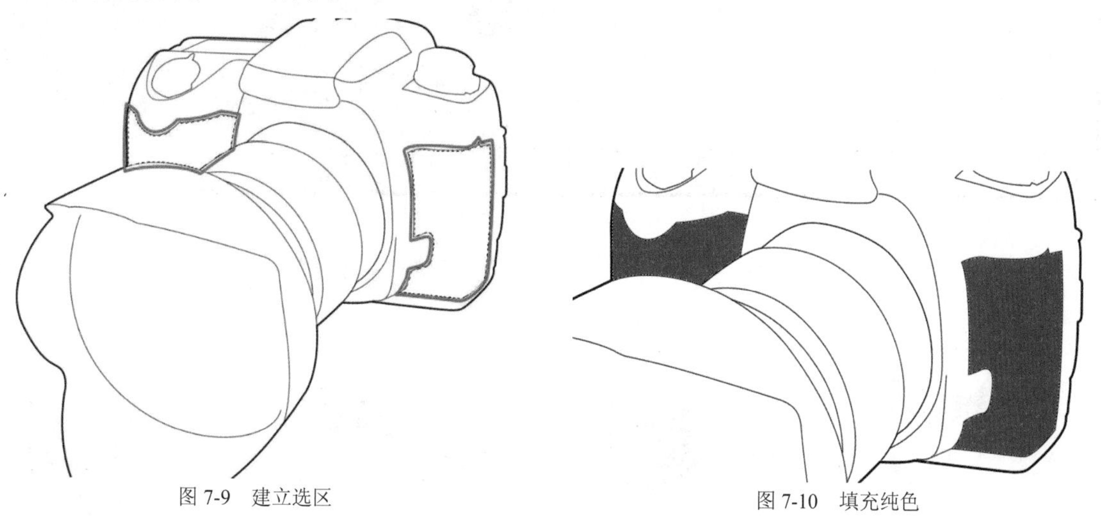

图 7-9　建立选区　　图 7-10　填充纯色

03 对上一步填充的选区执行“滤镜”|“滤镜库”菜单命令，如图 7-11 所示。在弹出的“滤镜库”对话框中，选择“素描”滤镜的“网状”效果，将“浓度”设置为 12，“前景色阶”设置为 40，“背景色阶”设置为 5，如图 7-12 所示。最终效果如图 7-13 所示。

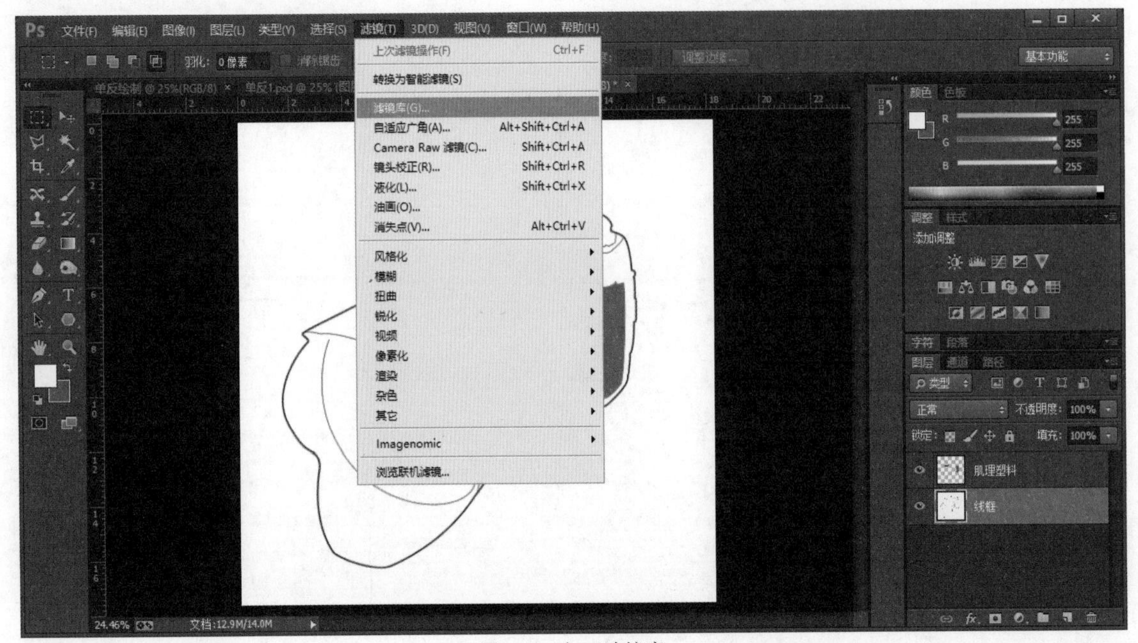

图 7-11　打开滤镜库

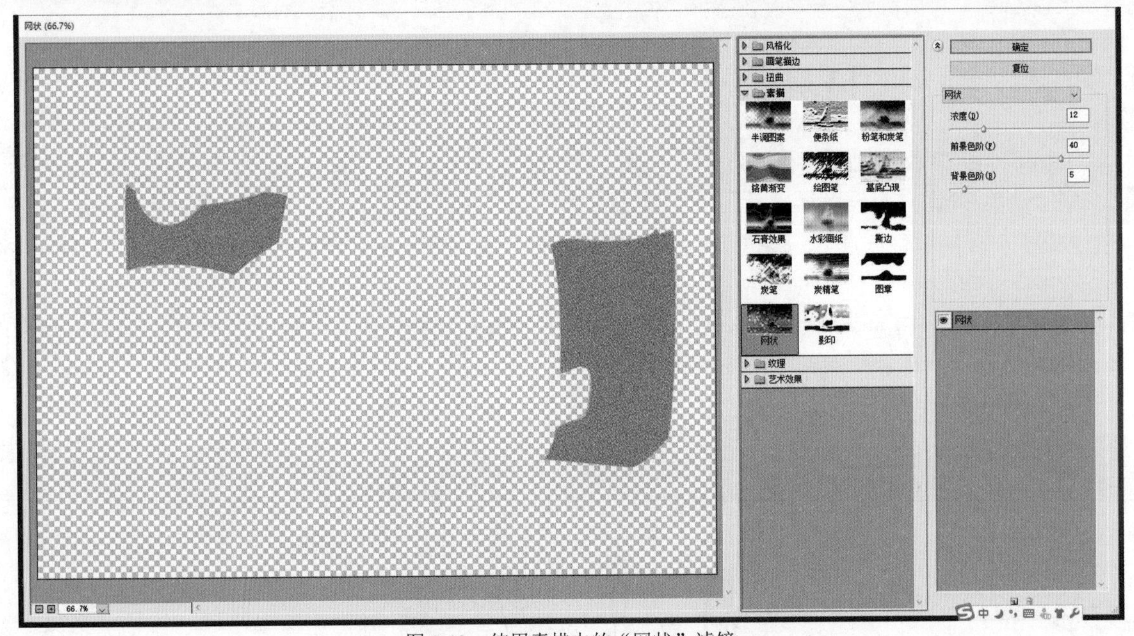

图 7-12　使用素描中的“网状”滤镜

04 对上一步滤镜处理的选区执行“滤镜”|“模糊”|“高斯模糊”菜单命令，将“半径”设置为 1 像素，如图 7-14 所示。

图 7-13　网状滤镜效果

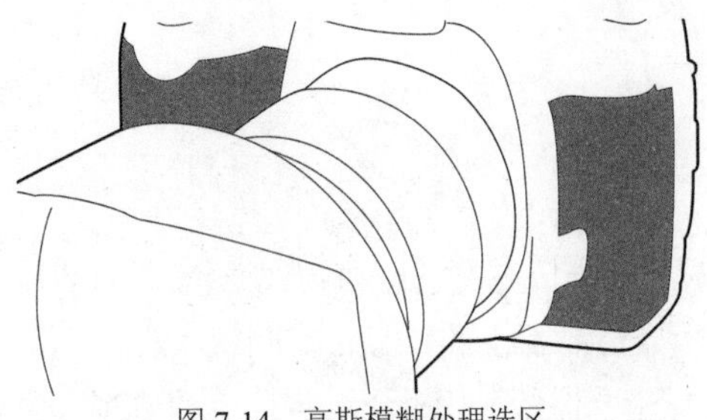

图 7-14　高斯模糊处理选区

05 使用工具栏中的“钢笔工具”勾画如图 7–15 所示红线框出的区域，单击鼠标右键，在弹出的快捷菜单中选择“建立选区”命令，与原选区交叉，在弹出的“建立选区”对话框中将“羽化”设置为 20 像素。

06 在上一步建立的选区基础上进行加深涂抹。单击工具栏中的“加深工具”，设置属性栏中的参数，“范围”选择“中间调”，设置“曝光度”为 30，如图 7–16 所示。用大半径笔刷涂抹至如图 7–17 所示的效果，注意涂抹得均匀、细致，整体加深。

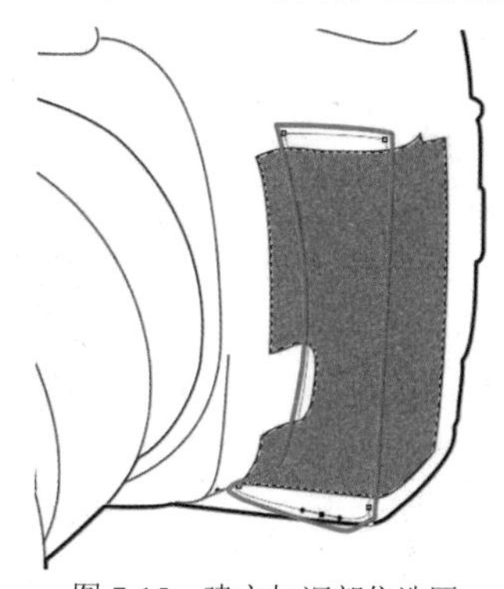

图 7-15　建立加深部位选区

图 7-16　加深工具设置

07 按照上面的步骤，建立如图 7–18 所示的选区，进行羽化操作，设置为 5 像素。

图 7-17　加深处理效果

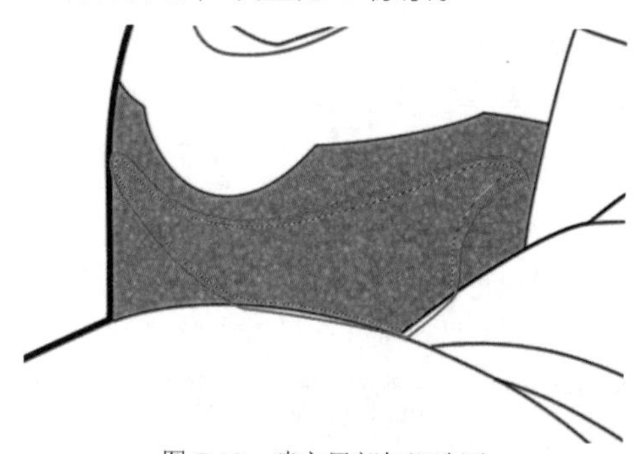

图 7-18　建立局部加深选区

08 对上一步建立的选区进行加深涂抹。加深和减淡要根据实际的情况，随时细心调节，注意明暗变化和阴影效果的表现。最终效果如图 7–19 所示。

09 按组合键 Ctrl+D，取消对选区的选中。对相机左侧和右侧的手握处使用“加深工具”和“减淡工具”进行涂抹至如图 7–20 所示。在这里需要注意的是，在使用“加深工具”或“减淡工具”时，涂抹浅色部位应将“范围”设置为“高光”；涂抹深色部位，应将“范围”设置为“阴影”；在一般情况下，“范围”设置为“中间调”。注意如果阴影过黑（或者高光过亮），有多种方法可以调节。在这里介绍使用图层透明度进行调节的方法。根据自己想要表现的效果，调节阴影（或者高光）所在图层的透明度，使得阴影或者高光更加柔和。

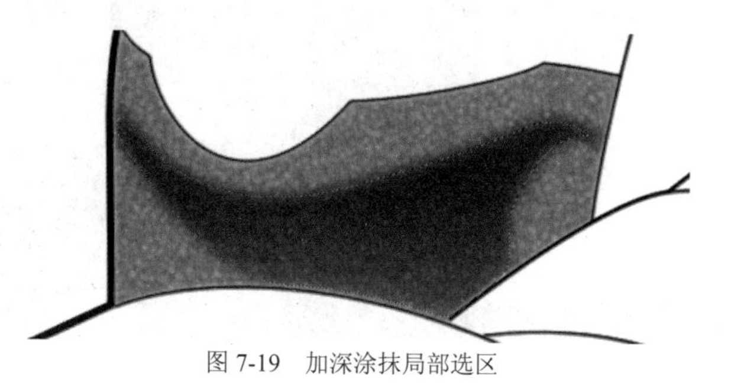

图 7-19　加深涂抹局部选区

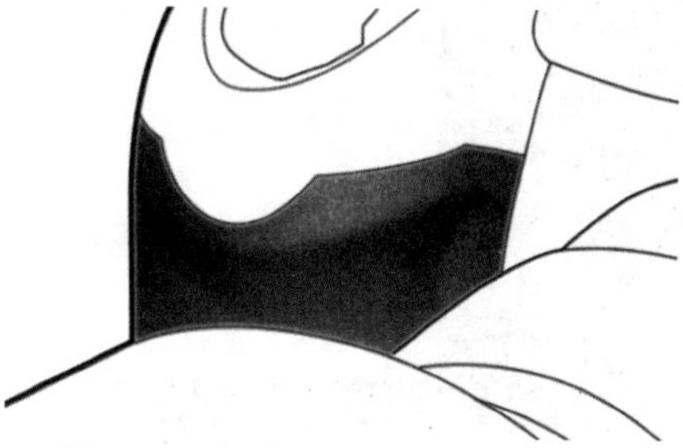

图 7-20　对手握处进行加深和减淡涂抹

10 建立如图 7-21 所示的选区，“羽化”设置为 2 像素，使用“加深工具”和“减淡工具”涂抹出相机的拇指槽，然后按组合键 Ctrl+D 取消选区，对整体进行明暗的调节。

2. 绘制机身的磨砂塑料部分

01 在“图层”面板中，新建一个图层，命名为“磨砂塑料”，并置于最顶层。选择“钢笔工具”绘制出如图 7-22 中红色线所示的轮廓路径。单击“路径”面板底部的“将路径作为选区载入”按钮，把绘制好的路径转换为选区。在建好的选区中填充纯色 (CMYK:65 55 55 30)。

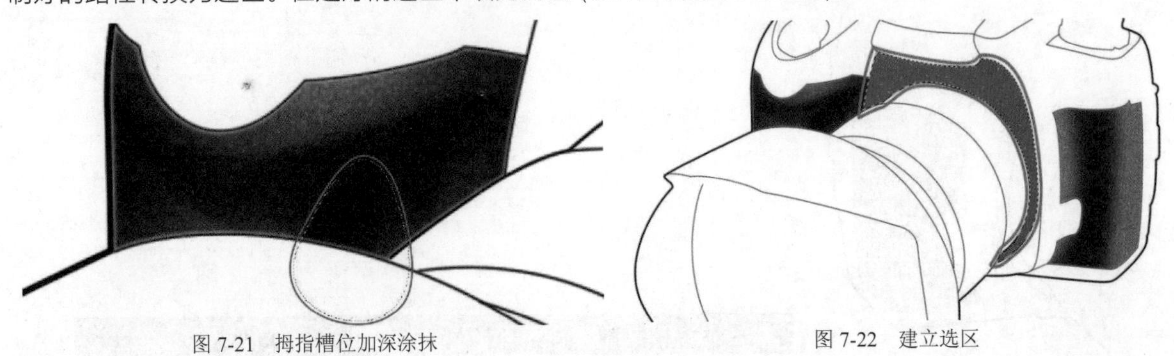

图 7-21　拇指槽位加深涂抹　　图 7-22　建立选区

02 表现塑料材质，为其添加颗粒感。参考第 4 章中对金属材质的表现，底色使用深灰色，再添加杂色。为了使塑料材质颗粒感更为明显，所以添加杂色的数量相对大一些。对之前建立的选区执行“滤镜”|“杂色”|“添加杂色”菜单命令，如图 7-23 所示，在弹出的对话框中设置“数量”为 10%，“分布”选择“高斯分布”，选择“单色”，单击“确定”按钮。执行“滤镜”|“模糊”|“高斯模糊”菜单命令，将“半径”设置为 2 像素，效果如图 7-24 所示。这里需要注意的是，调节模糊的程度很大程度上取决于表现形体的弧度和圆角，以及材料的反射，所以数值不是一定的，设计师在平时的练习中多尝试，多积累，多观察，在绘制其他产品时根据自己的经验和设计意图进行调节。这里的数据仅作为案例中的讲解使用，大家可以多尝试其他的数据，只要能达到自己满意的效果即可。

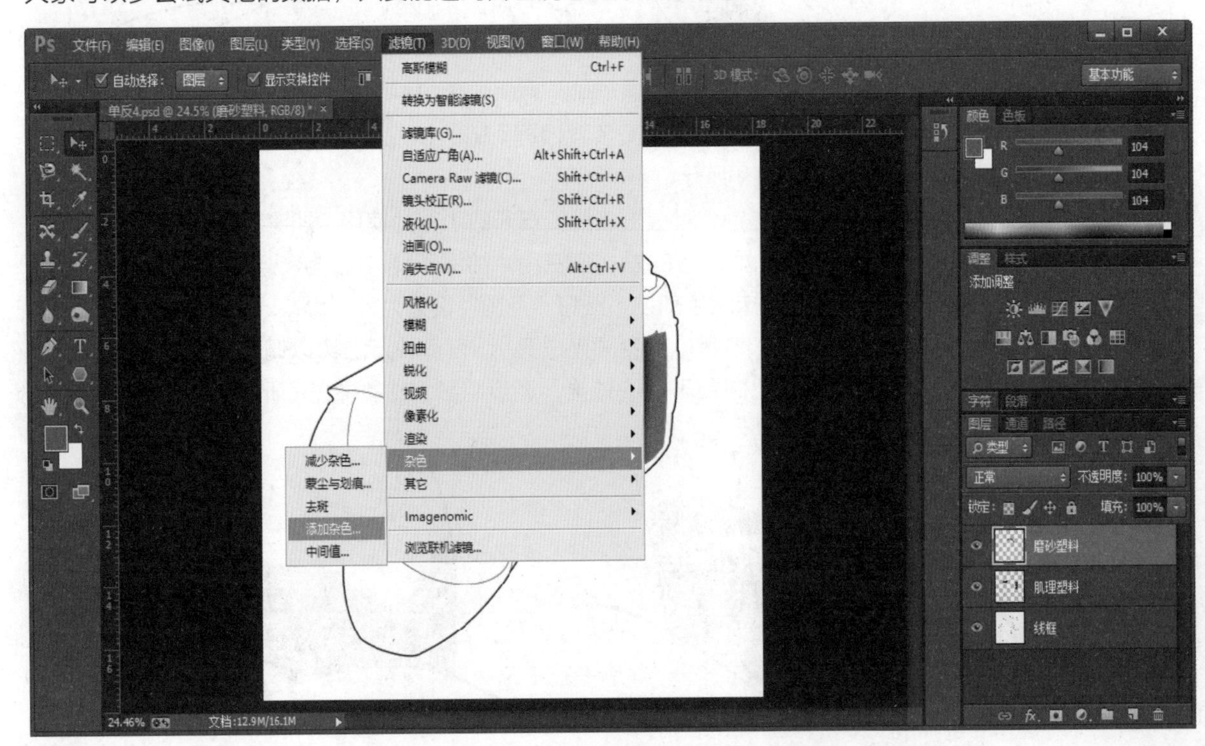

图 7-23　对选区进行添加杂色操作

03 对选区进行加深和减淡涂抹，强调明暗的对比。“曝光度”调整为 50%，使用较大半径的笔刷，使过渡更加柔和，如图 7-25 所示。可以将“加深工具”的范围调节至阴影，让暗部更暗。

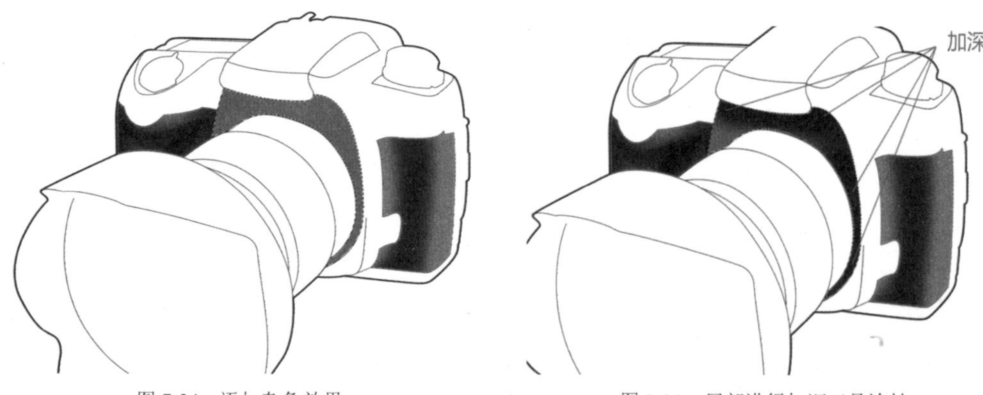

图 7-24　添加杂色效果　　　图 7-25　局部进行加深工具涂抹

04 使用前面三步操作对如图 7-26 所示的选区进行操作，填充浅灰色，注意明暗的对比。

05 对剩余的区域进行同样的操作。注意最深色处用“加深工具”的“范围”为阴影，这样才能将暗部表达出来，如图 7-27 至图 7-32 所示。

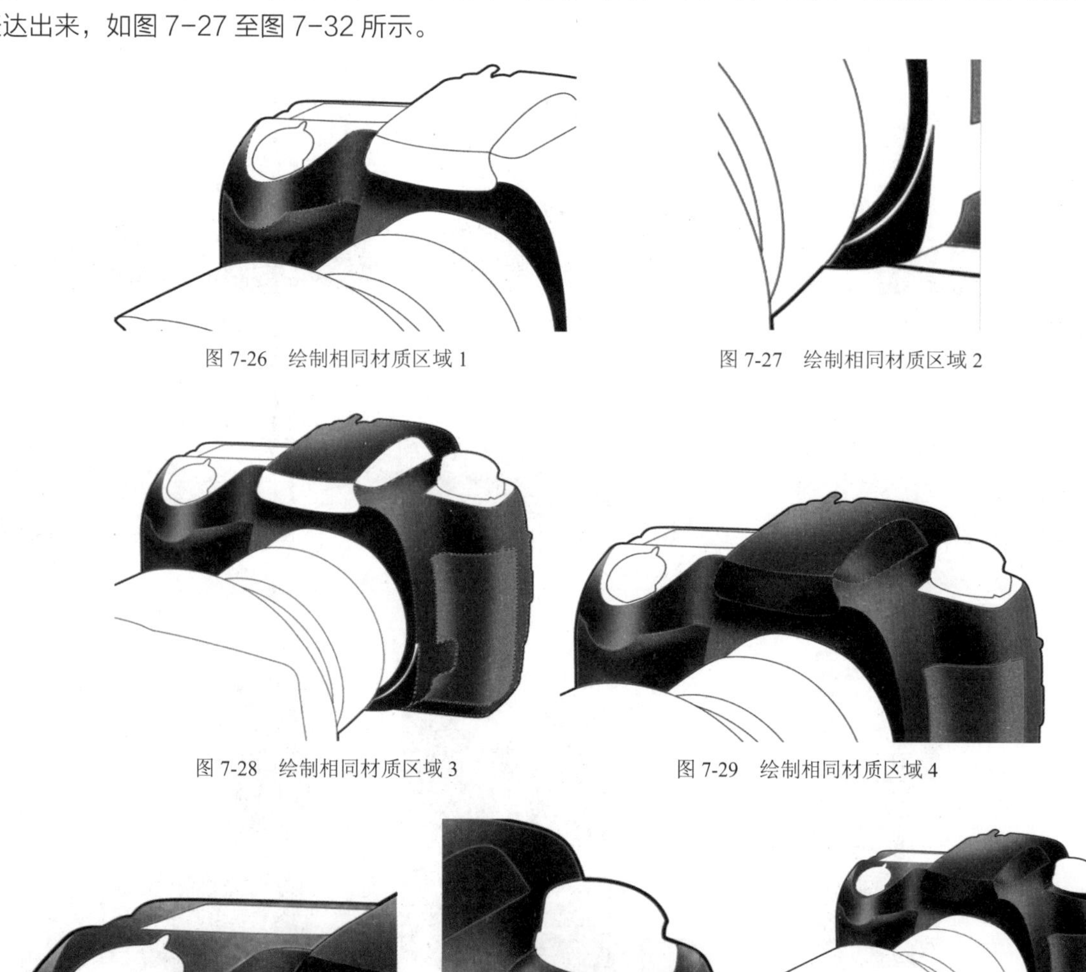

图 7-26　绘制相同材质区域 1　　　图 7-27　绘制相同材质区域 2

图 7-28　绘制相同材质区域 3　　　图 7-29　绘制相同材质区域 4

图 7-30　绘制相图材质区域 5　　　图 7-31　绘制相同材质区域 6

图 7-32　整体完成效果图

3. 绘制机身剩余部分细节

01 新建一个图层，命名为“细节部分”。在第 5 章中有对常见按键和指示灯的绘制，可以将其中的方法在此运用。建立如图 7–33 所示的选区，填充灰色，然后使用“加深工具”和“减淡工具”涂抹。在建立选区时，若边缘明确，则使用较小的羽化半径；若边缘模糊，则使用较大的羽化半径，根据自身需求设置。

02 建立如图 7–34 所示的选区，“羽化”设置为 2 像素，填充黑灰色。

03 建立如图 7–35 所示的选区，填充不同程度的灰色用于表现相机的细节。然后新建一个图层，建立如图 7–36 所示的选区，“羽化”设置为约 3 ~ 4 像素，将图层“不透明度”设置为 80%。

图 7-33 建立按钮选区 1

图 7-34 建立按钮选区 2

图 7-35 建立按钮选区 3

04 使用与前两步相同的方法绘制其他细节，注意对“加深工具”和“减淡工具”的合理使用。这里不同效果选区的“羽化”和图层的不透明度应依据自身情况进行调整，效果如图 7–37 至图 7–44 所示。

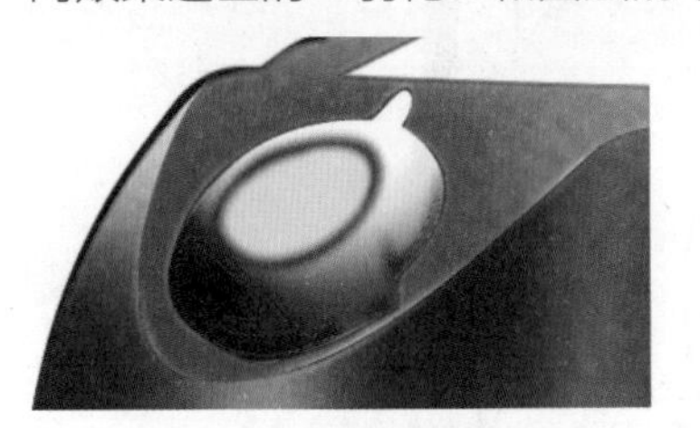

图 7-36 绘制按钮暗部

图 7-37 绘制按钮亮部

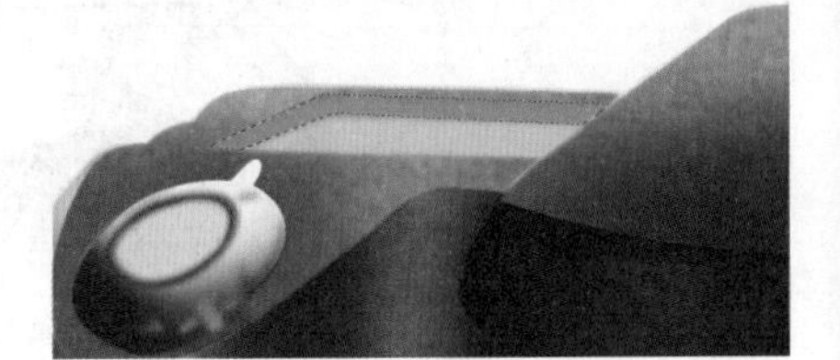

图 7-38 绘制间屏部分

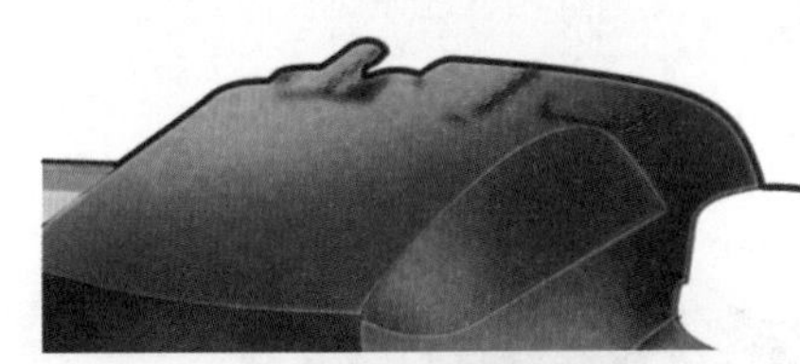

图 7-39 绘制上部区域 1

图 7-40 绘制上部区域 2

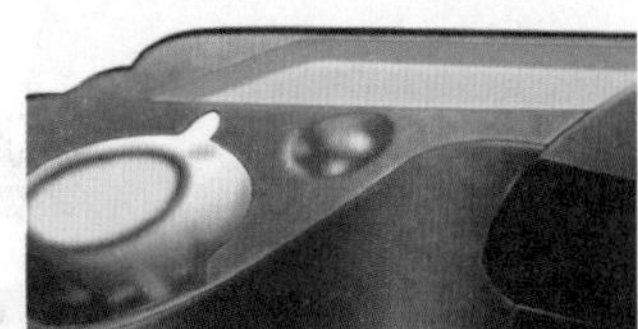

图 7-41 绘制指示灯

图 7-42 绘制侧边按键

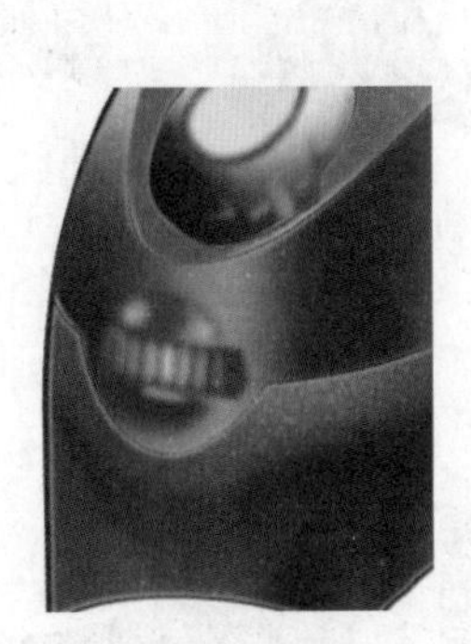

图 7-43 绘制旋钮

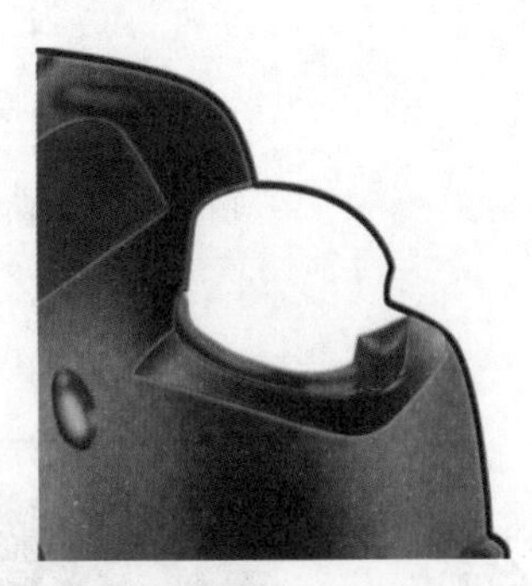

图 7-44 绘制旋钮周边细节

05 绘制旋钮。新建一个图层，命名为“旋钮”，绘制如图 7–45 所示的 10 × 10 类似像素的正方形区域模块，将其复制为 4 × 20 个模块的长方形区域，如图 7–46 所示。

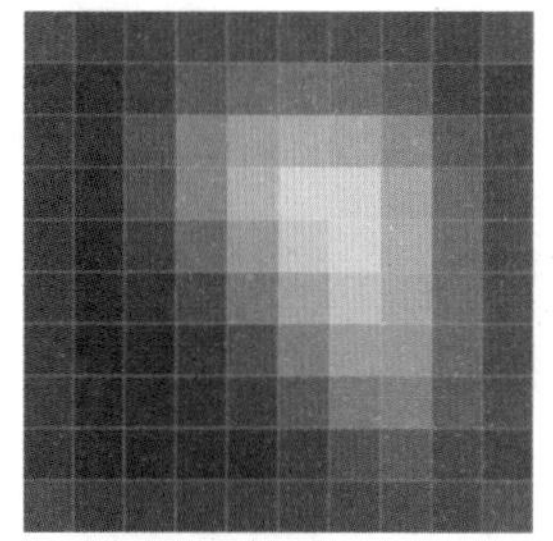

图 7-45　绘制基本形状

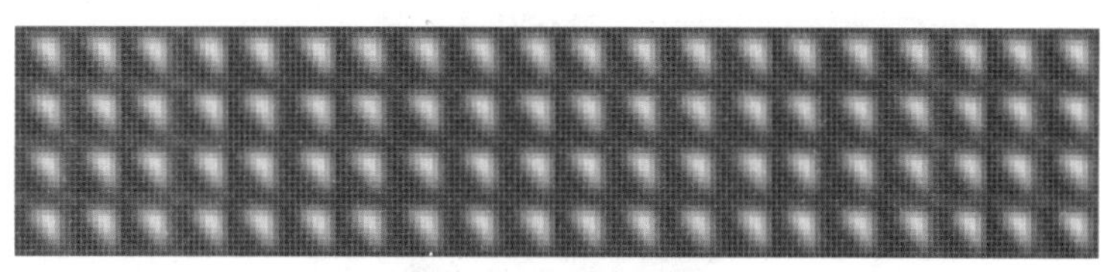

图 7-46　复制基本形状

06 将上一步操作中的矩形区域移动至如图 7-47 所示的位置。使用组合键 Ctrl+T，单击鼠标右键，在弹出的快捷菜单中选择“变形”命令，调整锚点和控制杆将其按照如图 7-48 和图 7-49 所示的效果变形。使用“变形”功能过程中，注意两边紧密中间宽松，注重对透视的把握。

图 7-47　移动至合适位置

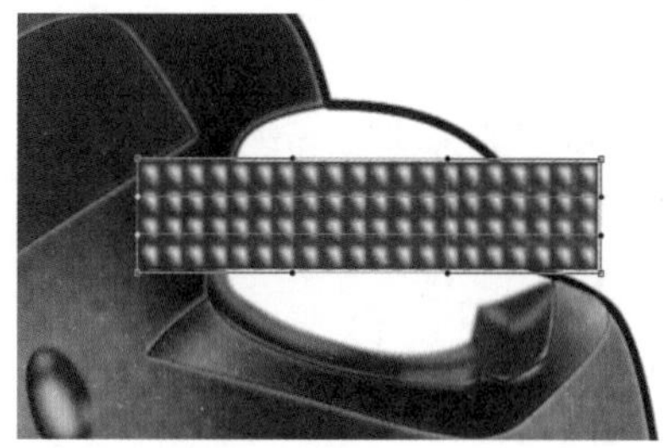

图 7-48　对图层进行变形

图 7-49　调整控制器杆改变形状

07 对上一步绘制的旋钮进行明暗处理，效果如图 7-50 所示。

08 绘制旋钮上盖，使用与前几步相同的方法，建立选区和填充纯色，调整不透明度，使用“加深工具”和“减淡工具”进行涂抹，效果如图 7-51 所示。

09 绘制结构线。同第 5 章中对缝隙的绘制思路一致。在“磨砂塑料”图层上使用“钢笔工具”勾画如图 7-52 所示的线条，单击右键，在弹出的快捷菜单中选择“描边路径”命令，画笔“半径”设置为 3 像素，“不透明度”设置为 50%，颜色为黑色。然后将结构线两侧用“减淡工具”涂抹，使过渡更加流畅。

图 7-50　对旋钮进行明暗处理

图 7-51　绘制旋钮上部细节

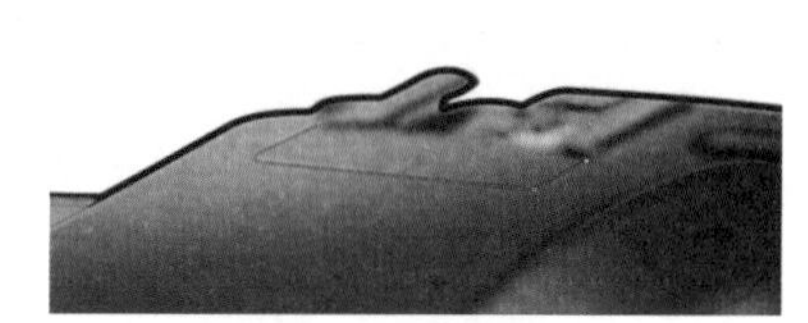

图 7-52　绘制顶部结构线

10 使用与上一步相同的方法，绘制如图 7-53 和图 7-54 所示的结构线。

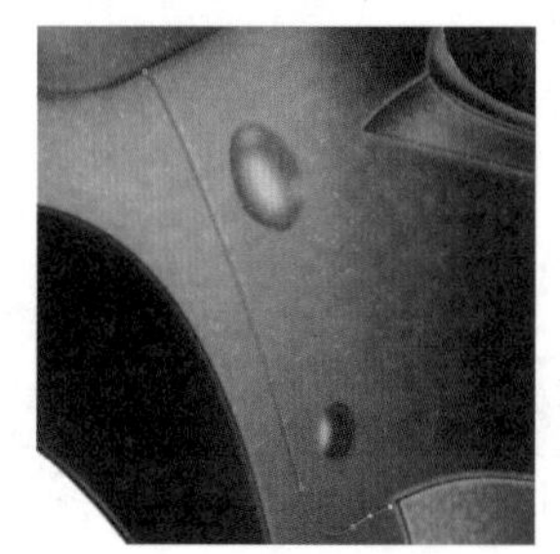

图 7-53　绘制侧边结构线

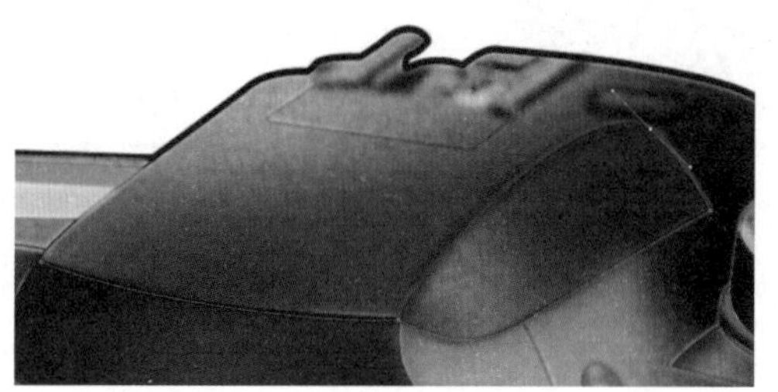

图 7-54　绘制上盖结构线

11 新建一个图层，命名为“高光 1”，建立如图 7-55 所示的选区，“羽化”设置为 3 像素，图层“不透明度”调整为 50%。在该图层上建立图层蒙版，在该蒙版上拉一个黑白的线性渐变，如图 7-56 所示。

12 使用与上一步相同的方法绘制如图 7-57 所示的各个部位的高光，注重不同部位的高光的不透明度和羽化程度。适时使用图层蒙版让高光产生层次感，绘制时各建立图层，最后再合并为一个图层。

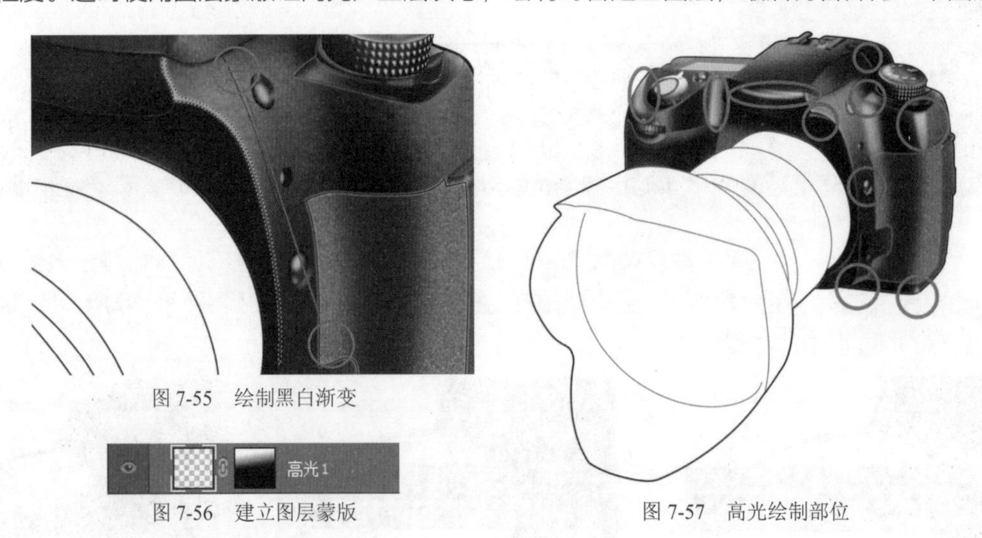

图 7-55 绘制黑白渐变

图 7-56 建立图层蒙版

图 7-57 高光绘制部位

7.2.3 绘制镜头部分

1. 绘制镜筒部分

01 新建图层并命名为“镜筒”，建立如图 7-58 所示的选区，填充黑灰色，添加杂色“数量”设置为 5%，“高斯模糊”半径设置为 2 像素，然后使用“加深工具”和“减淡工具”对该部位进行明暗处理。

02 使用之前的基本操作绘制如图 7-59 所示的细节部位。

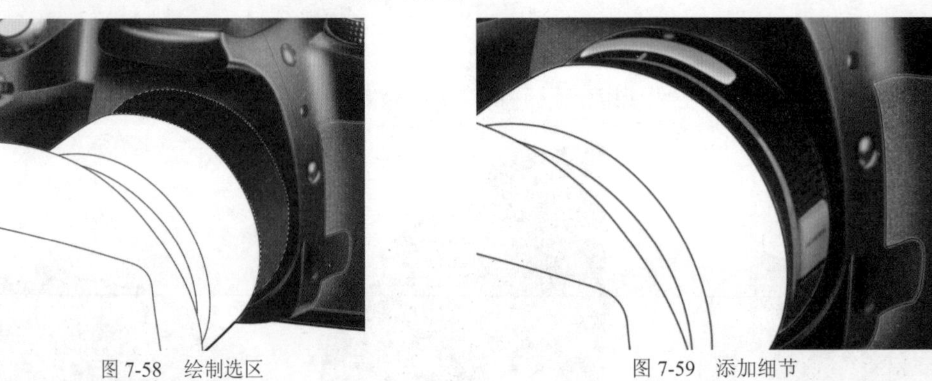

图 7-58 绘制选区

图 7-59 添加细节

03 绘制镜筒上的复杂肌理，先绘制如图 7-60 所示的 20×20 类似像素的基本正方形模块，然后将其复制为 12×64 个模块的长方形形状，如图 7-61 所示。

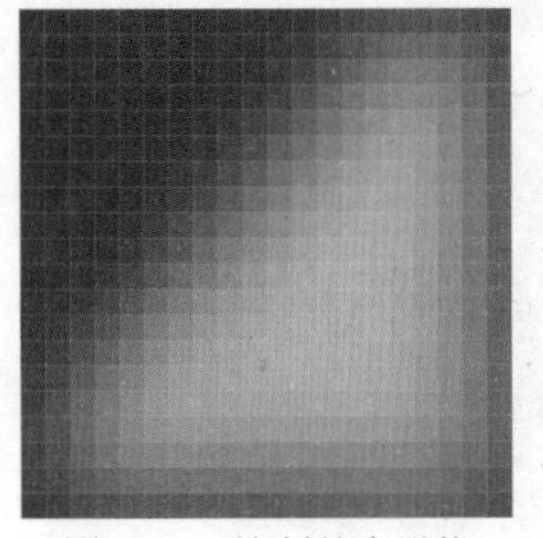

图 7-60 绘制基本形状

图 7-61 复制基本形状

04 将之前绘制的长方形区域使用“变形”操作至如图 7-62 所示的形状。注意不要使形状变得扭曲，注重透视，两边紧密，中间疏散，仔细调节。不仅要注重控制控制杆，而且也要注重对中间节点的控制，然后将两侧突出的尖角裁掉。

05 使用“加深工具”和“减淡工具”对该部位进行加强明暗处理，然后使用与第 3 步相同的操作将细节补充至如图 7-63 所示，注重表现图中所示的细节。

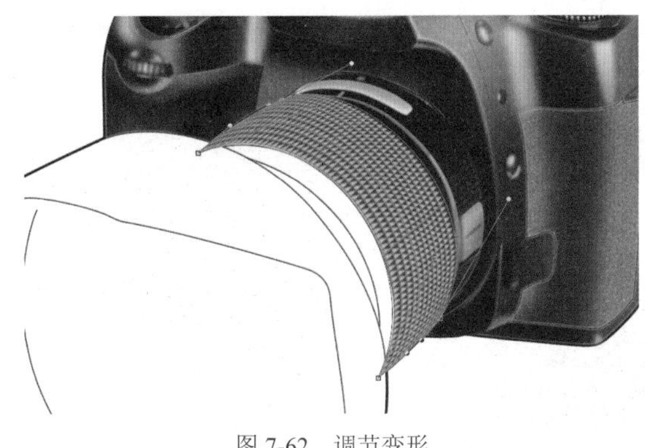

图 7-62 调节变形

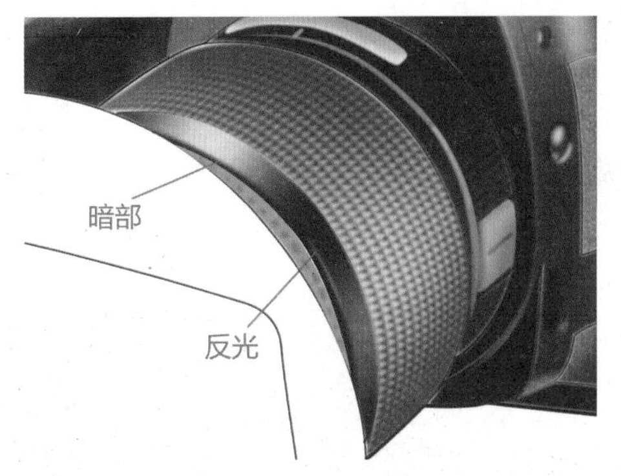

图 7-63 明暗处理并添加细节

2. 绘制遮光罩部分

01 新建一个图层并命名为“遮光罩”，建立如图 7-64 所示的选区，填充黑灰色，添加杂色“数量”设置为 5%，高斯模糊“半径”设置为 5 像素，最后使用“加深工具”和“减淡工具”强化明暗对比。

02 建立如图 7-65 所示的选区绘制遮光罩边沿，填充较上一步浅一些的灰色，进行同样的操作，注重表现明暗的对比。

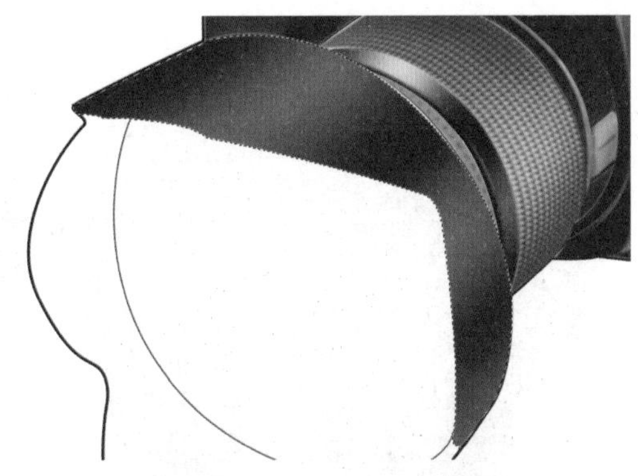

图 7-64 处理选区添加效果

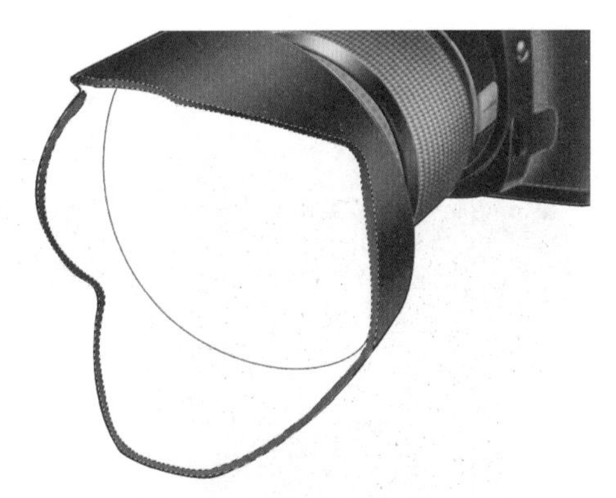

图 7-65 绘制测光找边沿

03 使用与前两步相同的操作绘制遮光罩内侧，注意内部转折处的表现，效果如图 7-66 所示。

04 填充如图 7-67 所示的黑色底。

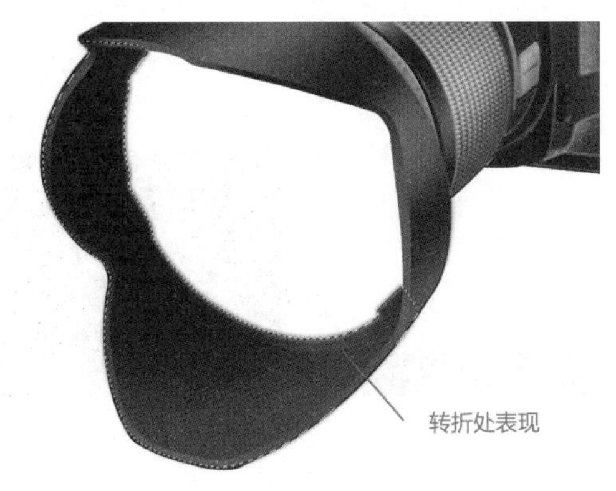

图 7-66 绘制遮光罩内侧

图 7-67 纯黑色填充选区

05 新建一个图层，命名为“遮光罩高光”。使用之前绘制高光的方法绘制如图 7–68 至图 7–70 所示的高光。注意不同部位高光羽化程度的不同和“图层蒙版”工具的使用。可反复进行尝试，增加使用这类工具的熟练程度，绘制大范围的高光时羽化值尽量大一些。

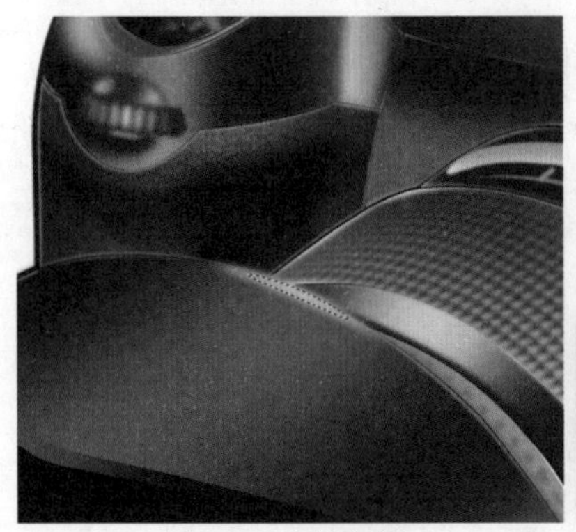

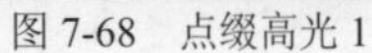

图 7-68 点缀高光 1

图 7-69 点缀高光 2

图 7-70 点缀高光 3

3. 绘制镜面部分

01 新建一个图层，命名为“镜面”，将其置于图层“遮光罩”之下。建立如图 7–71 所示的选区，填充黑灰色，添加杂色“数量”设置为 5%，高斯模糊“半径”设置为 5 像素，然后建立部分细小选区，对该选区进行加深和减淡处理。

02 建立如图 7–72 所示的选区，填充中灰色，添加杂色“数量”设置为 5%，高斯模糊“半径”设置为 5 像素，然后对该区域边沿进行加深处理，注意保证线条的流畅自然。

图 7-71 绘制镜头前框

图 7-72 填充选区并添加效果

03 建立如图 7–73 所示的选区，填充浅灰色，添加杂色“数量”设置为 5%，高斯模糊“半径”为 5 像素，进行适当的明暗处理。然后新建一个图层，用“钢笔工具”勾画，使用“填充路径”将钢笔路径填充黑色，画笔“不透明度”设置为 80%，画笔“半径”设置为 5 像素。重复此操作，将镜头的圆形槽全部勾画出来，然后在该图层上建立图层蒙版，蒙版上拉一个角度渐变，如图 7–74 和图 7–75 所示。

图 7-73 绘制环形纹理

图 7-74 角度渐变设置

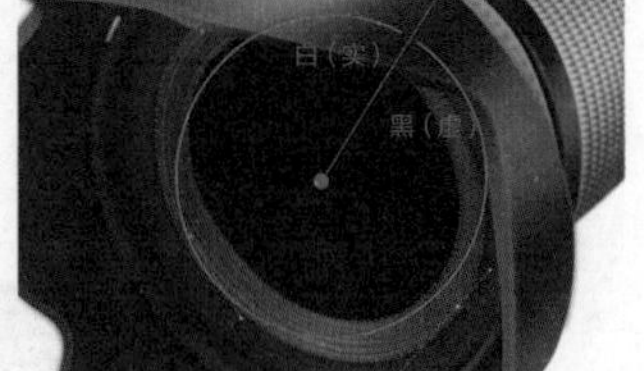

图 7-75 在蒙版上绘制角度渐变

04 绘制如图 7–76 所示的镜头边沿底部反光。

05 用“钢笔工具”绘制如图 7–77 所示的选区，“羽化”设置为 5 像素，填充纯色 (CMYK:70 70 70

80)，效果如图 7–78 所示。

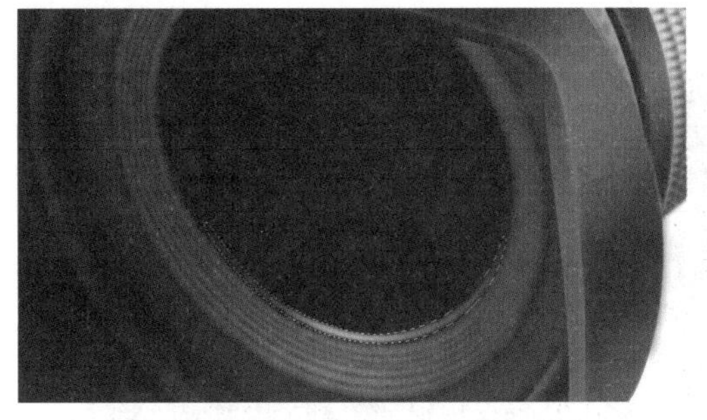

图 7-76　绘制镜头边沿底部反光

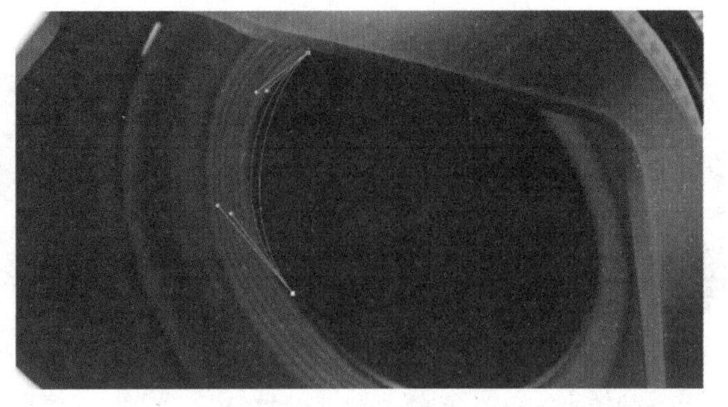

图 7-77　填充细节 1

06 重复前一步操作，将镜头内部结构绘制至如图 7–79 所示的效果，尽可能使线条流畅自然。各个线条“羽化”为 5 像素。每次填充相近的颜色，使用画笔和建立选区填充绘制镜头核心部分，使用的都是之前介绍的最基本的操作，步骤较多，需要有耐心，最终效果如图 7–80 所示。

图 7-78　填充细节 2

图 7-79　绘制内部细节 1

07 新建一个图层，建立如图 7–81 所示的选区，设置“羽化”为 20 像素，填充青色，将图层“不透明度”调整为 30%。

图 7-80　绘制内部细节 2

图 7-81　绘制镜头中心部位

08 新建一个图层，绘制一个如图 7–82 所示的由浅蓝色向蓝色渐变的径向渐变。然后在边沿处用浅紫色画笔涂抹，将图层“不透明度”设置为 30%，然后在该图层上建立图层蒙版，在蒙版上建立一个从中心白色向边沿黑色的径向渐变，效果如图 7–83 所示。最后将左边填充黑色进行遮罩，效果如图 7–84 所示。

09 绘制如图 7–85 所示的蓝色反光区域和高光点缀，然后将结构线图层隐藏。若结构交界处有缝隙，在背景图层上用不同颜色的画笔填补。然后将所有图层置于一个组内，复制这个组，将这个组隐藏起来方便以后的修改。将该组的副本合并为一个图层，使用“模糊工具”涂抹不同部件的交界处，表现出过渡的流畅自然，效果如图 7-86 所示。

图 7-82　绘制渐变并涂抹

图 7-83　建立图层蒙版 1

图 7-84　建立图层蒙版 2

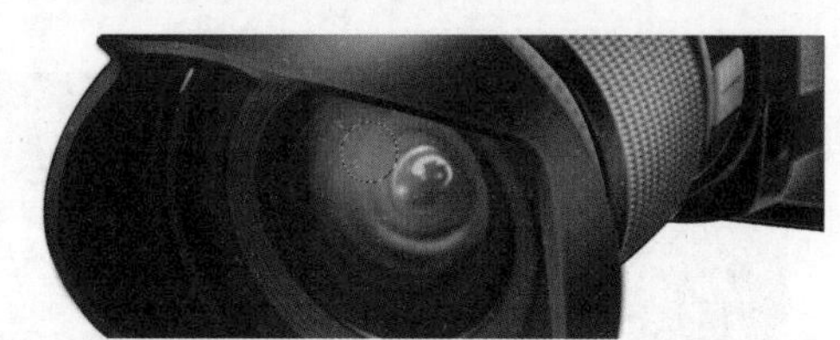

图 7-85　画笔点缀

10 最后根据自身需求添加商标和按键指示等标识。使用“加深工具”和“减淡工具”对暗部和亮部进行细节处理，使用如图 7-87 所示的“锐化工具”，对颗粒感较强的区域进行涂抹强化效果（这一步骤非常重要），最终效果如图 7-88 所示。

图 7-86　模糊效果

图 7-87　锐化工具

图 7-88　最终效果

7.3　本章小结

对于单反相机这类复杂产品的绘制，其材质相对不是很复杂，但难在其曲面较多且绘制过程十分繁杂，这就需要对各个面之间的明暗关系有正确的认识。熟练掌握“加深工具”和“减淡工具”的使用能让这个过程变得十分快捷高效。但对于使用鼠标绘制来说，由于不能十分精准地实现对手的控制，提前建立选区对绘制范围进行控制是十分必要的。在绘制的过程中，灵活运用第 4 章和第 5 章中对各类材质和不同细节的处理方法，会节省大量的时间。在单反相机绘制过程中，最大的难题是有很多小而零散的细节需要分别绘制，虽然过程并不复杂，但数量繁多，需要有足够的耐心。本章中单反相机的绘制需要使用大量的“钢笔工具”以及与它相关的绘制技巧。有的初学者可能觉得很麻烦，图层和路径很多，管理混乱。但是图层和路径的应用恰恰为表现复杂产品提供了可能。所以不要怕图层和路径复杂，关键是要有对它们的控制力，能主动地控制图层。随着经验的增多，对于图层的控制力也会逐步提高。用 Photoshop 画产品设计图时最忌讳用自然笔触，所以尽量避免用鼠标直接在画面上画，一般都需要有一个选区，然后用填充或者描边的办法来上颜色，再使用“高斯模糊”表现光影，这样就能准确地将产品的形体表现出来。

第 8 章 运动鞋设计表现

在日常生活中，我们需要各种各样的产品，包括电子产品、家用电器、IT 产品、服装、鞋帽、日常用品等，其中我们对鞋子肯定是相当熟悉的。我国运动鞋的生产经过 20 世纪末与 21 世纪初的发展，已经成为世界大国，不仅满足了国内消费者的需求，每年还有 35 亿双的出口贸易，解决就业人口近 600 万，成为国内重要的加工行业之一。由于行业起步较晚，具有专业知识的人才培养相对滞后，带给行业的直接后果就是人才十分短缺，技术进步和科学研究不能适应行业发展的需求。

其实很多年轻人在高中时代都曾梦想自己能有一双漂亮的篮球鞋，穿在脚上感觉棒极了，这章就学习篮球鞋设计表现。

现在篮球鞋已经成为时尚产品，在篮球鞋的设计过程中 Photoshop 也得到很广泛的应用，本章将介绍 Photoshop 在鞋的设计过程中的应用，以及一些使用技巧。

8.1 绘制效果图

篮球鞋是运动鞋中的一个种类，鞋的设计是比较复杂的，但外观设计主要靠平面的效果图来完成，然后会有专门制鞋经验的人来根据平面效果图去做造型，主要是手工制作，这也是由于鞋本身的特性决定的。

我们首先把鞋先分解一下，根据不同的材质和部位进行分解，分清主要部件的前后关系，有助于之后的阴影和前后关系的建立。鞋一般分为鞋底、鞋帮、侧面、底层，在设计时主要表现侧面就可以了，这个面也是决定鞋最后外观最关键的面，如图 8-1 所示。

图 8-1　篮球鞋设计效果图

篮球鞋的表现重点如图 8-2 所示。

●注意电镀件的表现
●注意边缘的厚度感
●注意控制调节线条的弧度
并保持线条流畅

图 8-2　表现图重点

本案例中应用了电镀效果的装饰件，表现电镀效果的时候，要注意黑白对比要鲜明，以表现出电镀件的高反差；另外在绘制鞋的线条时候，一定记住一个原则，就是曲线的锚点越少，曲线越顺滑，所以要注意节点的调节；还有一个需要注意的地方，那就是所有部件的边缘都需要适当表现出厚度感，这是平面效果图表现的一个关键，也是非常体现细节的地方。在以后的章节中还会有更深入的介绍，本章节通过实例先进行一些接触性练习。

在绘制之前，我们通常会找一些相关参考图进行研究与分析，如图 8-3 和图 8-4 所示。造型是最关键的一步，如果把握不好可以多收集一些图片进行参考。当充分做到心中有数后，对篮球鞋线面关系的掌握也会有更深刻的体会。

图 8-3　表现图 1

SPORT

图 8-4　表现图 2

8.2　绘制过程

8.2.1　绘制轮廓线

01 新建一个大小为 30 厘米 ×30 厘米的 PSD 文件，“分辨率”设置为 300 像素 / 英寸，命名为“篮球鞋”，单击“确定”按钮，如图 8-5 所示。

02 新建一个图层，命名为“轮廓”，在该图层上使用工具栏中的“钢笔工具”勾画如图 8-6 所示的产品外轮廓。这里需要注意的是清晰的编组与图层的划分能达到事半功倍的效果。读者根据自己的习惯进行操作，舒服最重要。

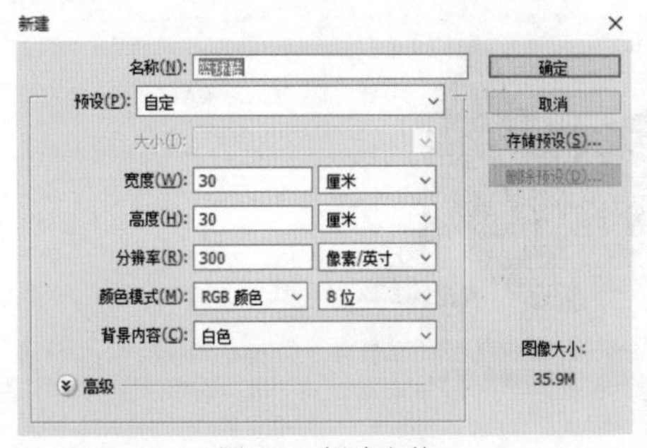

图 8-5 新建文件

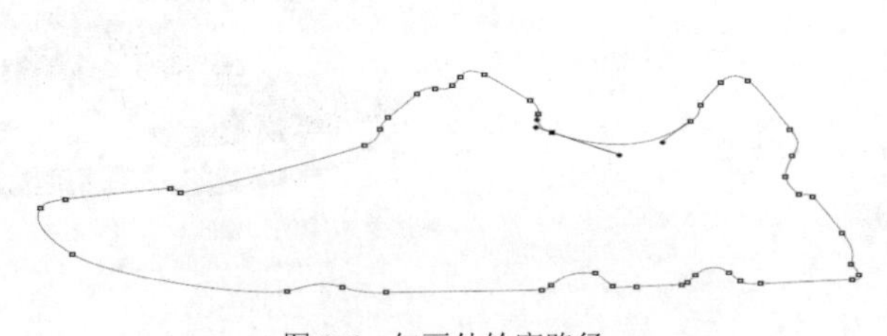

图 8-6 勾画外轮廓路径

03 单击右键，在弹出的快捷菜单中选择“描边路径”命令，预设“画笔半径”为 8 像素，颜色设置为黑色，完成效果如图 8-7 所示。使用 Backspace 键删除外轮廓路径，再使用工具栏中的“钢笔工具”绘制鞋子内轮廓，预设“画笔半径”为 5 像素，效果如图 8-8 和图 8-9 所示。

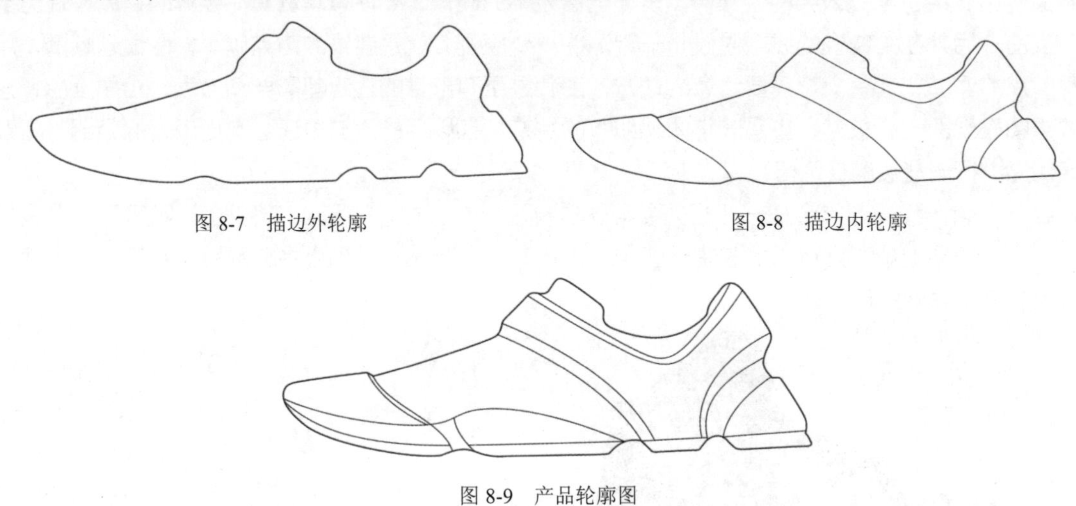

图 8-7 描边外轮廓

图 8-8 描边内轮廓

图 8-9 产品轮廓图

8.2.2 填充颜色

01 新建一个图层，命名为“填充色调”，建立如图 8-10 所示的选区，执行“编辑”|“填充”菜单命令，填充深灰色，填充后的效果如图 8-11 所示。

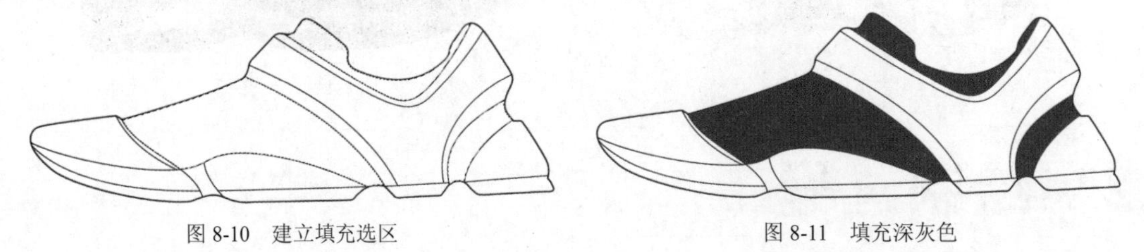

图 8-10 建立填充选区

图 8-11 填充深灰色

02 建立如图 8-12 所示的选区，执行“编辑”|“填充”菜单命令，填充中灰色，填充后的效果如图 8-13 所示。

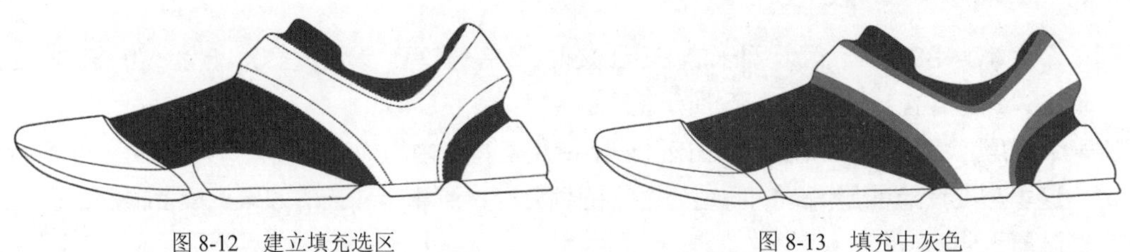

图 8-12 建立填充选区

图 8-13 填充中灰色

03 建立如图 8-14 所示的选区，执行“编辑”|“填充”菜单命令，填充浅灰色，填充后的效果如图 8-15 所示。

04 将剩余的部分执行“编辑”|“填充”菜单命令，填充最淡的灰色，最终效果如图 8-16 所示。

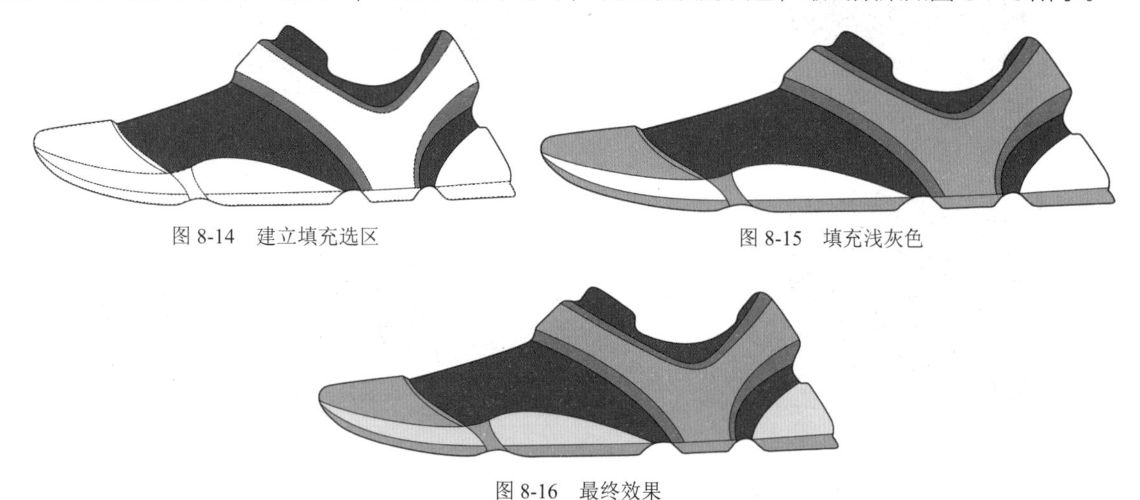

图 8-14　建立填充选区

图 8-15　填充浅灰色

图 8-16　最终效果

8.2.3　绘制光影表现效果

01 建立如图 8-17 所示的选区，使用工具栏中的“渐变工具”在选区内绘制一个如图 8-18 和 8-19 所示的线性渐变。

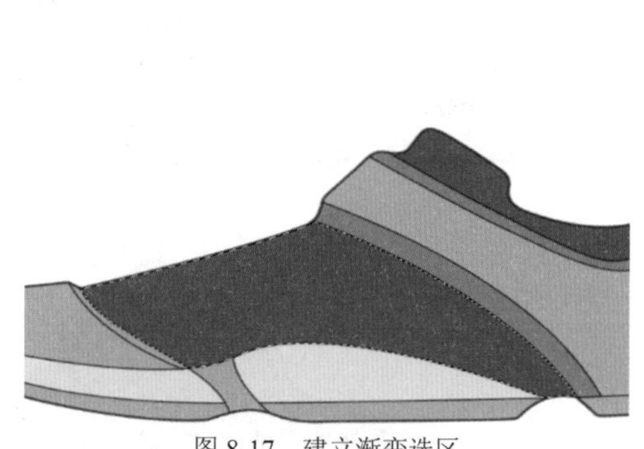

图 8-17　建立渐变选区

图 8-18　线性渐变参数设置

02 使用同样的方法绘制其他色块部分的渐变，如图 8-20 至图 8-24 所示，在绘制渐变的过程中，注意把握渐变的角度和比例。

图 8-19　渐变效果图

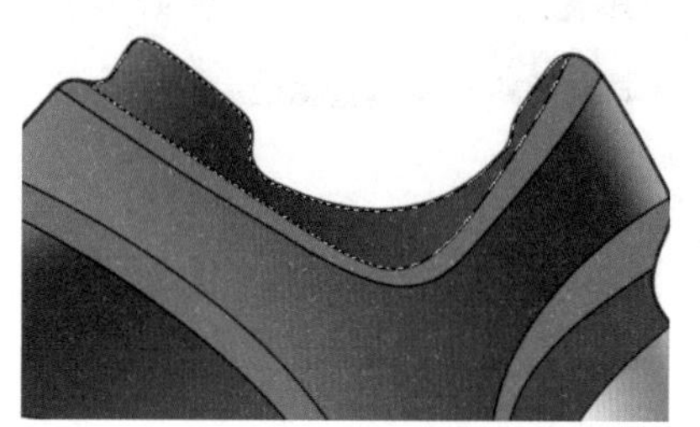

图 8-20　绘制渐变 1

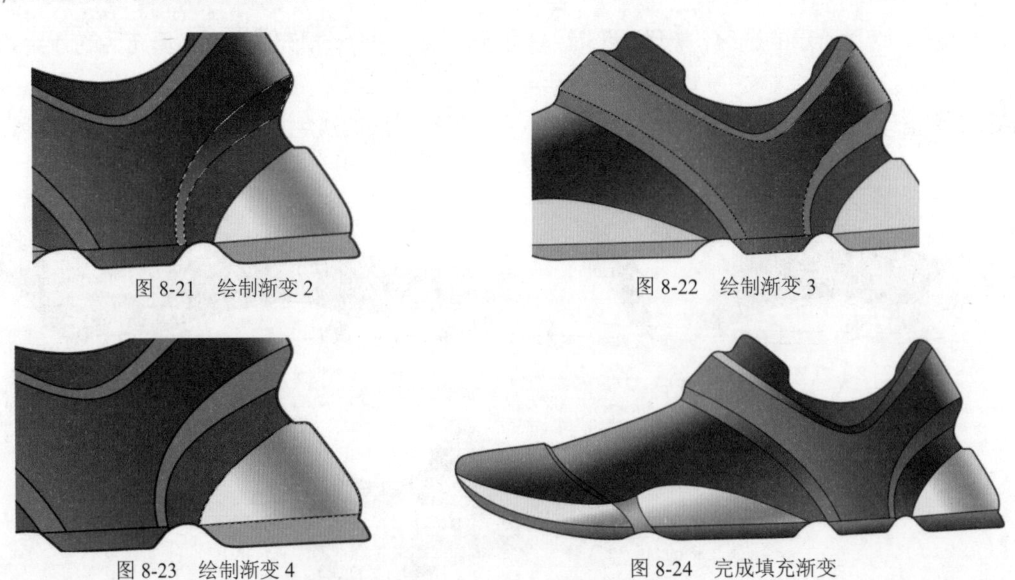

图 8-21　绘制渐变 2

图 8-22　绘制渐变 3

图 8-23　绘制渐变 4

图 8-24　完成填充渐变

8.2.4　绘制装饰细节

01 新建一个图层，命名为“装饰细节”，鞋侧面有一个电镀装饰件，使用“钢笔工具”画出线条将其切割出来。先分为两个部件，外圈是电镀效果，内圈是半透明塑料效果。先绘制电镀效果，建立如图 8–25 所示的选区，再绘制如图 8–26 所示的渐变。

02 绘制半透明塑料效果，建立如图 8–27 所示的选区，然后执行“编辑”|“填充”菜单命令，填充红色，效果如图 8–28 所示。

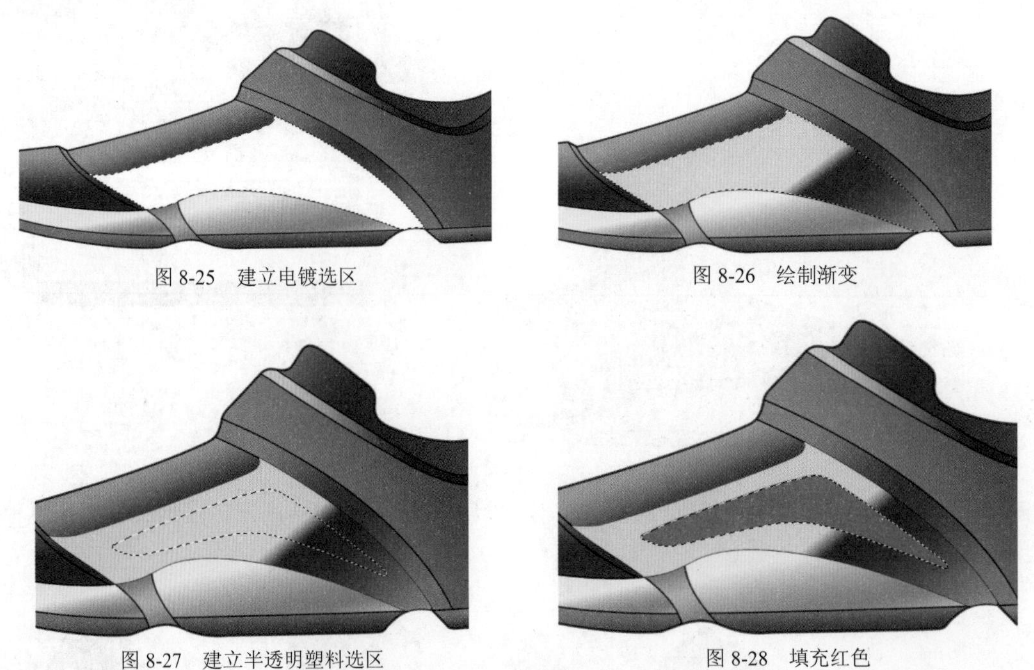

图 8-25　建立电镀选区

图 8-26　绘制渐变

图 8-27　建立半透明塑料选区

图 8-28　填充红色

03 内圈的红色部分比外圈电镀件要低，所以电镀件要有一圈斜面与其相配合。建立如图 8–29 所示的红色区域外部环形选区，在选区内拉一个线性渐变，效果如图 8–30 所示。

04 使用工具栏中的“渐变工具”在半透明塑料区域拉一个渐变，表现光影效果，中部较暗，两侧明亮，效果如图 8–31 所示。

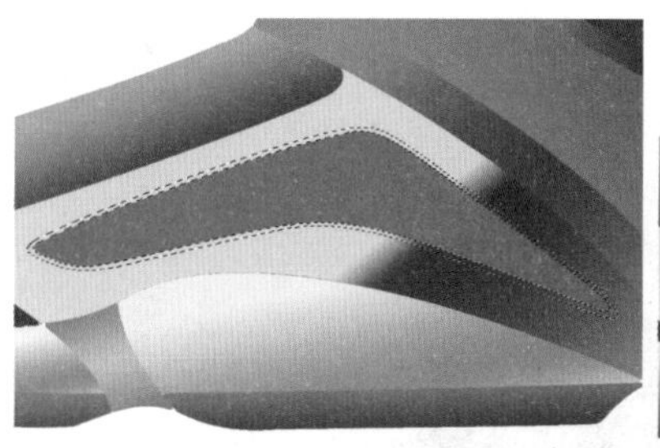
图 8-29　建立环形选区

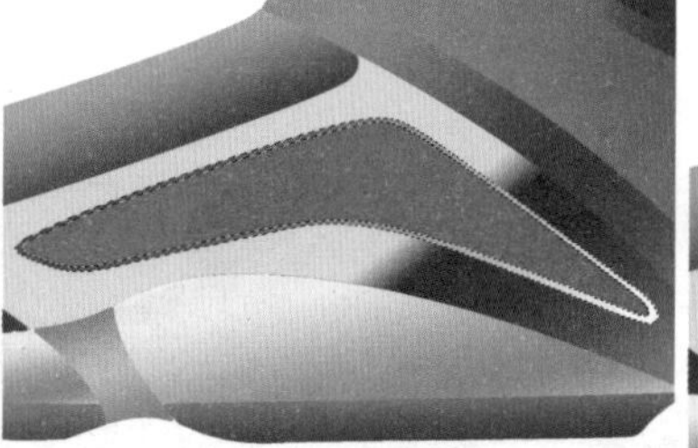
图 8-30　绘制反光区域

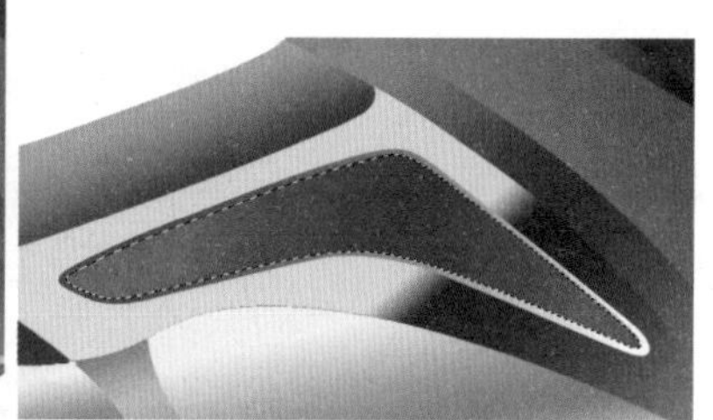
图 8-31　绘制光影效果

05 在这一区域的上部边沿半透明塑料区域存在着半圈斜面的阴影，建立该条形选区，填充深红色，效果如图 8-32 和图 8-33 所示。

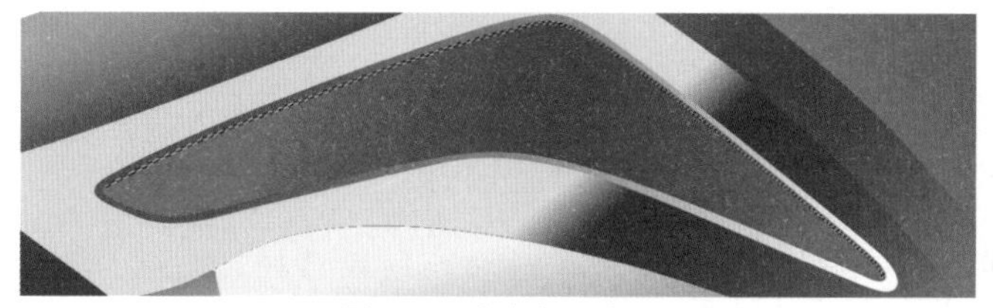
图 8-32　建立条形选区

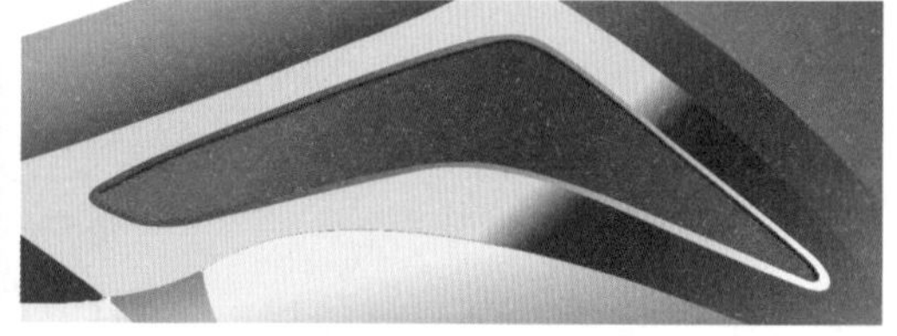
图 8-33　填充深红色

06 建立如图 8-34 所示的选区，拉一个透明度变化的白色渐变，来表现塑料件的高反光效果。

07 新建一个图层，命名为“细节”，在该图层使用工具栏中的“钢笔工具”绘制如图 8-35 所示的 3 条路径，然后单击右键，在弹出的快捷菜单中选择“描边路径”命令，设置画笔“预设半径”为 10 像素，颜色为白色，然后将该图层“不透明度”调整为 50%。

图 8-34　绘制高反光

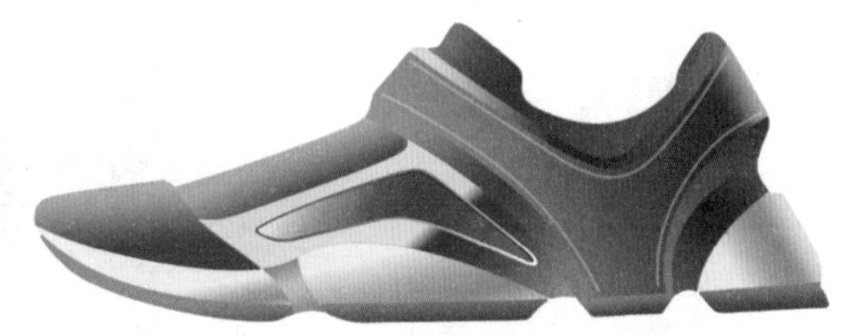
图 8-35　绘制 3 条路径

08 新建一个图层，命名为“细节 2”，在该图层上鞋跟处建立如图 8-36 所示的选区，填充渐变至如图 8-37 所示，做出凹陷的效果。

09 隐藏“轮廓线”图层，将其他图层合并为一个图层，然后使用工具栏中的“模糊工具”对不同区域的边界进行涂抹，效果如图 8-38 所示。

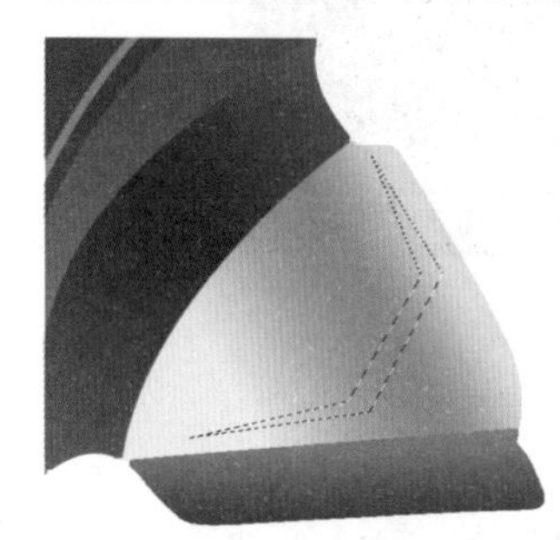
图 8-36　建立选区

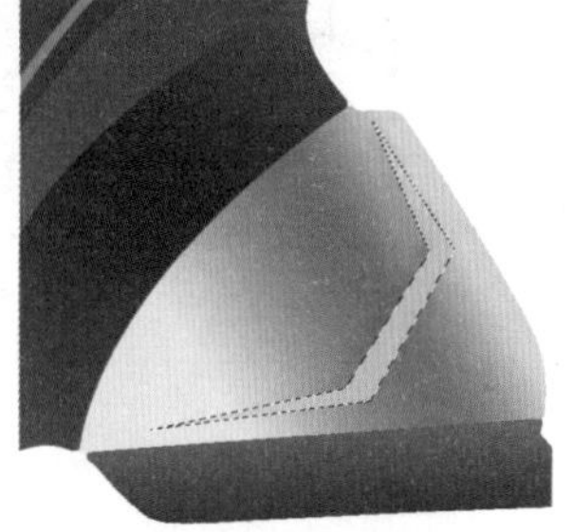
图 8-37　填充渐变

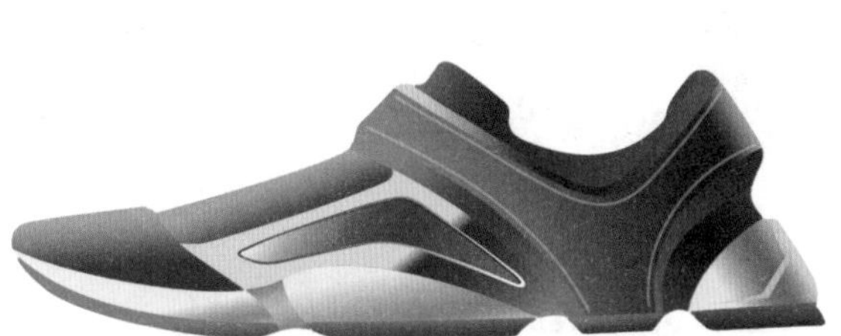
图 8-38　模糊处理边界

10 使用工具栏中的“加深工具”和“减淡工具”对图像边沿和整体明暗关系进行强化处理，提亮或加深边沿，能增强图像的立体感，如图 8-39 所示。

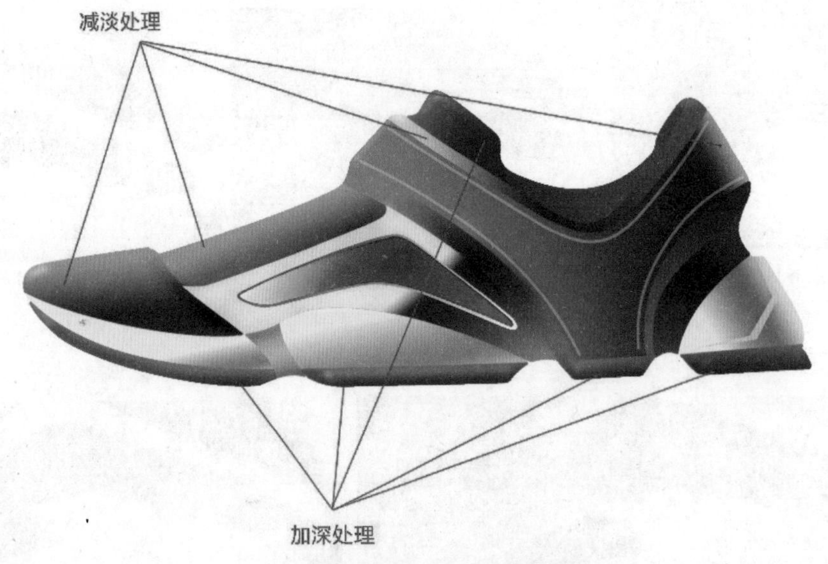

图 8-39　对图像局部进行明暗处理

11 新建一个图层，命名为“高光”，建立如图 8-40 所示的选区，设置“羽化”为 5 像素，填充白色，将图层“不透明度”调整为 50%，效果如图 8-41 所示。依此操作对如图 8-42 和图 8-43 所示细节进行局部高光绘制，效果如图 8-44 所示，然后将所有可见图层合并为一个图层，对该图层执行“滤镜”|“杂色”|“添加杂色”菜单命令，设置“数值”为 5%，强化产品表面的颗粒感，使其更切合实物产品。

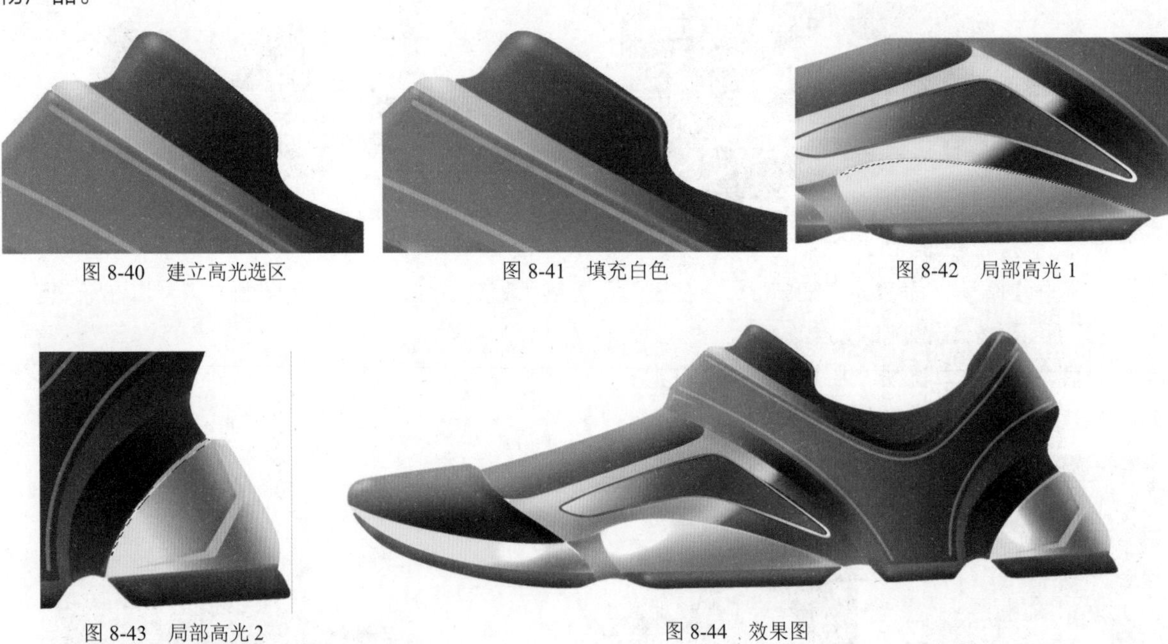

图 8-40　建立高光选区　　图 8-41　填充白色　　图 8-42　局部高光 1

图 8-43　局部高光 2　　图 8-44　效果图

8.2.5　绘制功能部位

01 绘制缝合部位。新建一个图层，命名为“缝合线”。篮球鞋表面往往有较多缝合线用于连接不同部位使结构更加稳固。使用工具栏中的“画笔工具”，绘制如图 8-45 所示的小白色线段，设置画笔“预设半径”为 4 像素，先绘制内圈，然后复制图层稍微放大移动至外圈，如图 8-46 和图 8-47 所示，绘制过程中注意使用 Shift 键绘制直线段。

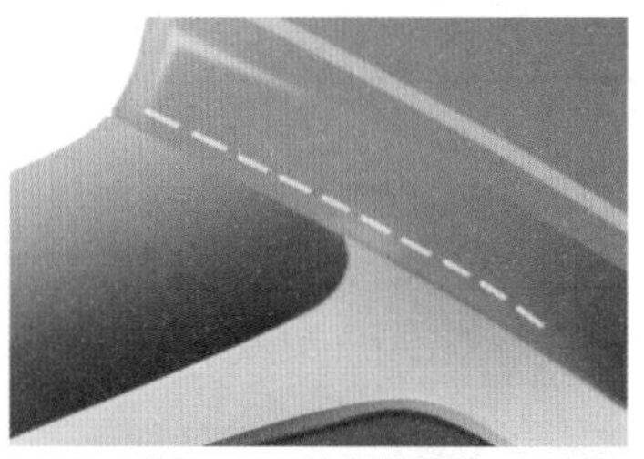

图 8-45　绘制缝合线

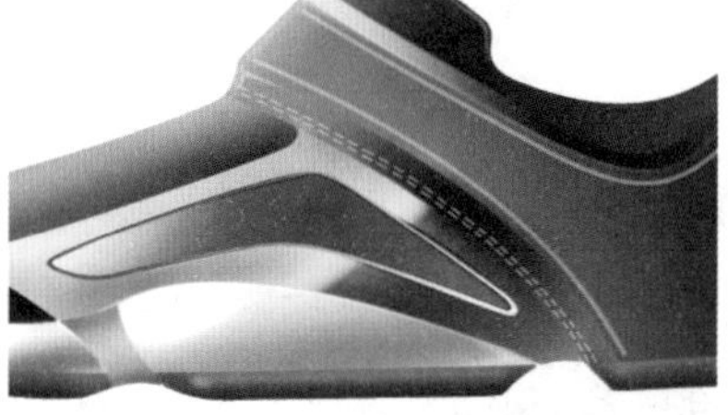

图 8-46　绘制左侧缝合线

图 8-47　绘制右侧缝合线

02 在合并图层上绘制底部纹路，使用工具栏中的“画笔工具”绘制如图 8-48 所示的形状，设置画笔“预设半径”为 5 像素，颜色为黑灰色，使用同样的方法对图 8-49 至图 8-51 所示的纹路进行绘制。

图 8-48　绘制底部纹路 1

图 8-49　绘制底部纹路 2

图 8-50　绘制底部纹路 3

03 使用工具栏中的“模糊工具”模糊处理纹路边沿，如图 8-52 所示，再使用工具栏中的“加深工具”加深纹路左侧，使用“减淡工具”提亮纹路右侧，使纹路具有立体感，效果如图 8-53 和图 8-54 所示。

图 8-51　绘制底部纹路 4

图 8-52　模糊处理纹路边界

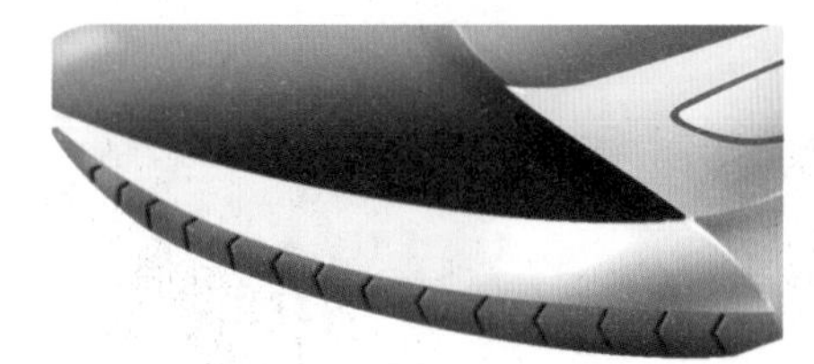

图 8-53　加深减淡边界 1

图 8-54　加深减淡边界 2

04 使用工具栏中的“画笔工具”绘制透气孔，设置画笔“预设半径”为 12 像素，颜色为黑灰色，点画如图 8-55 所示的形状。同样在如图 8-56 所示部位绘制相同的透气孔，然后使用和上一步相同的方法，先用“模糊工具”模糊处理边界，然后加深左上部边界，提亮右下部边界，如图 8-57 所示。

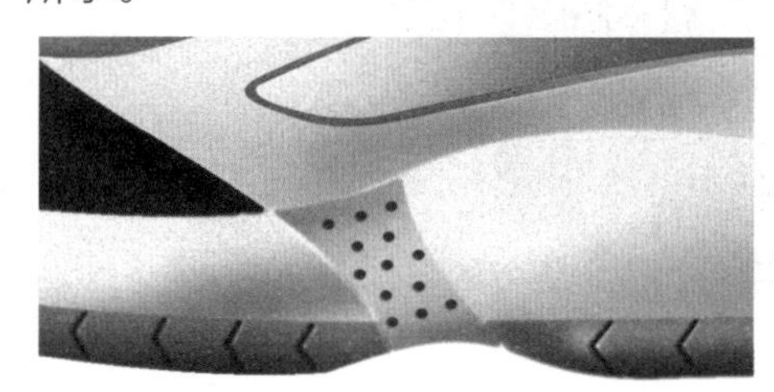

图 8-55　绘制透气孔 1

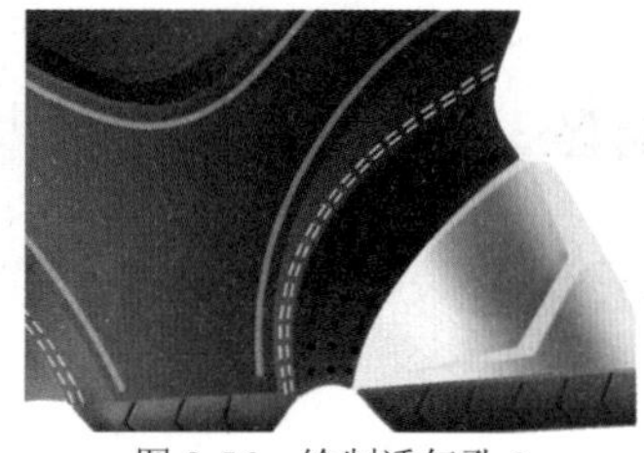

图 8-56　绘制透气孔 2

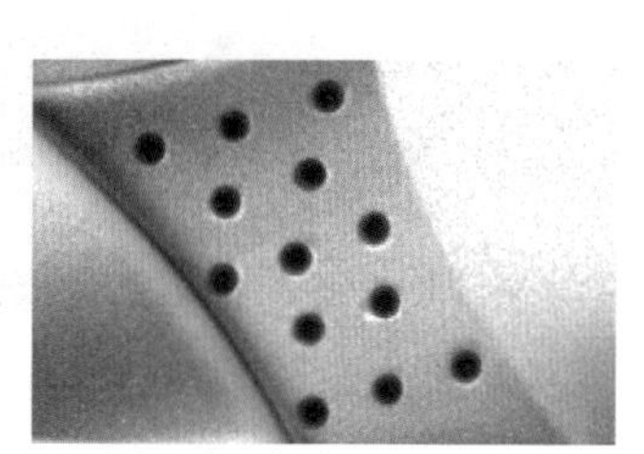

图 8-57　提亮、加深边界

05 绘制透气网面。建立如图 8-58 所示的选区，填充中灰色，然后将该区域加深和减淡至如图 8-59 所示。

图 8-58 建立并填充选区

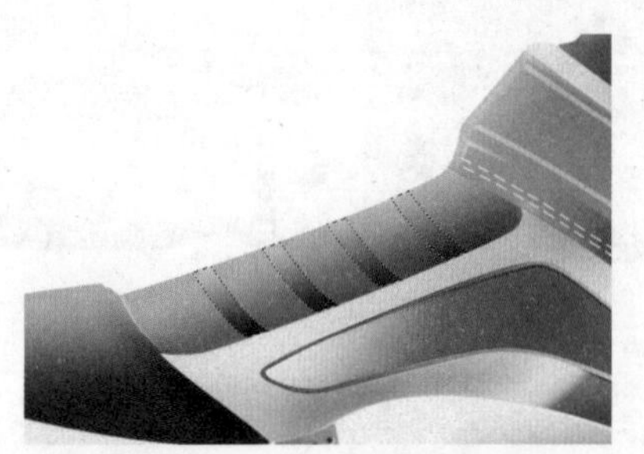

图 8-59 加深和减淡处理选区

06 使用工具栏中的“画笔工具”在上一步建立的选区内绘制如图 8-60 所示的网线，完成效果如图 8-61 所示。

07 加深涂抹如图 8-62 所示的选区，设置“羽化”为 5 像素，使网面具有层次感。

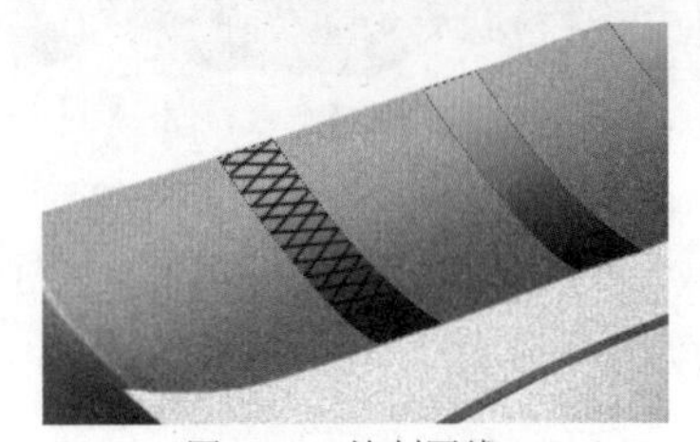

图 8-60 绘制网线 1

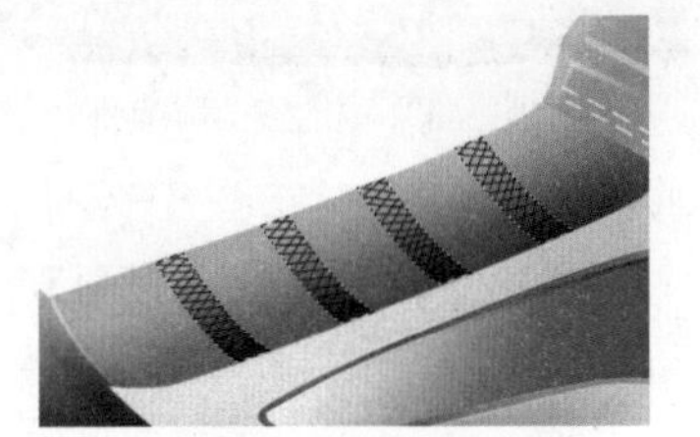

图 8-61 绘制网线 2

图 8-62 加深涂抹条形选区

8.2.6 强化明暗对比

观察可知，图像的明暗关系和边界还不够突出，所以仍需要进行一些处理。

01 对远离光源的边沿进行加深涂抹。如图 8-63 所示的标注区域，先建立选区羽化，然后使用工具栏中的“加深工具”在选区内进行涂抹，过程及完成效果如图 8-64 至图 8-68 所示，图中标识不一定完整，可以自行根据光影关系调节。

图 8-63 加深区域标识

图 8-64 建立选区并羽化

图 8-65 加深涂抹选区

图 8-66 建立选区并羽化

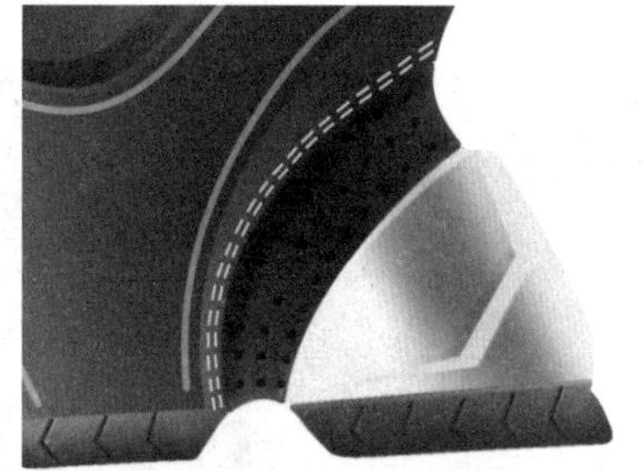

图 8-67　加深涂抹选区

图 8-68　加深涂抹效果

02 设计表现靠近光源的边沿。对如图 8-69 标注的区域使用工具栏中的“减淡工具”进行减淡涂抹，点缀高光细节，图中标识不一定完整，可以自行根据光影关系调节，最终效果如图 8-70 所示。

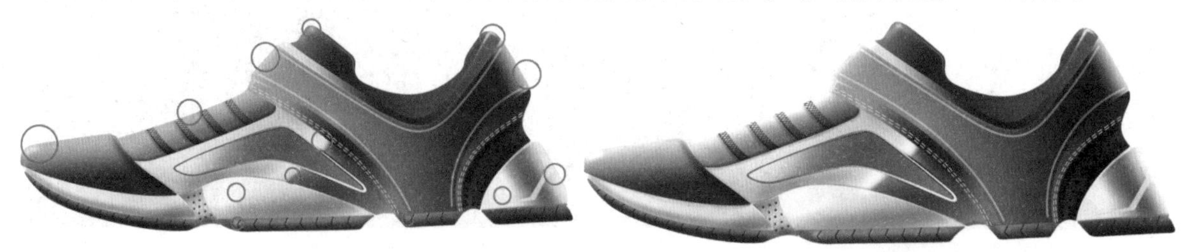

图 8-69　减淡区域标识　　图 8-70　减淡完成效果

03 强烈对比的产品最好衬以深色的背景，以突出产品，将背景色填充为黑灰色，效果如图 8-71 所示。添加背景要尽量简单，以不影响主体为准，注意冷暖色调变化。如果主体为冷色调，背景则尽量偏暖，相反则反之。也有例外，阴影要注意光源方向，可以添加两层，做模糊处理，近实远虚。读者可以根据自身喜好大胆地进行尝试，不必拘泥于本例的操作。

图 8-71　填充深色背景强化对比

04 在图像图层按住 Alt 键移动图像复制图像，然后将复制的图像使用组合键 Ctrl+T 垂直翻转移动至如图 8-72 所示的位置，然后旋转复制的图像使鞋子的中部贴合至如图 8-73 所示。

图 8-72　复制图像并垂直翻转

图 8-73　旋转对齐图像

05 将复制的图像图层的“不透明度”设置为 20%，为该图层添加图层蒙版，在图层蒙版上进行一个从上至下、由白色到黑色的渐变操作，实现由实到虚的效果，蒙版效果如图 8-74 所示，添加镜面反射后的最终效果如图 8-75 所示。这里需要特别注意的一点是，在 Photoshop 中，图层蒙版通过蒙版中的灰度信息来控制图像的显示区域。使用蒙版编辑图像，不仅可以避免因为使用橡皮擦剪切或删除等造成的失误操作，还可以对蒙版应用一些滤镜，以得到一些意想不到的效果。

图 8-74　设置图层蒙版

图 8-75　最终效果图

8.3　本章小结

本章简单介绍了一下鞋的表现设计，也通过“篮球鞋”这个案例深入学习了 Photoshop CC 的“渐变工具”，也比较深入地学习了 Photoshop CC 的“加深工具”和“减淡工具”的运用。运用这些工具可以绘制简单的曲面，但复杂的曲面需要我们仔细琢磨其表面的明暗关系，细致涂抹出不同曲面的效果。这一过程虽然简单，但步骤较多，需要足够的耐心，特别是边缘和转折处的细小曲面，最能反映绘图的效果。

再来回顾一下篮球鞋绘制的步骤。

在绘制之前，我们通常会找一些相关参考图进行研究与分析，如图 8-3 和图 8-4 所示。造型是最关键的一步，如果把握不好可以多搜集一些图片进行参考。充分做到心中有数后，对篮球鞋线面关系的掌握也会有更深刻的体会。

首先，我们把鞋先分析一下，根据不同的材质和部位进行分解，分清主要部件的前后关系，有助于之后的阴影和前后关系的建立。鞋一般分为鞋底、鞋帮、侧面、底层，在设计中主要表现侧面，这个面也是决定鞋最后外观最关键的面。

其次，使用“钢笔工具”一步一步勾勒出篮球鞋的内部轮廓及外部轮廓。这一步步骤烦琐，读者需要耐心操作。

再次，对各个区域填充相应的颜色以及绘制渐变效果。

最后，用“加深工具”与“减淡工具”进行相关细节的修饰。

《第 9 章》

头戴式耳机设计表现

头戴式耳机是指戴在头上，并非插入耳道内的耳机。它声场好，舒适度好，能避免擦伤耳道。高中低音方面音质的表现都非常不错，即使播放交响乐也有不错的听感。中音量较为丰厚，聆听流行歌曲人声富有感染力，音乐味道比较好。

9.1　头戴式耳机的介绍

头戴式耳机拥有非凡的音质——真实、清晰、包围感，它能让您感受穿越时空的美妙。PRO 系列耳机不仅仅拥有“强劲的低音”，更能重现各种音乐的风格。对于高端耳机来说，前端系统的重要性自然不言而喻，甚至相比一般的音响系统来说，高端耳机系统的揭示力也是有过之而无不及。如图 9-1 所示为头戴式耳机的最终效果图。

图 9-1　头戴式耳机效果表现图

9.2　绘制效果图

头戴式耳机的表现重点如图 9-2 所示。

头戴式耳机的构成轮廓线基本全是曲线，这也在无形间增加了效果图绘制的难度。在整体上，这类产品的材质构成也相对更加复杂，要将皮革、海绵耳套、金属外壳和电镀塑料管等材质搭配使用，绘制过程中注意把握结构线条的准确，光影关系的协调和材质表达的精细。

图 9-2　头戴式耳机的表现重点

该案例结构大致可分为 6 个部分，分别为黑色海绵耳套、黑色磨砂塑料外壳、银色金属罩、黑色高反光塑料连接件、淡金色皮革头带和电镀高反光线管等。绘制过程中需要注重不同部件间的紧密衔接和统一的明暗关系，再点缀适当的细节，就可以得到较为完整的表现效果图。

9.2.1　绘制轮廓线

01 新建一个文件。打开 Photoshop 软件，按组合键 Ctrl+N，在弹出的“新建”对话框中，设置文件的“宽度”为 28 厘米、“高度”为 30 厘米、“分辨率”为 300 像素／英寸，并将其命名为“头戴式耳机”，由于是绘制在电子显示器端的图片，所以将“颜色模式”设置为“RGB 颜色”，如图 9-3 所示。

02 创建一个图层，命名为“轮廓线”，如图 9-4 所示。使用“钢笔工具”描绘出头戴式耳机的外轮廓，在这一过程中，使用尽可能少的锚点。头戴式耳机的轮廓曲线流畅自然，很难凭空绘制出来，且很难把握透视关系和比例尺度，所以在绘制效果图前，一定要将事先手绘的草图或者原图置于“轮廓线”图层下，这样可以节省大量的时间。虽然是最基础的步骤，但要保证绘制形状的准确，为后续的步骤提供便利。先绘制耳机的外部轮廓。首先设置画笔工具参数，设置“画笔半径”为 4 像素。单击鼠标右键，在弹出的快捷菜单中选择“描边路径”命令，如图 9-5 所示，接着在打开的“描边路径”对话框中选择“画笔”选项，单击“确定”按钮。最后使用 Backspace 键删除钢笔路径，如图 9-6 至图 9-9 所示。

图 9-3　新建文件

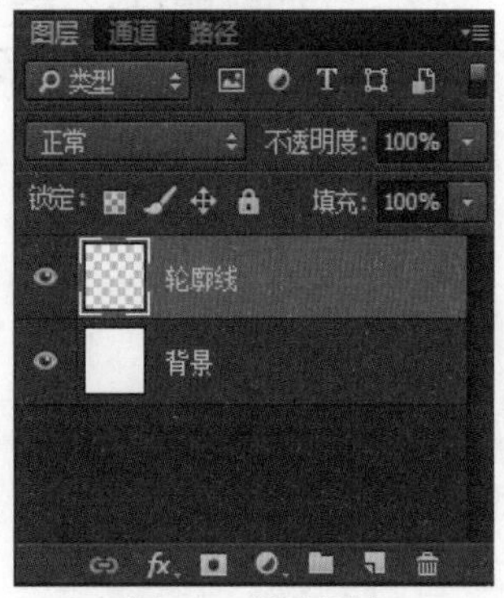

图 9-4　新建图层

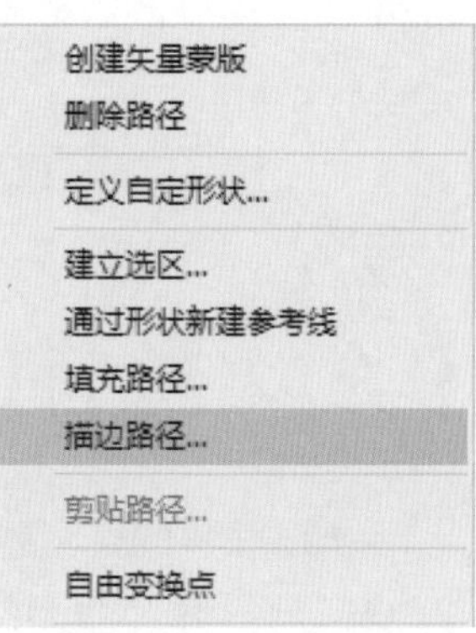

图 9-5　描边路径

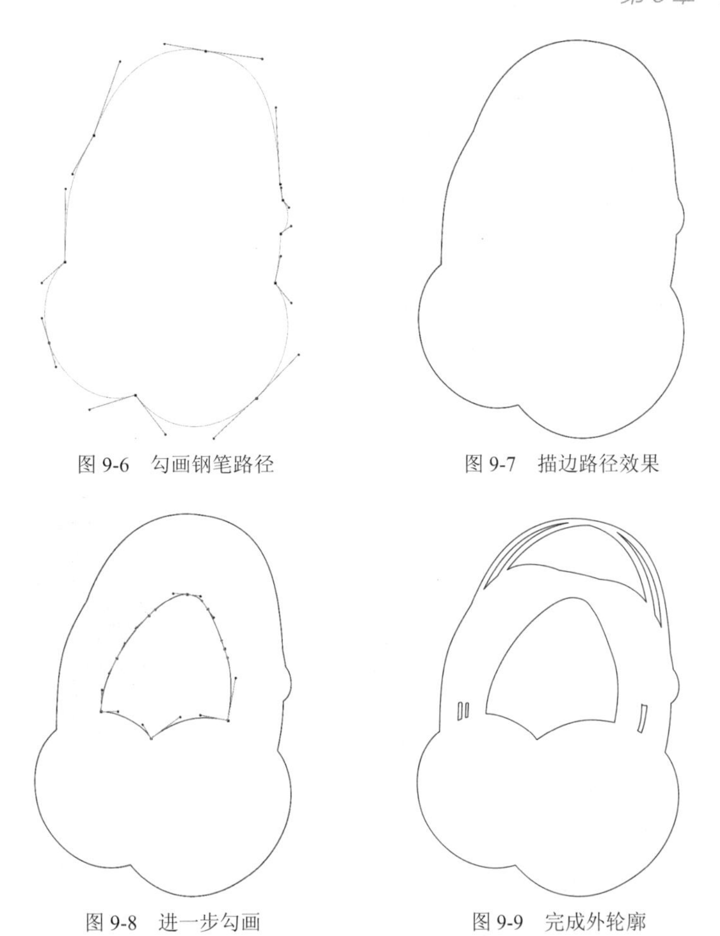

图 9-6　勾画钢笔路径

图 9-7　描边路径效果

图 9-8　进一步勾画

图 9-9　完成外轮廓

03 在上一步的基础上，对头戴式耳机的内部结构线进行绘制，如图 9-10 所示。使用“钢笔工具”绘制内部主要结构线，设置描边半径为 3 像素，内部结构线绘制越明晰，后续绘制步骤会越明确，详细过程如图 9-11 和图 9-12 所示。

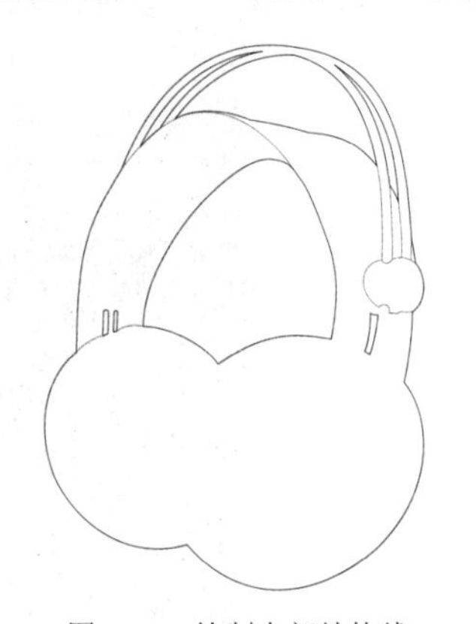

图 9-10　绘制内部结构线 1

图 9-11　绘制内部结构线 2

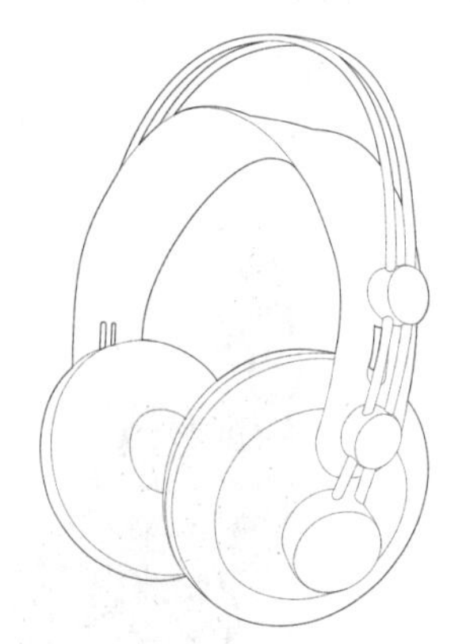

图 9-12　绘制内部结构线 3

9.2.2 绘制海绵耳套

首先绘制的是材质表达最复杂的海绵部分，先解决较难的部分，后面的步骤就相对简单了。

01 按组合键 Ctrl+J 建立新图层，命名为“海绵耳套”。使用“钢笔工具”勾画绘制部件的路径。该部件的形状较为复杂，注意调节曲线的流畅、自然，效果如图 9-13 所示。

02 在上一步勾画路径的基础上，单击鼠标右键，在弹出的快捷菜单中选择“建立选区”命令，设置“羽化”为 2 像素，如图 9-14 所示，使用 Backspace 键删除路径。为选区填充深黑灰色，色值为 (CMYK:80 70 70 45)，也可以自行调节，直至达到理想的效果，如图 9-15 所示。

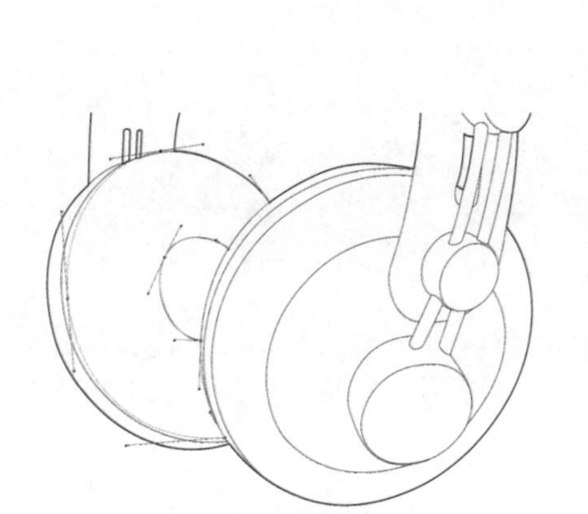
图 9-13　钢笔路径勾画

图 9-14　建立选区

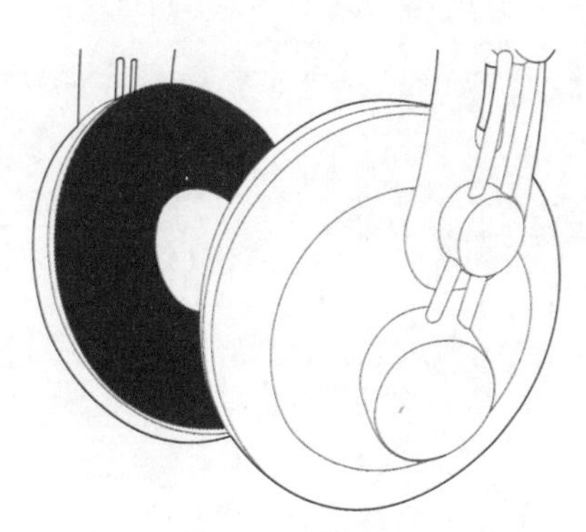
图 9-15　填充选区

03 对填充的选区，设置近似海绵材质的纹理效果。执行“滤镜”|“滤镜库”|“纹理”|“纹理化”菜单命令，在“纹理化”窗口右侧设置“缩放”为 150%、“凸现”为 15，单击“确定”按钮，注意“反相”复选框不用勾选，具体操作如图 9-16 和图 9-17 所示。完成效果如图 9-18 所示。

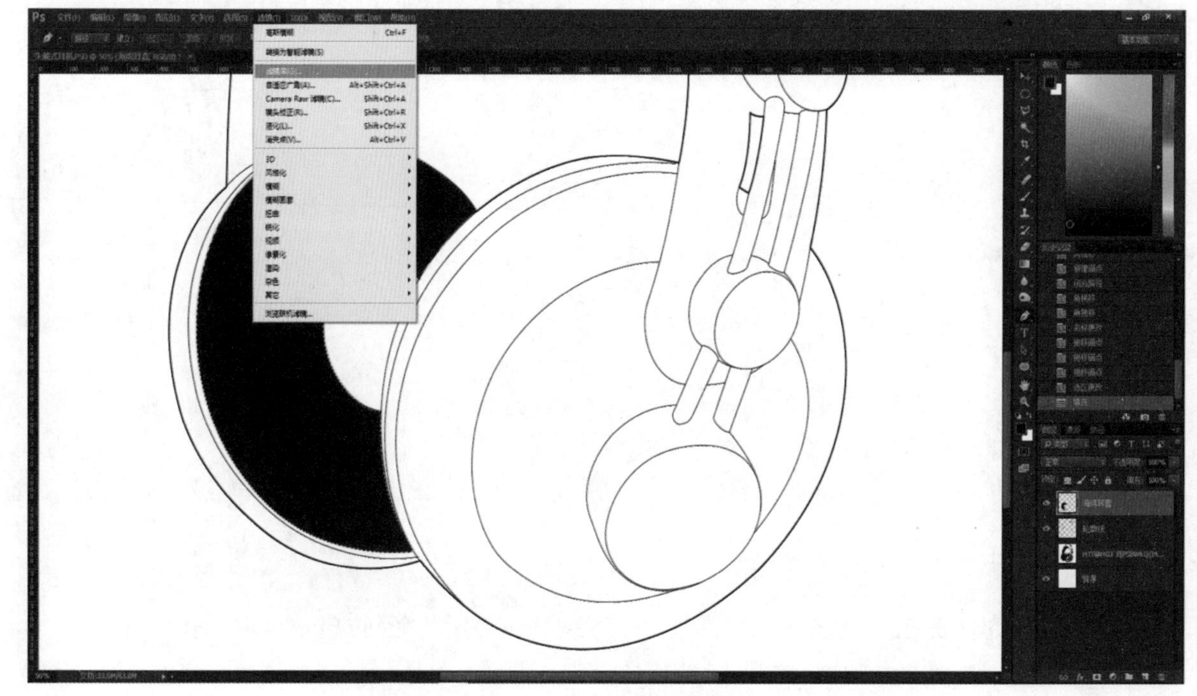
图 9-16　滤镜、滤镜库功能

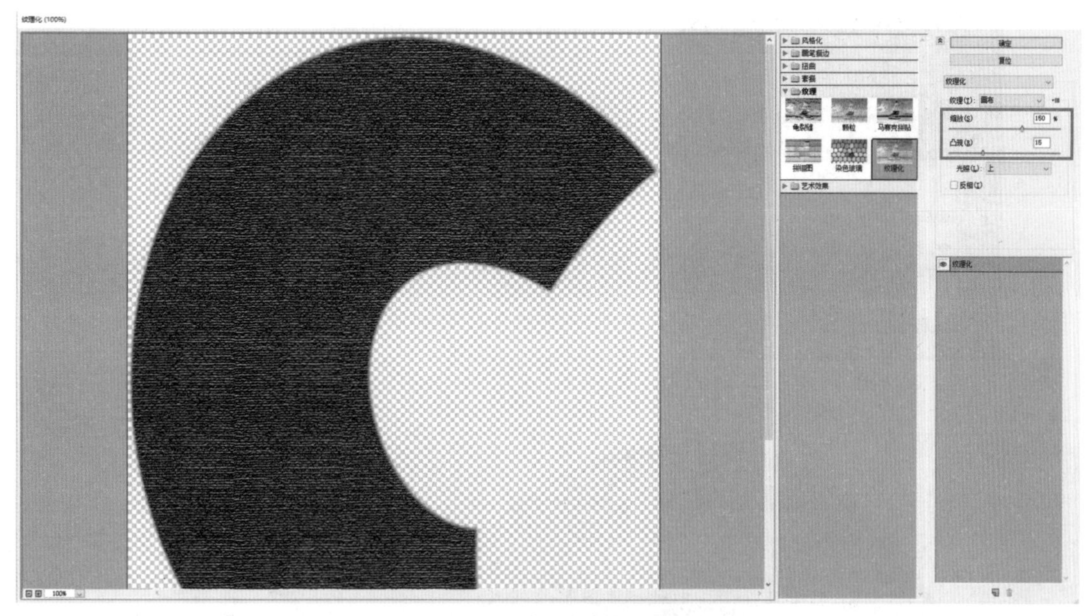

图 9-17　纹理化滤镜处理

04 上一步建立的图形只有横向的纹理，现在要做的是将图形赋予竖向的纹理形变。执行“滤镜”|“模糊”|“动感模糊”菜单命令，如图 9-19 所示，在“动感模糊”对话框中将“角度”设置为 90 度，“距离”设置为 15 像素，具体参数设置如图 9-20 所示，也可以自己根据具体情况进行调整。滤镜添加效果如图 9-21 所示。

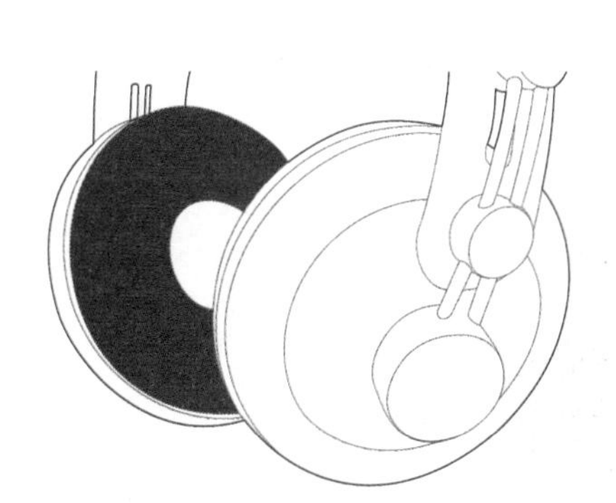

图 9-18　纹理化滤镜处理效果

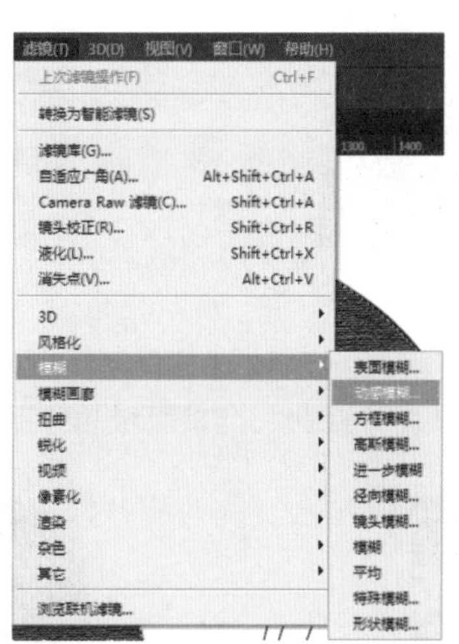

图 9-19　添加动感模糊效果

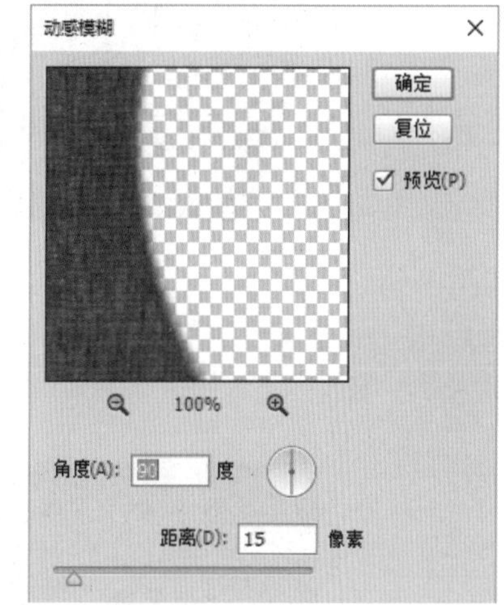

图 9-20　动感模糊参数设置

05 之前的滤镜只是为图层添加了网状效果，但材质颗粒表现感不强。在不取消选区的前提下，在原图层上建立一个新图层命名为“海绵耳套 2”，如图 9-22 所示。在该图层上将保留的选区填充深黑灰色 (CMYK:85 80 80 70)，效果如图 9-23 所示。将前景色设置为黑色，背景色设置为白色。紧接着执行“滤镜”|“滤镜库”|“素描”|“网状”菜单命令，在窗口右侧将“浓度”设置为 15，“前景色阶”设置为 30，“背景色阶”设置为 10。也可自行调整，以得到更好的效果，如图 9-24 所示。

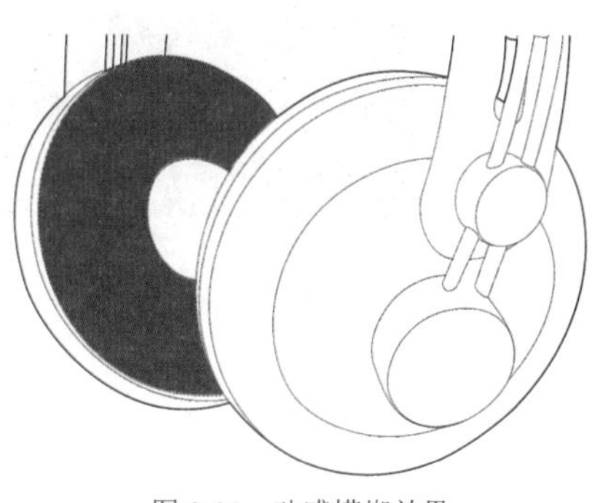

图 9-21　动感模糊效果

图 9-22 新建图层

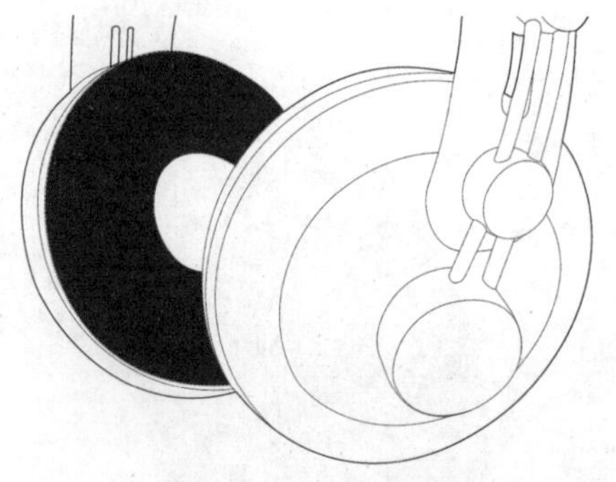

图 9-23 填充深黑灰色

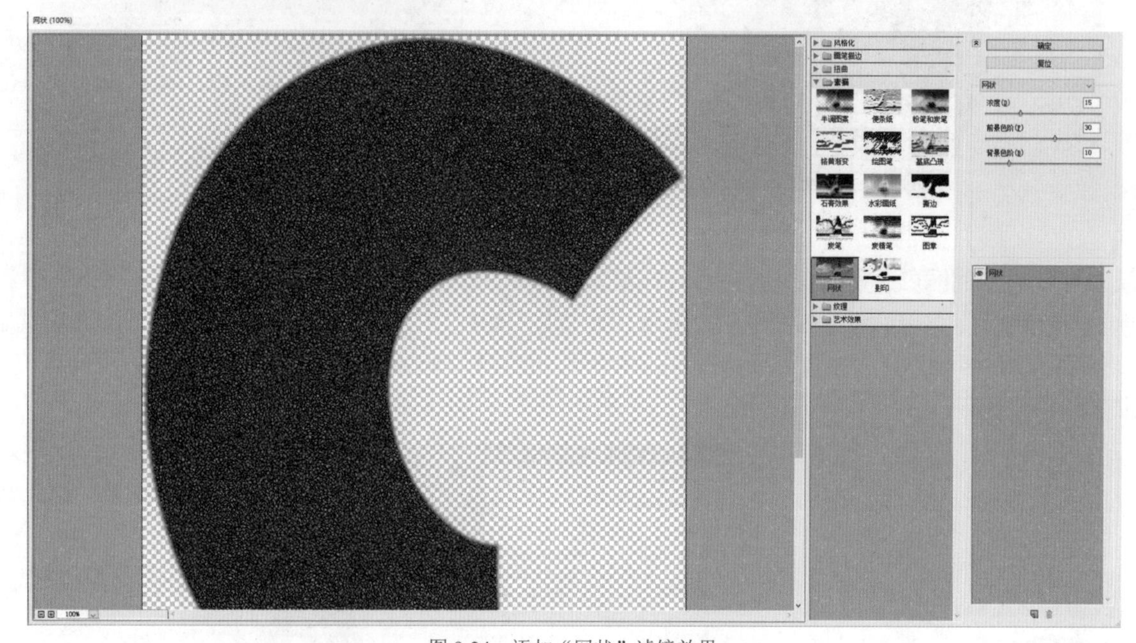

图 9-24 添加“网状”滤镜效果

06 在上一步操作的基础上，在“图层”面板中，单击图层“海绵耳套 2”，将该图层的“混合模式”设置为“叠加”，图层“不透明度”设置为 80%，过程及效果如图 9-25 和图 9-26 所示。

图 9-25 更改混合模式

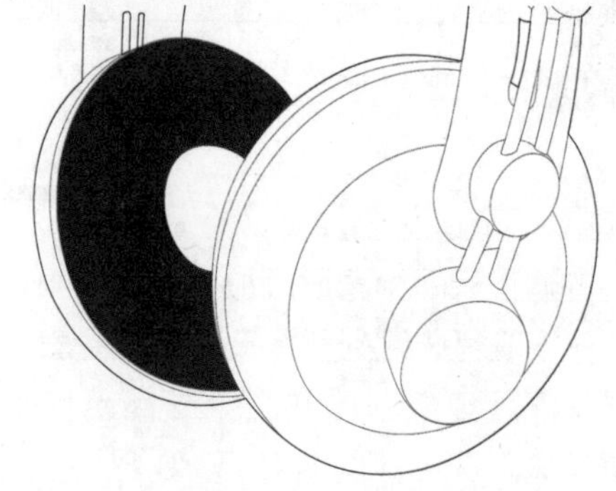

图 9-26 更改混合模式效果

07 选择“海绵耳套”这一图层，双击图层，为该图层添加图层样式。如图 9-27 所示，然后为图层添加三层左右的内阴影效果。Photoshop CC 的一大特点就是图层样式可以任意堆叠，实现复杂的效果，按图 9-28 至图 9-30 所示进行参数设置，最终效果如图 9-31 所示。注意将“混合模式”更改为“叠加”，“颜色”设置为白色，“不透明度”设置为 30%，最上层“角度”设置为 180°，注意不要勾选“使用全局光”复选框，“距离”设置为 150 像素，“大小”设置为 125 像素。这些参数也可以自己多试一试，看看不同的效果。下面两层图层样式的差别只有“角度”分别为 120 度和 −150 度，完成效果如图 9−31 所示。

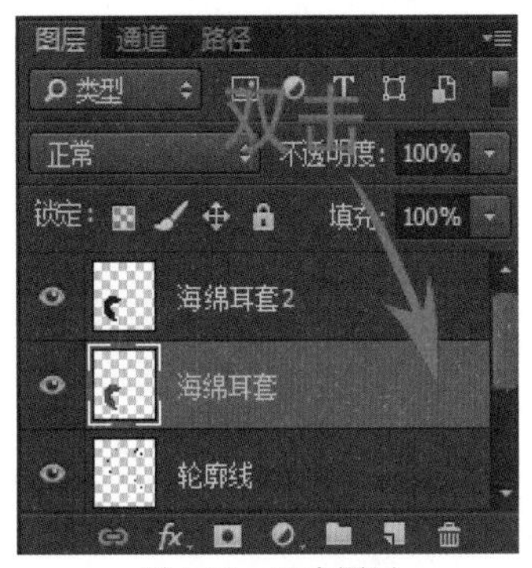

图 9-27　双击图层

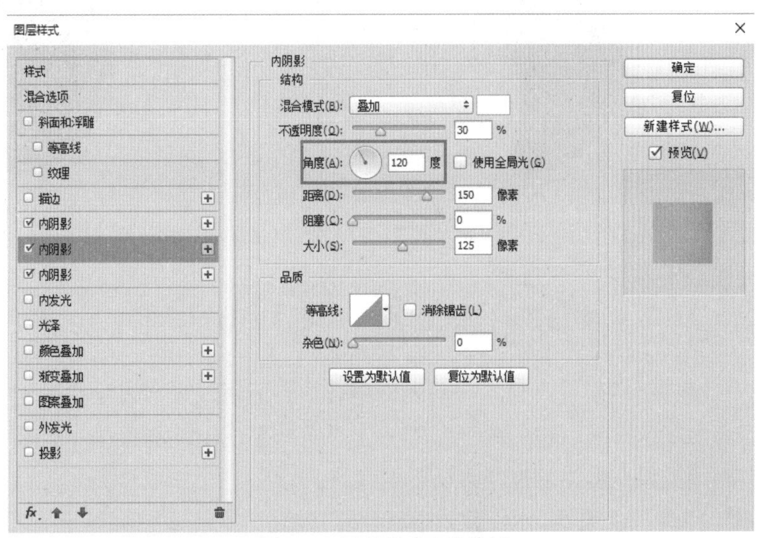

图 9-28　图层样式参数设置

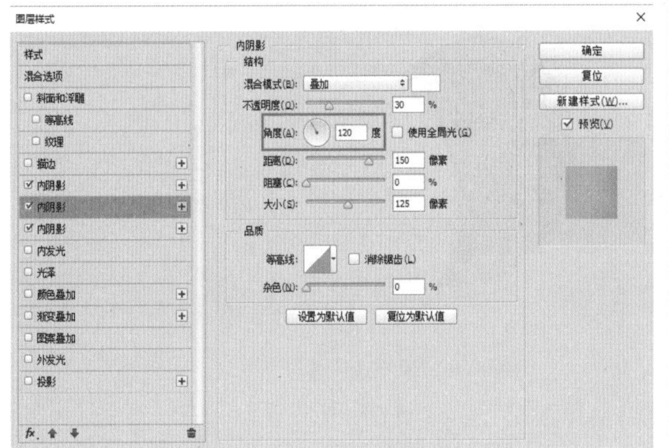

图 9-29　第二层参数设置

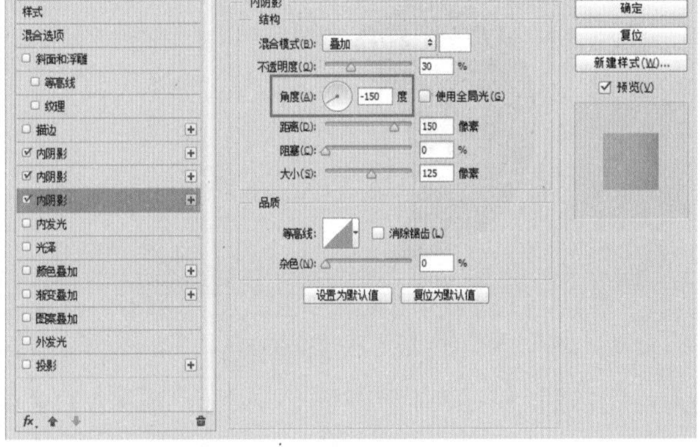

图 9-30　第三层参数设置

08 按住 Ctrl 键单击海绵耳套的两个图层，单击鼠标右键，在弹出的快捷菜单中选择“合并图层”命令，在新合并的图层下方建立一个新的图层，在新图层上建立如图 9−32 所示的钢笔路径并建立选区，填充深黑灰色 (CMYK:90 90 90 90)，如图 9−33 所示。重复前几步操作然后为该选区添加“纹理化”“动感模糊”“网状”效果，填充色调变暗一些，使用“网状”滤镜使前景色设置为黑色，背景色设置为中灰色，高斯模糊半径为 2 像素，完成效果如图 9−34 所示。海绵耳套的基本效果就表现出来了，最后将图层合并为一个图层，命名为“海绵耳套”。

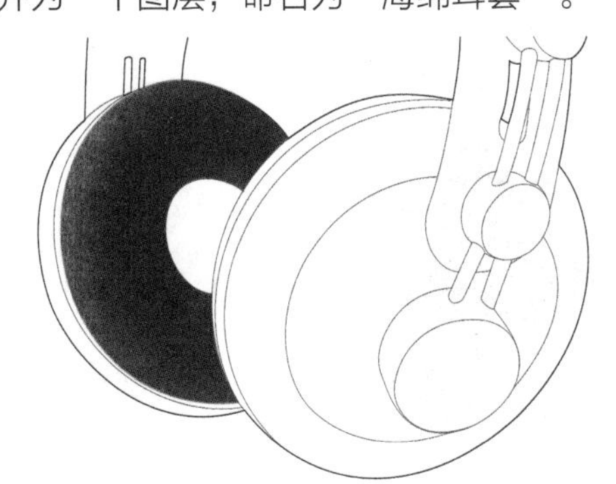

图 9-31　添加图层样式效果

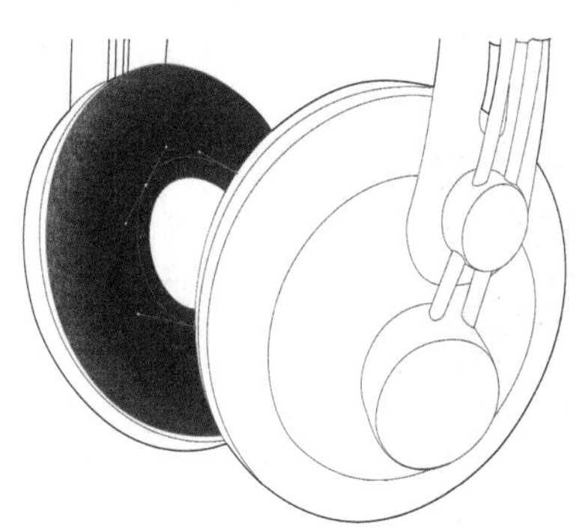

图 9-32　钢笔路径绘制

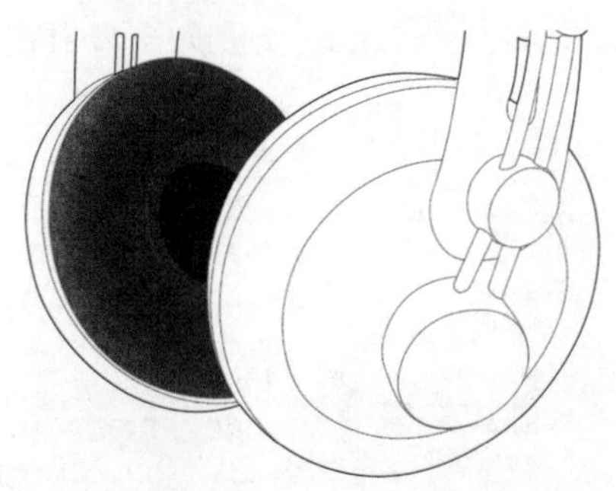

图 9-33　建立选区并填充

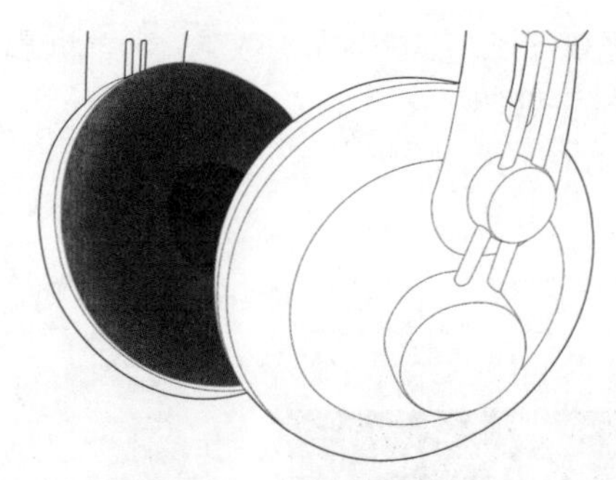

图 9-34　系列滤镜添加效果

9.2.3　绘制黑色磨砂塑料外壳

磨砂塑料在前几章的产品表现中有很多运用，大致过程是先勾画路径，建立选区，填充黑灰色，然后添加杂色，最后进行高斯模糊。当然这样表现出的面会很平，需要用“加深工具”和“减淡工具”调节明暗关系，具体的操作会在下面介绍。

01 新建一个图层，命名为“磨砂塑料外壳”。将该图层置于“海绵耳套”图层下方，建立如图 9-35 所示的选区，设置“羽化”为 2 像素，并填充深黑色，如图 9-36 所示。

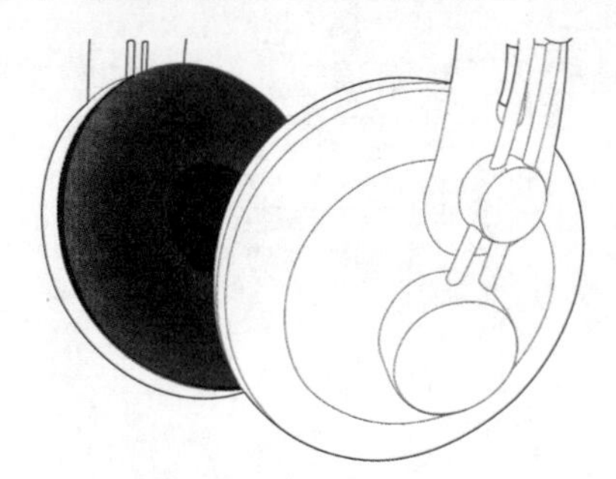

图 9-35　勾画钢笔路经

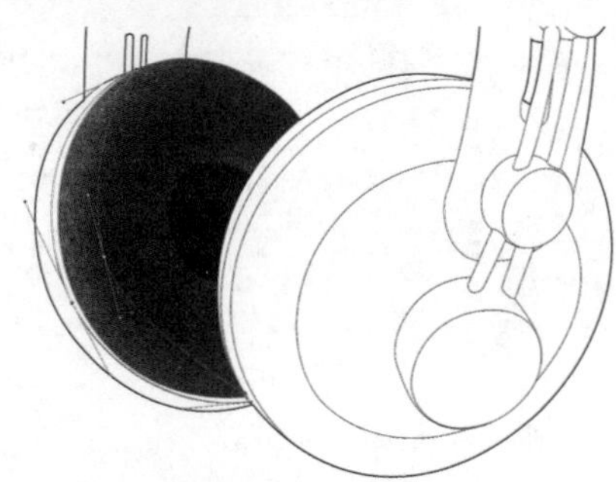

图 9-36　建立选区并填充

02 建立如图 9-37 所示的选区，设置“羽化”为 2 像素，填充黑灰色 (CMYK:80 75 75 60)，如图 9-38 所示。对该选区执行“滤镜”|“杂色”|“添加杂色”菜单命令，在“添加杂色”对话框中将“数量”设置为 5%，选择“平均分布”选项，勾选“单色”复选框 (很重要)，完成效果如图 9-39 至图 9-41 所示。使用“加深工具”和“减淡工具”对选区进行涂抹，图案色调偏暗，涂抹时将工具参数范围设置为“阴影”，尽量使用大半径的画笔，完成效果如图 9-42 所示。注意使用 Photoshop 中大面积的画笔涂抹工具时，读者可以将色彩学和绘画的知识迁移，使用画笔要像在纸上涂抹水粉或者水彩一样，每一笔都要下得快，干净准确，不同的是以前用的是画笔，现在用的是鼠标，但是绘图的方法是一样的。另外，Photoshop 还有一个真实世界无法比拟的功能，就是它具有撤销的功能，因此读者可以尝试所有可能，并挑选一个效果最好最适合自己的方式。

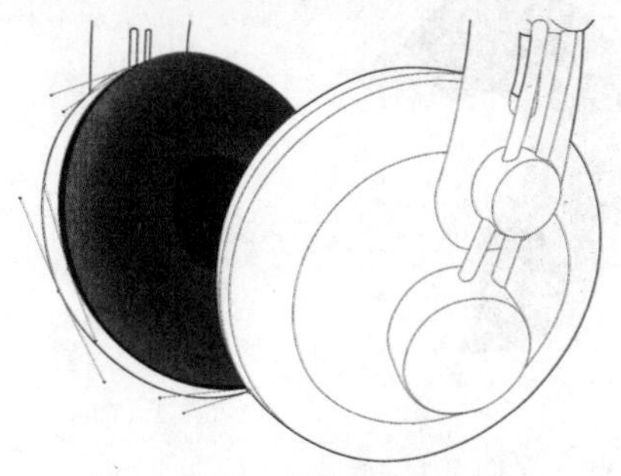

图 9-37　勾画钢笔路径

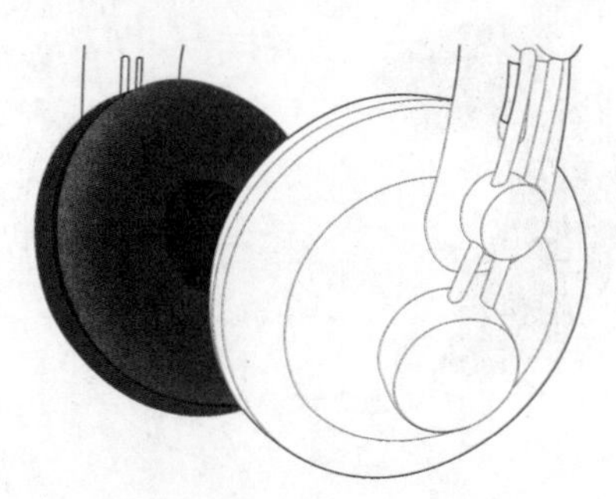

图 9-38　建立选区并填充

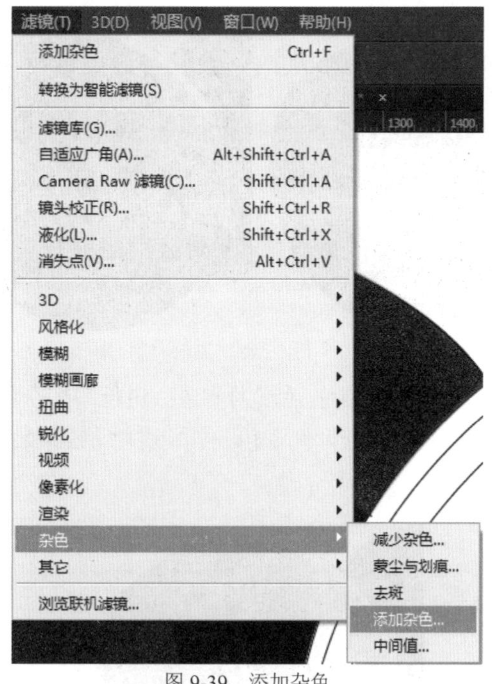

图 9-39　添加杂色

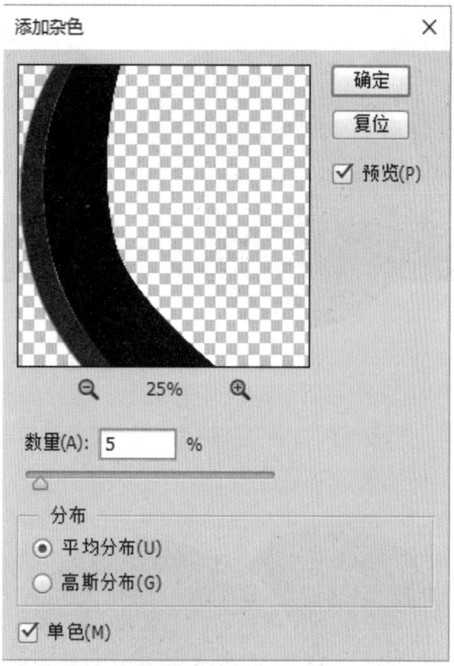

图 9-40　添加杂色参数设置

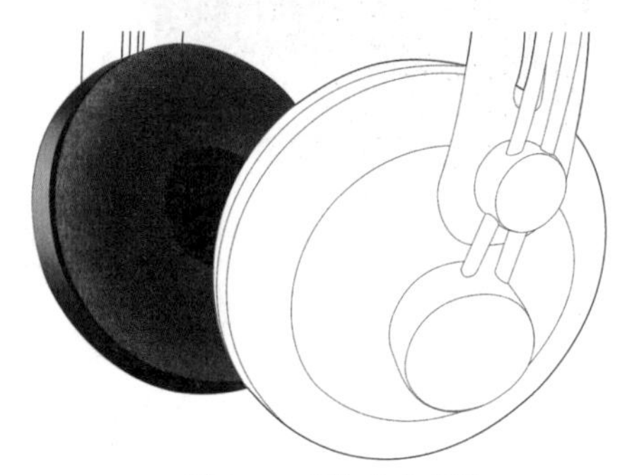

图 9-41　添加杂色效果

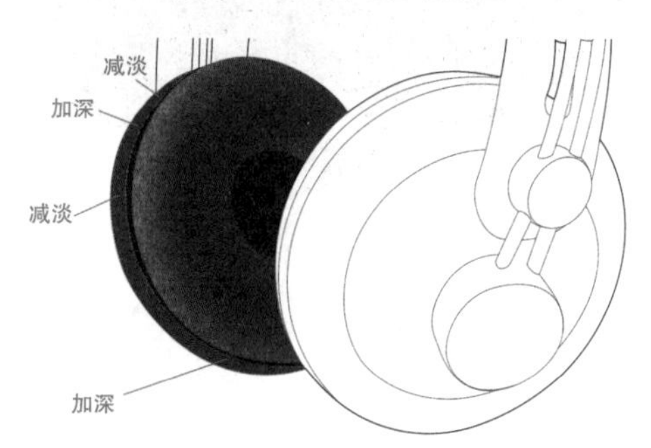

图 9-42　加深减淡涂抹光影关系

03 使用同上一步相同的方法，对相同材质的其他区域进行绘制，效果如图 9-43 所示。

04 重复相同操作，对同一材质的其他区域进行绘制，效果如图 9-44 所示，同时可以将“轮廓线”图层移至最顶端，以免被其他图层遮挡。

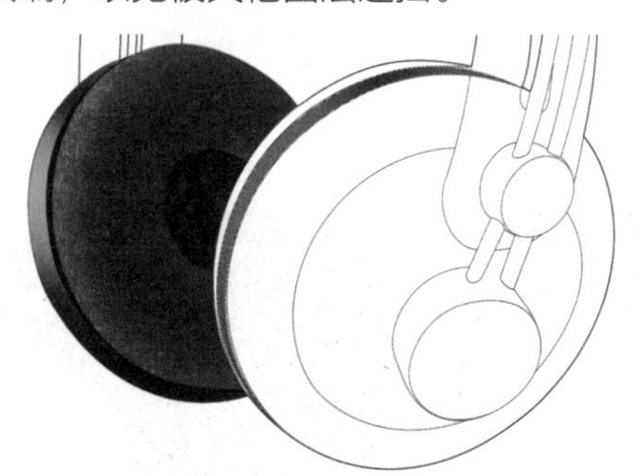

图 9-43　绘制其他区域 1

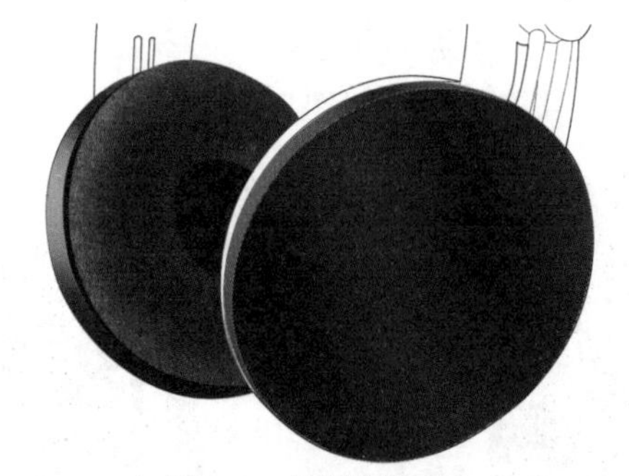

图 9-44　绘制其他区域 2

05 建立如图 9-45 所示的选区，设置“羽化”为添加数值像素，填充黑色。

06 在上一步建立的选区边沿建立如图 9-46 所示的环形选区，填充灰色 (CMYK:80 75 80 60)。然后进行添加杂色和高斯模糊 1 像素，再使用“加深工具”和“减淡工具”进行涂抹，完成效果如图 9-47 所示。

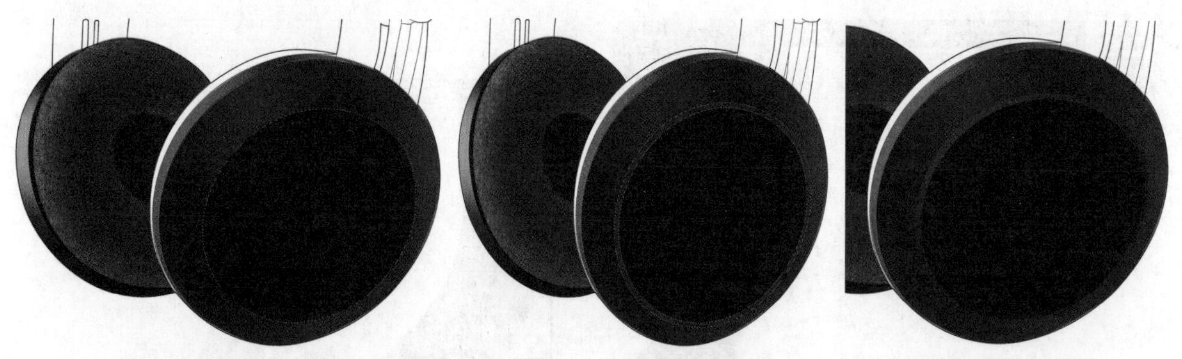

图 9-45　建立选区并填充　　图 9-46　建立环形选区填充　　图 9-47　明暗关系涂抹

07 建立如图 9-48 所示的月牙形选区，填充较上一步颜色更深的灰色作为侧边。进行添加杂色和高斯模糊 1 像素，再使用“加深工具”和“减淡工具”对选区进行涂抹，两侧深色，中间浅色，效果如图 9-49 所示，此类材质表现基本完成。

图 9-48　建立月牙形选区填充

图 9-49　明暗关系涂抹

9.2.4　绘制银色金属外壳

01 银色金属外壳的表达是十分常见的，也是最简单的。其中的重点就是进行加深和减淡的涂抹，强化明暗关系的对比。基本步骤为新建一个图层，命名为“银色金属外壳”。建立形状准确的选区，填充适当的浅灰色，效果如图 9-50 所示。执行“添加杂色”操作，“数量”设置为 2% 左右，再执行“高斯模糊”操作，“半径”设置为 2 像素。最后涂抹恰当的明暗关系，如图 9-51 所示。

02 建立如图 9-52 和图 9-54 所示的月牙形选区，执行与上一步相同的操作。注意把握明暗关系，如图 9-53 和图 9-55 所示，注意确保形状的准确和线条的流畅，使用“钢笔工具”进行绘制，锚点尽可能少，金属外壳的表现基本完成。

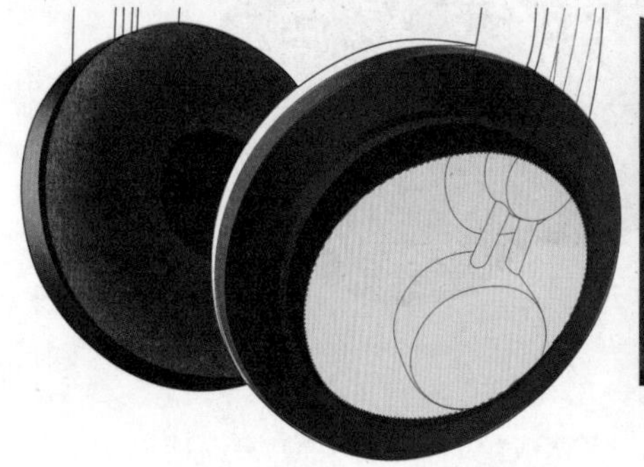

图 9-50　建立选区并填充

图 9-51　明暗关系涂抹

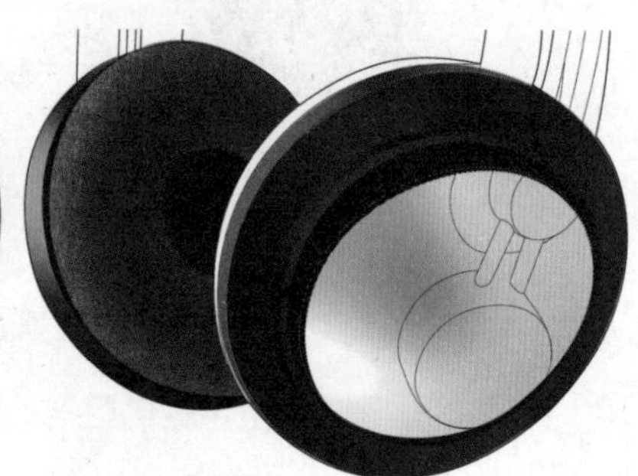

图 9-52　建立月牙形选区

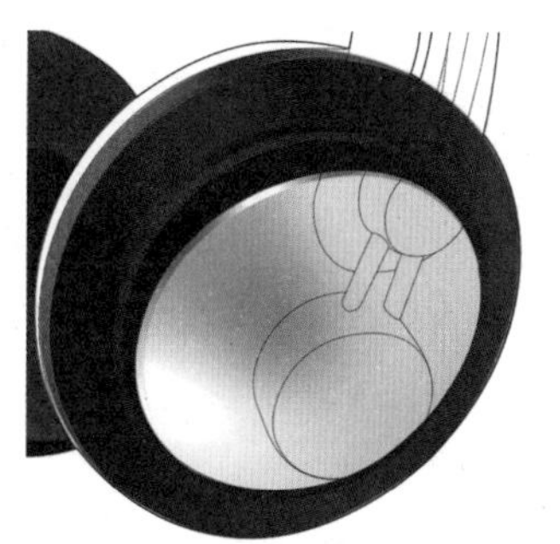

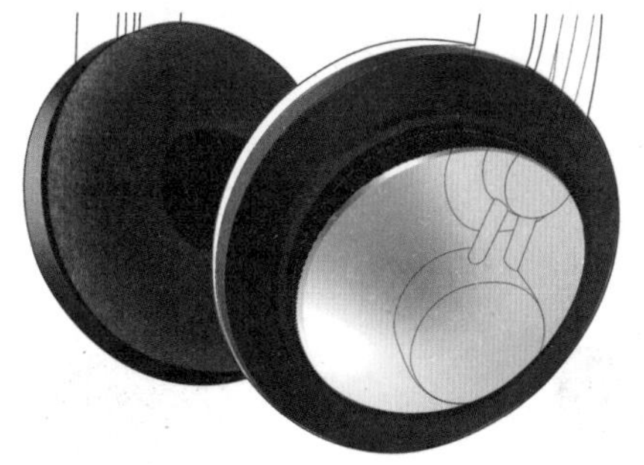

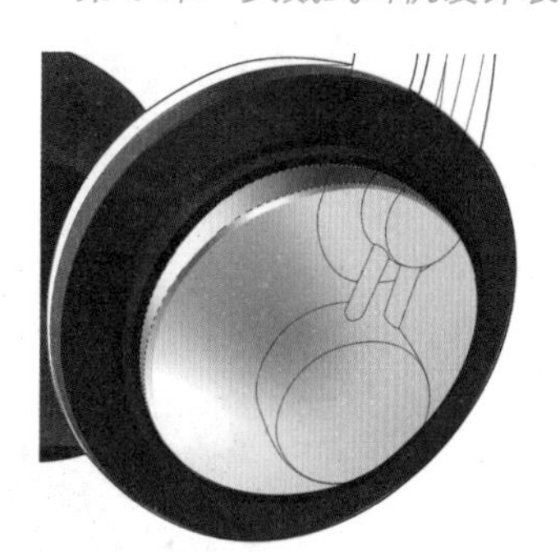

图 9-53　明暗关系涂抹　　图 9-54　建立月牙形选区　　图 9-55　明暗关系涂抹

9.2.5　绘制皮革部分

01 新建一个图层，命名为“皮革”。皮革部分分为正反两面，先建立如图 9–56 所示的选区，填充米黄色 (CMYK:12 12 20 0)。然后执行“选择”|“修改”|“收缩”菜单命令，在弹出的对话框中将“收缩”设置为 10 像素。执行“选择”|“反选”菜单命令或者按组合键 Shift+Ctrl+I 进行反选。使用“加深工具”涂抹左侧至如图 9–57 所示的效果，让皮革显得有厚度。

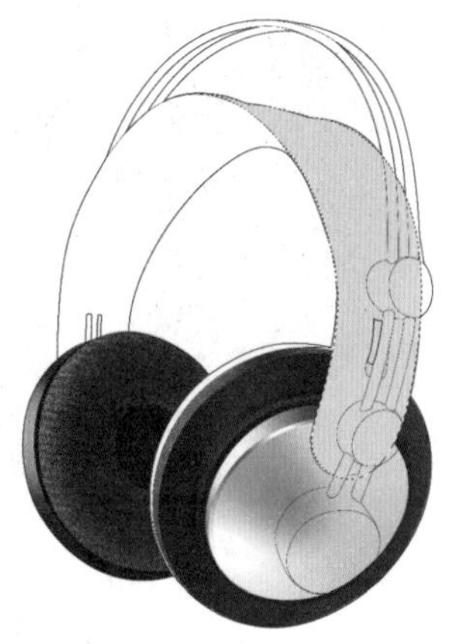

图 9-56　建立选区并填充

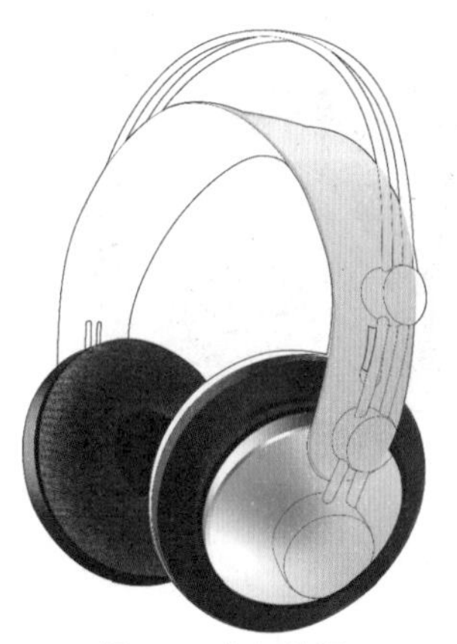

图 9-57　加深边界

02 绘制皮革背面部分。建立如图 9–58 所示的选区并填充深黑灰色。使用与上一步相同的操作，对边界进行加深处理，提升厚度感，效果如图 9–59 所示，最后对整个“皮革”图层进行添加杂色处理，“数量”设为 5%(不要勾选“单色”复选框)，再进行高斯模糊处理，“半径”设置为 2 像素。注意把握整体的明暗对比，细节部分暂时可以不用处理，皮革部分大致效果已经完成。

图 9-58　建立选区并填充

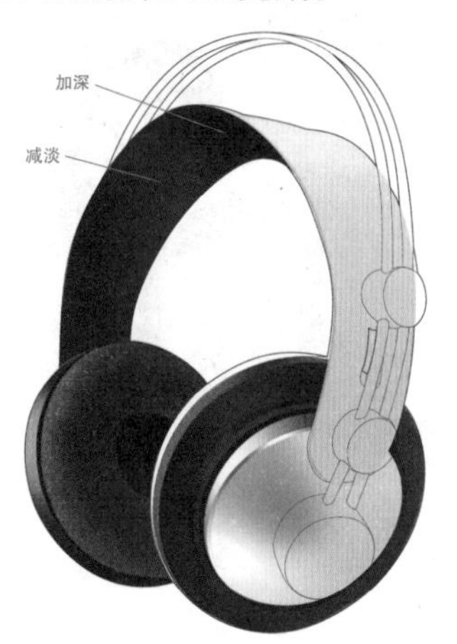

图 9-59　明暗关系涂抹

9.2.6 绘制高反光塑料

01 这一部分的表现过程与之前基本相同，填充深色的同时进行初步的明暗关系处理。但是因为这一部分比较光滑，不需要添加杂色和模糊处理。新建一个图层，命名为“高反光塑料”。建立如图 9-60 所示的选区并填充颜色 (CMYK:75 70 80 45)，然后按照如图 9-61 所示对该选区进行加深和减淡处理。

图 9-60 建立选区并填充

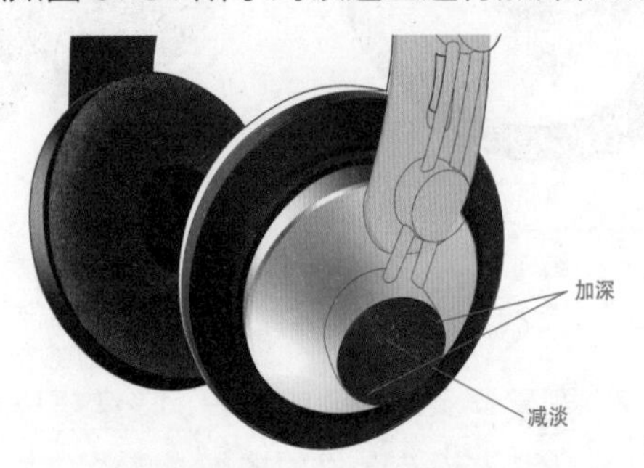

图 9-61 明暗关系涂抹

02 绘制产品的过程都很简单，但需要多次重复。耐心重复之前的操作对如图 9-62 和图 9-63 所示区域进行绘制。

图 9-62 绘制侧边高光塑料

图 9-63 重复基本操作

03 完成如图 9-64 和图 9-65 所示的侧边细节。具体操作都是先建立椭圆形选区再填充颜色 (CMYK:66 68 78 29)。

图 9-64 建立选区并填充

图 9-65 重复上一步操作

04 最后剩余的主要部分为塑料线管，基本方法依旧是建立选区填充，可以适当减淡涂抹边沿绘制过程如图 9-66 至图 9-69 所示。

图 9-66　绘制线管 1

图 9-67　绘制线管 2

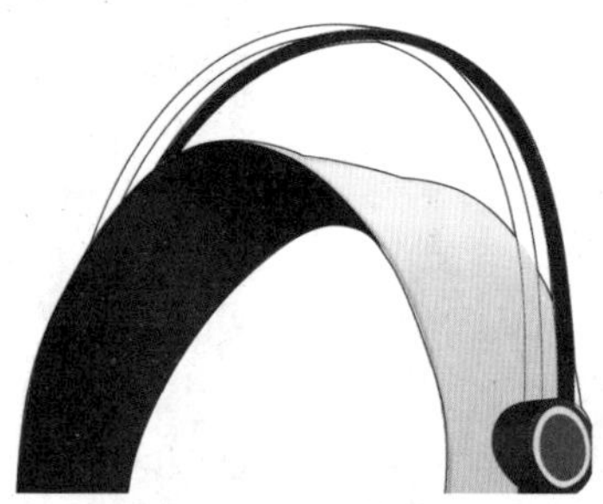
图 9-68　绘制线管 3

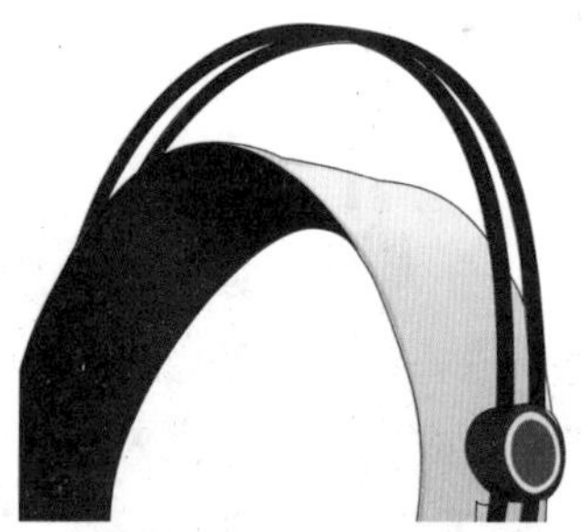
图 9-69　绘制线管 4

9.2.7　补充细节

耳机主体部分已经完成，但仍需补充一些细节。

01 选择“海绵耳套”图层，建立如图 9-70 所示的月牙形选区，并填充黑色。

02 在上一步中建立的选区反光并不强烈，不用赋予很强的材质感。进行添加杂色和高斯模糊处理即可，数值自行尝试，对中间进行减淡涂抹处理。

03 去除绘制图案中多余的部分，选中“金属外壳”图层，建立如图 9-71 所示的选区，使用 Backspace 或者 Delete 键删除这一部分图像，效果如图 9-72 所示。

图 9-70　建立选区并填充

图 9-71　建立选区

图 9-72　删除图像

04 重复上一步的操作，对如图 9-73 至图 9-75 所示区域图像进行抠除。注意选择相对应的图层。

图 9-73　抠除图像 1

图 9-74　抠除图像 2

图 9-75　抠除图像 3

05 接下来为耳机添加如图 9-76 所标注的被遮挡处的阴影。大致有两种方法：一种是新建图层，建立选区填充渐变，然后改变图层透明度（或者改变混合模式为“正片叠底”）；另一种是建立选区后使用“加深工具”和“减淡工具”对选区进行涂抹，这两种方法在前几章中都被广泛使用，可以根据自己的喜好选用。

06 新建如图 9-77 所示的选区，“羽化”设置为 30 像素，填充一个由黑到深灰的线性渐变，然后为图层添加一个由白到黑的径向渐变蒙版，效果如图 9-78 和图 9-79 所示。

图 9-76 添加阴影

图 9-77 建立选区填充渐变

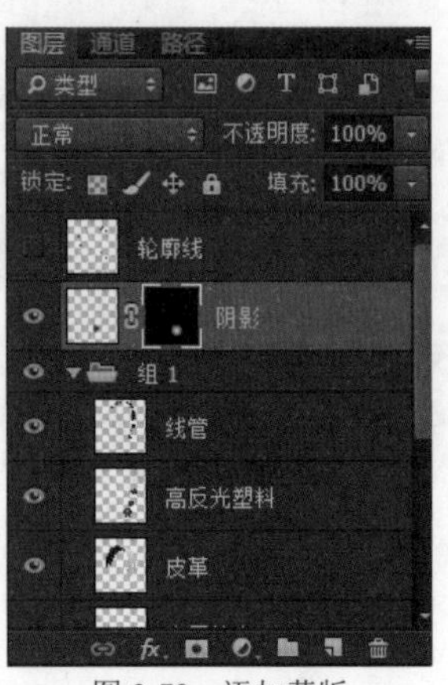

图 9-78 添加蒙版

07 添加高光的方法与添加阴影的方法完全一致，只是将其中的黑色变成白色。如图 9-80 和图 9-81 所示为图像添加高光，效果的控制取决于对图层蒙版渐变的添加。

图 9-79 阴影完成效果

图 9-80 建立选区并填充

图 9-81 添加图层蒙版

08 将高光效果按照图 9-82 所示进行添加，注意边沿处的高光，这一类型的高光过多，就不过多赘述了，自行把握调节，最终效果如图 9-83 所示。

图 9-82 添加高光示意图

图 9-83 高光完成效果

09 耳机的基本表现已经完成，接下来需要为皮革部分添加细节。在“皮革”图层上方，新建一个图层。使用“钢笔工具”勾画路径，然后使用画笔描边路径绘制如图 9-84 所示的曲线，画笔“半径”设置为 10 像素，最后为图层添加蒙版，拉一个线性渐变，让曲线实现上浅下深的效果，如图 9-85 所示。

图 9-84　绘制曲线

图 9-85　添加蒙版

10 将图层“不透明度”设置为 50%，使用“橡皮擦工具”擦除曲线上的部分线段至如图 9-86 所示的效果，使用相同的方法，对剩余部分的图像进行绘制，最终的完成效果如图 9-87 所示。方法虽然简单，但是过程较为烦琐细碎，要多花些时间，细心谨慎地完成，接着使用“加深工具”对绘制线条右侧的皮革部分进行加深涂抹，最终效果如图 9-88 所示。

图 9-86　绘制细节

图 9-87　最终效果

图 9-88　皮革装饰效果

11 皮革的反面和正面一样，也是不平整的，同样需要建立选区（注意羽化一定像素），加深简单涂抹处理，让效果突显出来，如图 9-89 所示，建立选区并进行加深涂抹，最终的完成效果如图 9-90 所示。

图 9-89　建立选区并加深涂抹

图 9-90　细化皮革背面效果

12 为耳机添加 Logo，添加的字母自由发挥，最后是选中所有图层按组合键 Ctrl+G 编在一个组内。再复制这个组，将原组隐藏，方便修改，复制的组合并为一个图层。使用“模糊工具”模糊处理边界，更显真实，最后为整体添加一个阴影效果，完成效果如图 9-91 所示。

图 9-91　完成效果

9.3　本章小结

本章通过对头戴式耳机的效果图绘制，学习了一些软性材料的绘制方法，同时复习和巩固了金属和塑料等之前学习过的绘制方法以及技巧。本章的难点在于海绵材质的体现，这类表现效果无法通过单一滤镜表现，需要多个滤镜的叠加使用，这一过程需要反复尝试，不断思考，才能得到最终的理想效果。再加上这一类产品小细节较多，需要繁杂的过程来完善，才能得到最终完整的效果图。

通过之前的学习可以看出，一种材质效果的表现，并不是在一个图层中完成的，一般都需要通过几个图层叠加来完成，而且需要通过多种调节方式达到较为满意的效果。根据笔者的经验，用 Photoshop 的时候不能心急，要有足够的耐心，一步一步地来，很多效果不是一下子就可以画出来的。同时在画的过程中，要注意给自己留出以后修改调节的空间。

第 10 章 跑车设计表现

跑车的英文是 Sports Car，属于一种底盘低矮、线条流畅、动力突出的汽车类型，其最大特点是不断追求速度极限。跑车往往个性张扬，灵动的曲线勾勒出矫健的车身，强烈的运动特性在外形上特别突出。由于追求一种速度高、阻力小的炫酷速度感，现有市面上大多数的跑车造型都具有外形动感和线条流畅的特点。自 20 世纪末电子技术的蓬勃发展，改变了传统跑车设计的思路。更多的电子元素被融入跑车设计中，速度性能与外形体验这两项传统的跑车设计追求被渐渐弱化了。更多仅仅是为了用于享受的设备被融入其中。跑车从一种纯粹追求速度的收藏品变成了个人享受的工具。正是随着这种性质化的改变，使得跑车制造也进一步扩大了自己的消费群体。而时尚成为当今跑车除速度外的终极追求。犀利的棱角，多变的线条，张扬的色彩都是跑车的鲜明标志，如图 10-1 所示。

图 10-1　跑车效果表现图

10.1　跑车的介绍

跑车的目的在于“把赛车运动带入家庭生活”，它给了很多痴迷赛车运动的人体验赛车手的机会。所以跑车速度快，阻力小，车身轻便，动力出色，发动机的动力强于普通汽车，这也是跑车所独有的特点。跑车代表的是一种满怀希望的前进精神。无论是兰博基尼（Lamborghini）、法拉利（Ferrari）还是宝马（BMW）、奔驰（Benz），设计理念都大胆而前卫。跑车的设计需要设计师具有高度的审美敏感性，超常的空间层次感，对材料价值的重视，环境形象的连贯知觉，以及杰出悠久的工艺和技术传统。跑车的分类有很多种，按车身结构可分为轿跑、敞篷跑车、双门跑车等，按价值可分为平民跑车、豪华跑车、超级跑车等。一般的跑车车身为双门式，即只有左右两个车门，设有两个座位，车顶为可以折叠的软质顶篷或者硬顶。但跑车也存在一定的缺点，即车身低矮，通过性较差。

10.2 绘制效果图

跑车的表现重点如图 10-2 所示。

图 10-2 表现图重点

跑车的构成轮廓线以曲线为主，由于其细节较多，表现较难，光影较复杂，所以绘制具有较高的难度，故绘制时需按照不同的部位单独绘制，并最终进行效果的组合与调整。在整体上，跑车由喷漆、玻璃、钢制和胶皮 4 种材料构成，其中红色的车漆和黑色的车窗是高反光材料，车轮的钢制轮毂是亚反光材料，轮胎是非反光材料，要分别着重表现出材质的区别感，再加上对车灯、车前脸、车排气扇、车进气口、车窗的细节刻画，才能将跑车的真实感和整体感表现出来。绘制过程中对光影关系的协调是重点，也是本次绘制最大的难点。

在绘制过程中，我们将红色跑车分为车体、车前脸、车轮和车灯 4 个大部分，如图 10-3 所示，分别进行精细的绘制，其中车体分为车主体、车窗、车排气扇、进气孔、车反光镜等，这些部分要分别刻画。特别需要注意的是，轮胎部分的刻画需要不断地揣摩修改，才能实现轮胎胶皮的真实效果。

图 10-3 分部位绘制

10.2.1 绘制轮廓线

01 新建一个文件。打开 Photoshop 软件，按组合键 Ctrl+N, 在弹出的“新建”对话框中，设置文件的“宽度”为 42 厘米、“高度”为 29.7 厘米、“分辨率”为 300 像素 / 英寸，并将其命名为“跑车”。由于是绘制在电子显示器端的图片，所以将“颜色模式”设置为“RGB 颜色”模式，如图 10-4 所示。

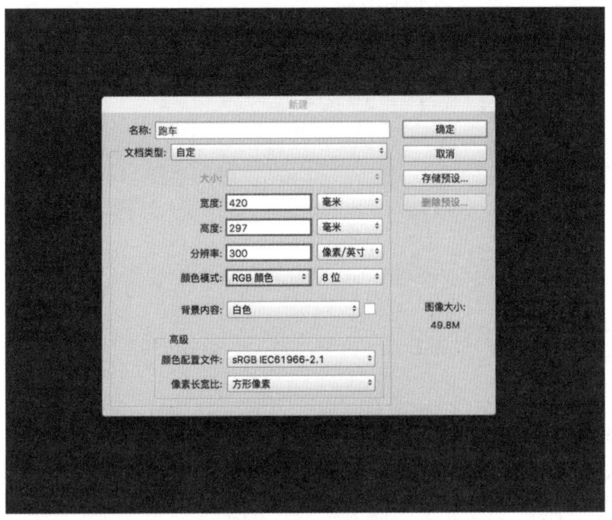

图 10-4　新建文件

02 创建一个图层，命名为“轮廓线”，如图 10-5 所示。按照图 10-6 红色圈出部分，选用工具栏中的“钢笔工具”，描绘出跑车的外轮廓，效果如图 10-7 所示。在这一过程中，使用尽可能少的锚点可以使跑车的曲线流畅自然。由于跑车的轮廓线很难凭空绘制出来，且把握正确的透视关系和比例尺度较难，所以在绘制效果图前，一定要将事先手绘的草图或者原图置于“轮廓线”图层之下，这样可以节省大量的时间。虽然是最基础的步骤，但也要保证绘制形状的准确，为后续的步骤提供便利，最终效果如图 10-8 所示。

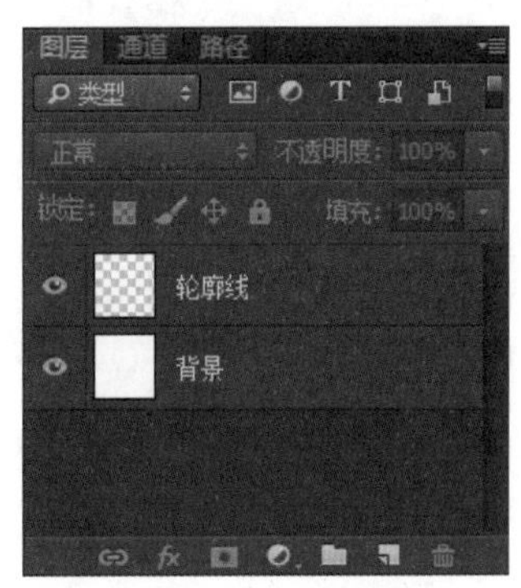

图 10-5　新建图层

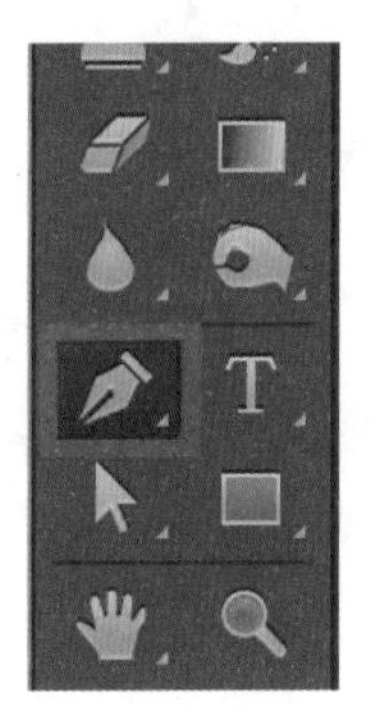

图 10-6　选用“钢笔工具”

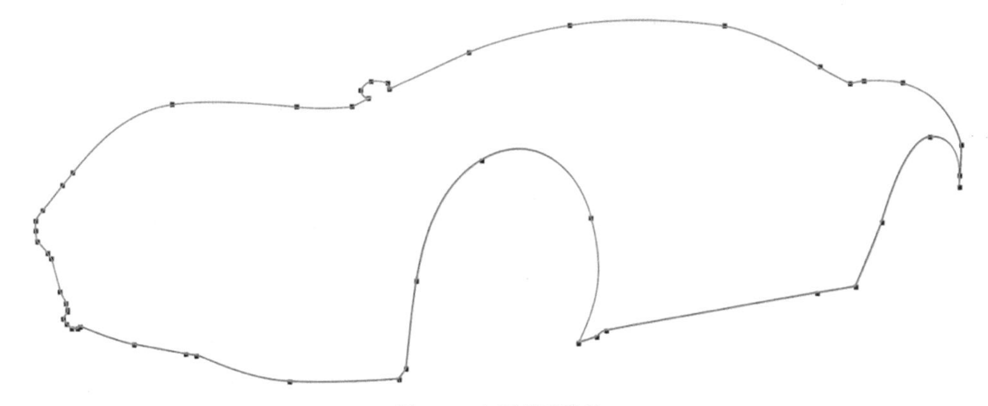

图 10-7　勾画轮廓路径

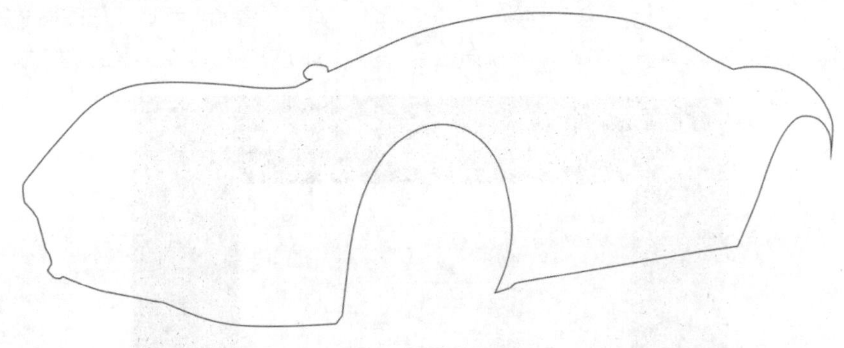

图 10-8　描边轮廓形状

路径的绘制工具包含 5 种不同的工具，灵活使用可以提高绘制效果图的效率。“钢笔工具”可以创建由一个或者多个锚点控制的精确的直线和平滑流畅的曲线。“自由钢笔工具”可以自由地绘制出线条或者形状。“添加锚点”可以在现有的路径上添加锚点。“删除锚点”可以在现有的路径上删除锚点。“转换点”可以使锚点在平滑点和角点之间任意转换。

路径可以通过“路径”面板来进行显示和管理。执行“窗口”|“路径”菜单命令，即可打开“路径”面板。“路径”面板中有 3 种类型的路径：工作路径、新建路径和矢量蒙版。需要特别注意的是，工作路径是出现在“路径”面板中的临时路径，一个图像中只有一个。如果不将工作路径保存（转换为新建路径），那么在取消选择并再一次使用路径绘制工具绘制路径时，新的路径就会代替原有的路径。

03 在上一步的基础上，对跑车的车窗、车灯和前脸进行绘制，如图 10-9 所示。选用“钢笔工具”绘制车体，内部结构线绘制越明晰，后续绘制步骤会越明确，详细过程如图 10-10 至图 10-12 所示。

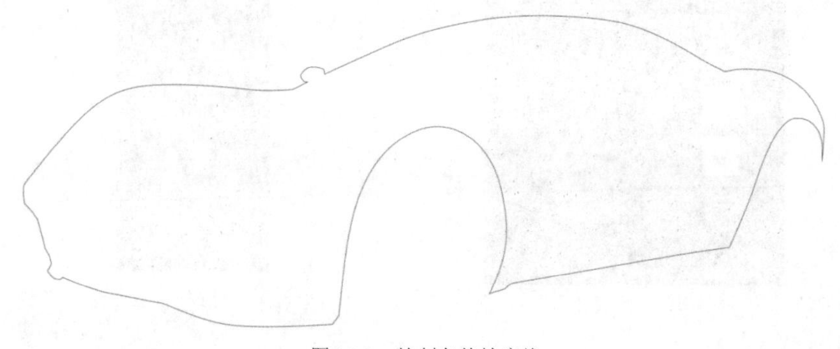

图 10-9　绘制车体轮廓线

图 10-10　绘制车窗结构线

图 10-11　绘制车灯结构线

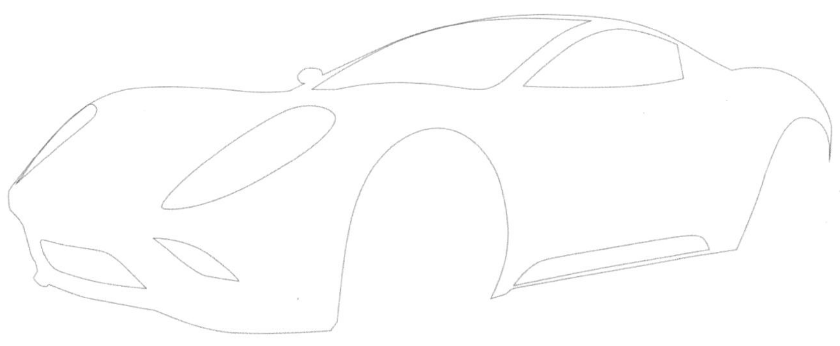

图 10-12　绘制车前脸结构线

10.2.2　绘制跑车

1. 绘制跑车的车体部分（红色车身、车窗、后视镜、排气扇和进气孔）

首先绘制的是跑车的主体，即红色喷漆车体部分，其中包括红色车身、车窗、后视镜、车排气扇、进气孔等多处细节，是跑车绘制中体积最大的部分，也是整个绘制过程的关键。

1) 绘制跑车红色车身

(1) 填充车身红色

创建一个组，命名为“车身”，在该组内按组合键 Ctrl+J 建立一个新图层，命名为“图层 1”，第一步自然是使用“钢笔工具”勾画出跑车主体的路径。该部件的形状较为复杂，需要仔细调节曲线，以保证其流畅、自然。在上一步勾画路径的基础上，单击鼠标右键，在弹出的快捷菜单中选择“建立选区”命令，设置“羽化”为 2 像素，如图 10-13 所示。然后为选区填充深红色，色值为 (CMYK:28 100 100 1)，也可以自行调节，直至达到理想的效果，最终效果如图 10-14 所示。

创建矢量蒙版
删除路径
定义自定形状...
建立选区...
通过形状新建参考线
填充路径...
描边路径...
剪贴路径...
自由变换点
统一形状
减去顶层形状
统一重叠处形状
减去重叠处形状
拷贝填充
拷贝完整描边
粘贴填充
粘贴完整描边
隔离图层
将路径转换为凸出
从路径创建约束

图 10-13　建立选区

图 10-14　填充选区

(2) 绘制车窗和车灯轮廓，确定车身高光位置

新建图层，命名为“图层 2”。使用“钢笔工具”勾画出车窗和车灯的轮廓，单击鼠标右键，在弹出的快捷菜单中选择“建立选区”命令，填充为黑色，如图 10-15 所示。之所以选择车窗与车灯部分进行颜色填充，并将其置于所有图层顶部，是为确定车身的高光位置做准备，如图 10-16 所示。

图 10-15　填充车窗、车灯选区

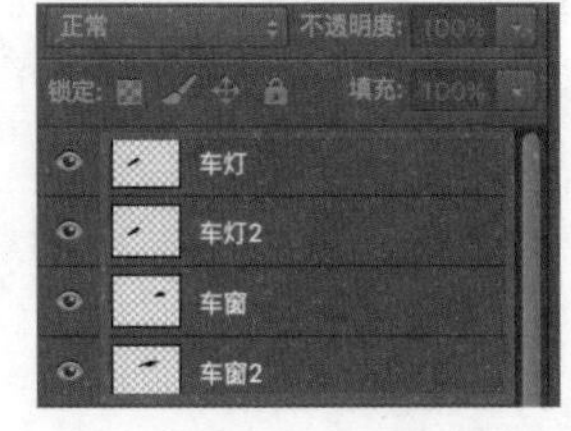

图 10-16　将车窗、车灯图层置于顶部

(3) 绘制车身渐变效果

01 新建一个图层，命名为“图层 3”，用来绘制车身渐变。由于车身底部处于光线照射暗面，故用渐变拉伸突显出车体的立体感。使用“钢笔工具”勾画出车身渐变部分的轮廓，如图 10-17 所示，单击鼠标右键，在弹出的快捷菜单中选择“建立选区”命令，使用“渐变工具”进行颜色的填充拉伸，如图 10-18 所示，颜色分别为 (CMYK:50 82 69 12) 和 (CMYK:24 93 81 0)，之后进行渐变色的调整，如图 10-19 所示，最终实现如图 10-20 所示的效果。

注意　填充路径必须在普通图层中进行，系统默认使用前景色填充闭合路径包围区域。对于开放路径，系统将会使用最短的直线先将路径闭合，然后在闭合的区域内进行填充。

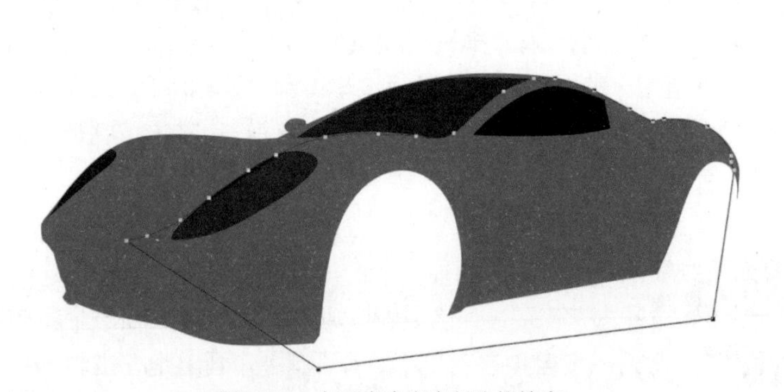

图 10-17　勾画车身渐变部分的轮廓

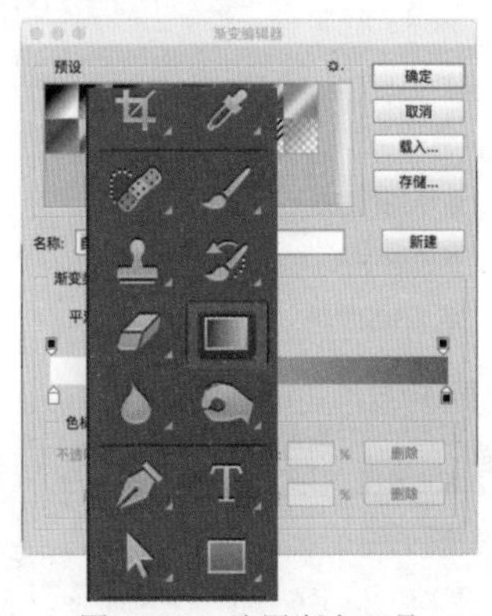

图 10-18　选用渐变工具

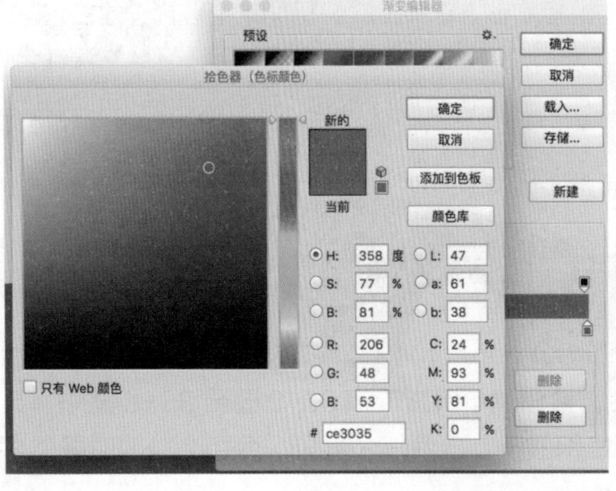

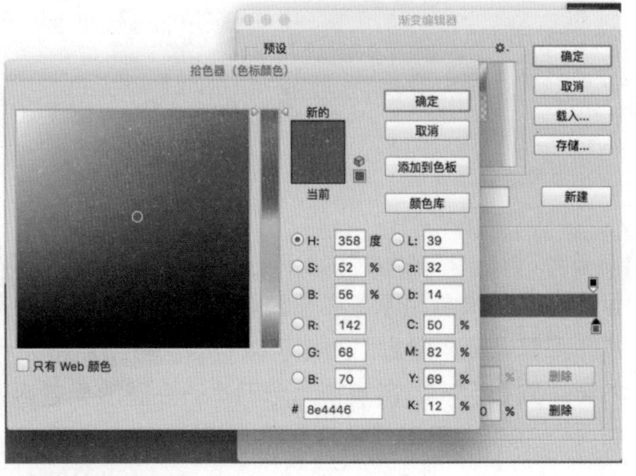

图 10-19　渐变色调整的左右色值

02 将组“车身”内的“图层 1”复制得到“图层 1 副本”，将渐变填充的“图层 3”与“图层 1 副本”进行创建剪贴蒙版操作。具体方法是将渐变填充“图层 3”置于复制得到的“图层 1 副本”上方，选择渐变填充得到的“图层 3”，单击右键，在弹出的快捷菜单中选择“创建剪贴蒙版”命令，如图 10-21 所示，得到如图 10-22 所示的效果。

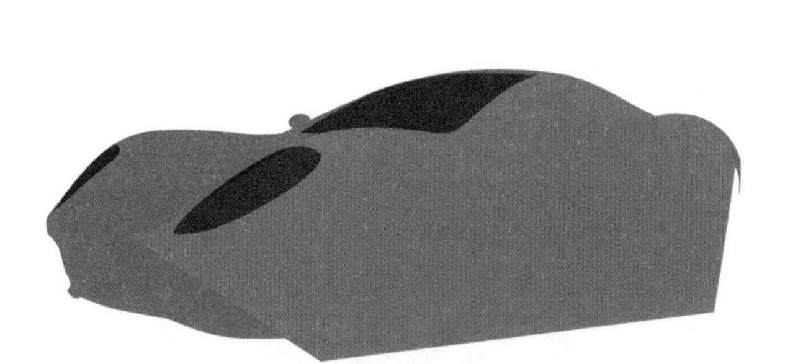

图 10-20　渐变色最终拉伸效果

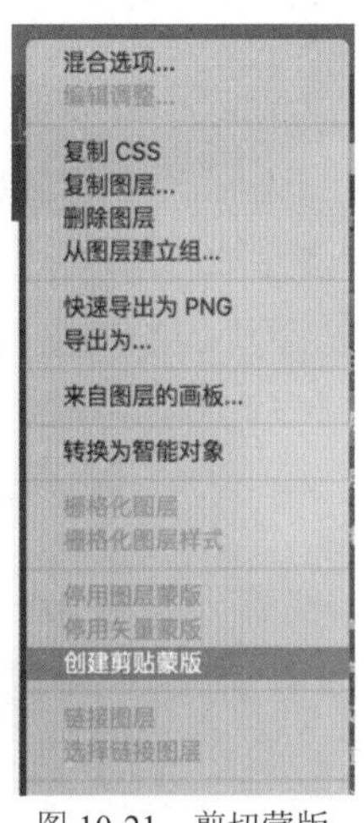

图 10-21　剪切蒙版

03 使用“画笔工具”，将前景色依次调为白色与黑色，按照目的效果进行明暗效果调整，突显出跑车的立体感，得到如图 10-23 所示的效果。

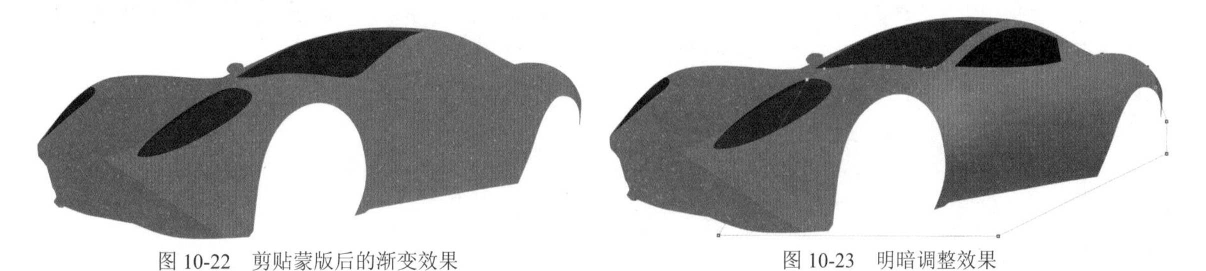

图 10-22　剪贴蒙版后的渐变效果　　图 10-23　明暗调整效果

(4) 绘制高光部分

01 使用“钢笔工具”，将上一步骤中绘制的路径转换为选区，新建一个高光图层，命名为“图层 4”。在新建图层上使用“画笔工具”，如图 10-24 所示，调整画笔大小，在选区的上边缘处进行绘制，调整“不透明度”及“流量”大小，如图 10-25 所示，达到如图 10-26 所示的效果。

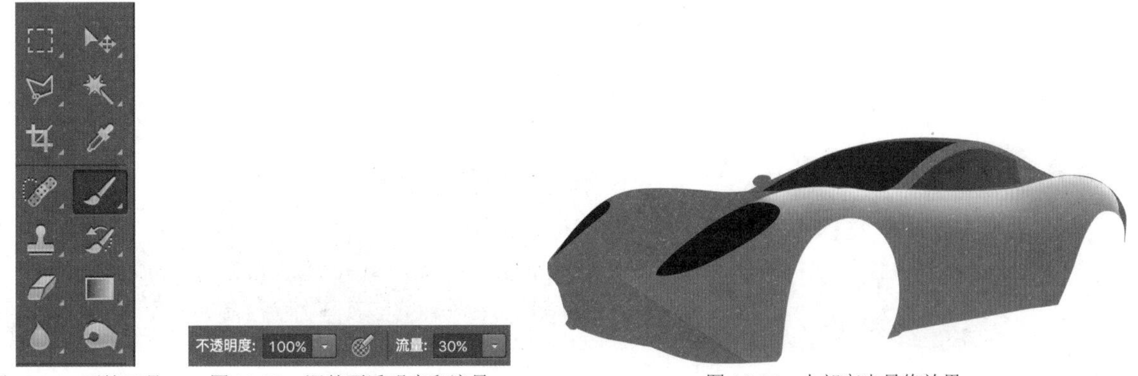

图 10-24　画笔工具　　图 10-25　调整不透明度和流量　　图 10-26　上部高光最终效果

02 使用“钢笔工具”勾画出如图 10-27 所示的选区，填充粉白颜色，色值为 (CMYK:0 73 45 0) 并使用“画笔工具”将前景色填充为白色，调整画笔大小，在选区的边缘进行绘制，达到如图 10-28 所示的效果。

图 10-27 高光部分建立选区

图 10-28 选区边缘添加粉白颜色效果

03 使用“钢笔工具”绘制如图 10-29 所示的选区，并使用黑色进行填色，然后执行“滤镜”|“模糊”|“高斯模糊”菜单命令，进行模糊处理。模糊“半径”调整到 0.9 像素，如图 10-30 所示。将“图层”面板中的混合模式设置为“正片叠底”，设置“不透明度”为 24%、“填充”为 62%，如图 10-31 所示。

图 10-29 建立选区

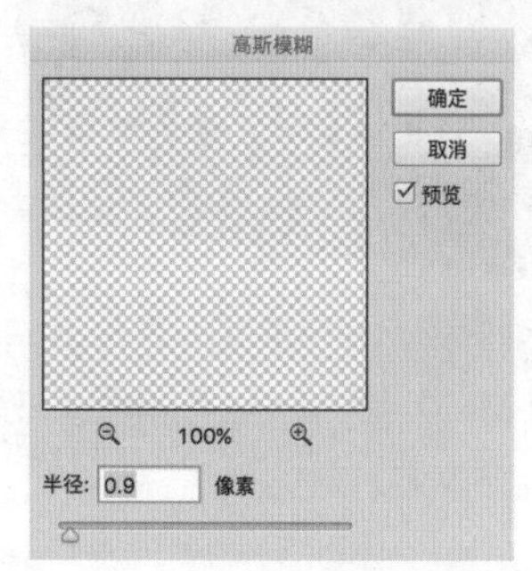

图 10-30 调整模糊半径

图 10-31 调整模式

提示 高斯模糊中的“高斯曲线”是指当 Photoshop 将加权平均应用于像素时生成的钟形曲线。“高斯模糊”滤镜使用高斯曲线来分布图像中的像素信息，从而产生一种朦胧的效果。高斯模糊只需调整模糊半径即可控制模糊范围，由于操作简单，效果明显，在产品效果图的绘制中被广泛应用。

04 图层的混合模式决定了图层中的像素如何与图像中的下层像素进行混合。使用不同的混合模式可以创建各种不同的图层堆叠效果。使用“正片叠底”混合模式时，系统查看每个通道中的颜色信息将颜色相叠加，绘制结果的颜色与底色相乘。任何颜色与黑色叠加都会成为黑色，与白色叠加则不会有任何变化。“正片叠底”混合模式适用于以下场合：加强曝光过度的影像浓度；只希望将上层颜色的暗色部分保留下，白色部分不起作用；将黑白线稿混合在图像上时。

05 使用“钢笔工具”勾画出如图 10-32 所示的选区，新建图层，使用白色的“画笔工具”，调整“大小”和“流量”，在选区边缘处绘制，得到如图 10-33 所示的效果。

图 10-32 钢笔建立选区

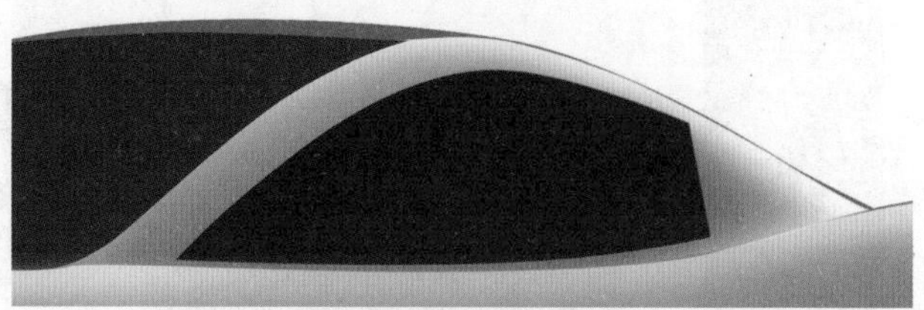

图 10-33 调整效果

06 新建图层，命名为“图层 5”，使用“钢笔工具”绘制如图 10-34 所示的路径，右击鼠标，将其转换为选区，然后使用白色画笔工具，在选区内进行绘制，将开始的车体填色的图层复制，移动到新建图层的下方，并与新建图层进行“创建剪贴蒙版”操作，使得绘制的白色高光限制在车体内，得到如图 10-35 所示的效果。

图 10-34　勾选出高光轮廓

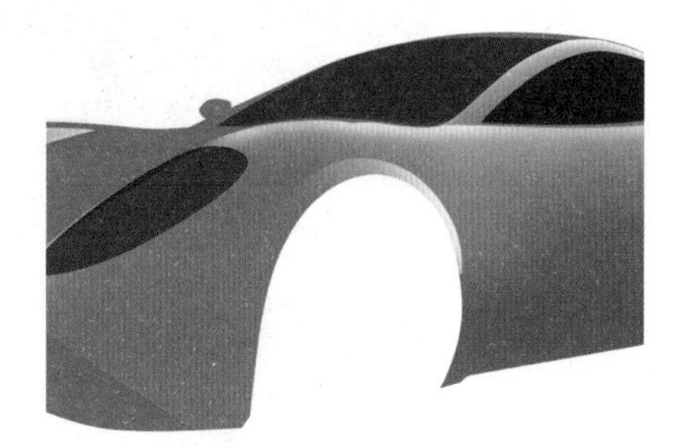

图 10-35　白色高光最终效果

07 同理，新建图层，使用“钢笔工具”建立如图 10-36 所示的选区，使用颜色 (CMYK:33 96 93 1) 填充，并在选区内使用“画笔工具”，前景色填充为白色，将“硬度”调整为 0%，不断调整画笔“大小”，“不透明度”以及“流量”，以达到如图 10-37 所示的效果。

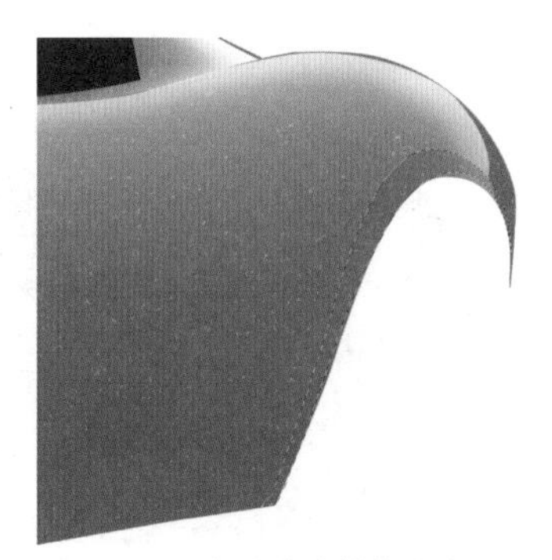

图 10-36　高光轮廓转换为选区

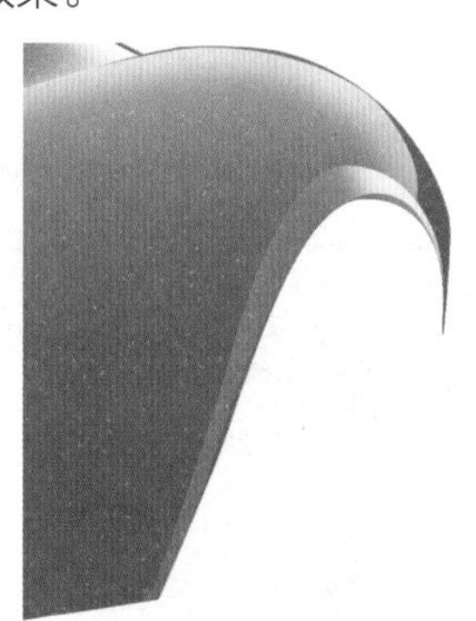

图 10-37　白色高光最终效果

08 新建图层，使用“钢笔工具”绘制如图 10-38 所示的路径，转换为选区，填充颜色 (CMYK:59 100 100 54)；新建图层，使用“钢笔工具”绘制如图 10-39 所示的路径，转换为选区，填充颜色 (CMYK:53 100 100 40)；新建图层，使用“钢笔工具”绘制如图 10-40 所示的路径，转换为选区，填充颜色 (CMYK:47 100 100 19)，效果如图 10-41 所示；新建图层，建立如图 10-42 所示的选区，使用颜色 (CMYK:43 100 100 11) 进行填充。

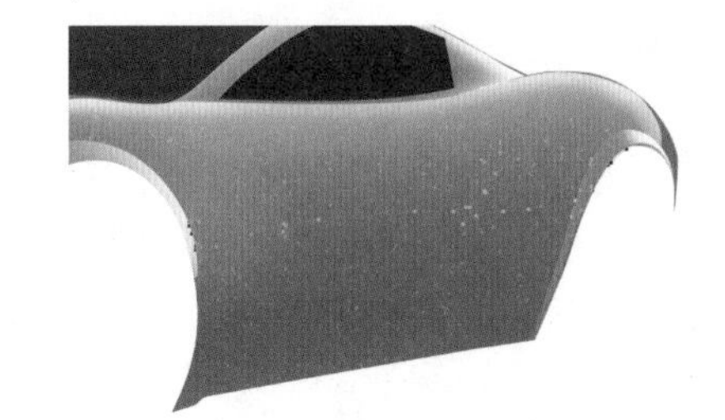

图 10-38　勾画反光路径 1

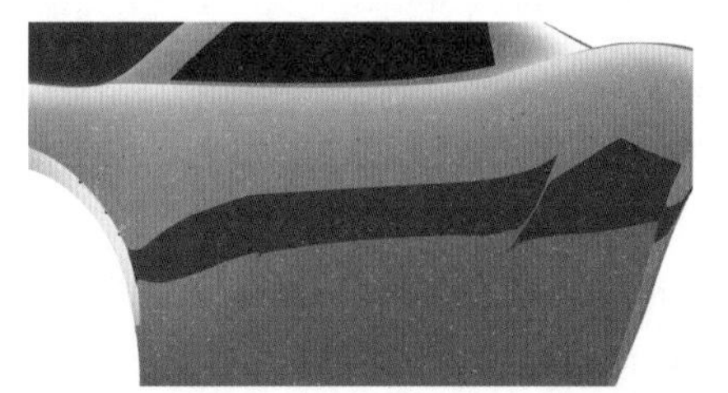

图 10-39　勾画反光路径 2

图 10-40　勾画反光路径 3

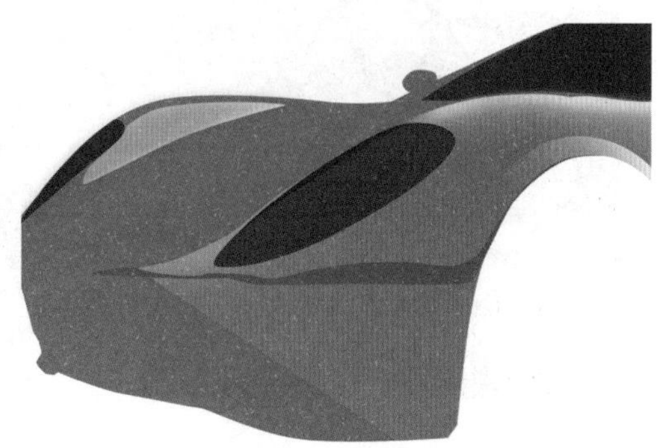

图 10-41　反光效果

图 10-42 勾画反光路径 4

09 新建图层，使用“钢笔工具”绘制如图 10-43 所示的路径，建立选区，调整前景色为 (CMYK:12 99 100 0)，对车头进行提亮操作，画笔“硬度”调整为 0，“流量”调整为 20%，最终效果如图 10-44 所示。

图 10-43 勾画车头亮部路径

图 10-44 车头提亮效果

2) 绘制跑车车窗

(1) 绘制侧车窗

建立新的组，命名为“车窗”，在该组内按组合键 Ctrl+J 建立新图层，命名为“图层 1”，将之前使用“钢笔工具”勾画出的车窗轮廓移至该图层下，方便进一步绘制。选择移动后的图层，单击鼠标右键，在弹出的快捷菜单中选择“载入选区”命令，使用画笔，将前景色调整为白色，调节画笔的“大小”“不透明度”及“流量”，对侧面车窗进行绘制，主要绘制区域在侧面车窗的中部，如图 10-45 所示。

(2) 绘制前车窗

在组“车窗”内创建新图层，命名为“图层 2”，并将之前使用“钢笔工具”勾画出的车窗轮廓移至该图层下，方便进一步绘制。使用“钢笔工具”，绘制并建立如图 10-46 所示的选区，使用“画笔工具”，将前景色填充为白色，调整画笔“大小”“流量”和“不透明度”进行绘制，并将图层与下面的图层进行“创建剪贴蒙版”操作，达到如图 10-47 所示的效果。

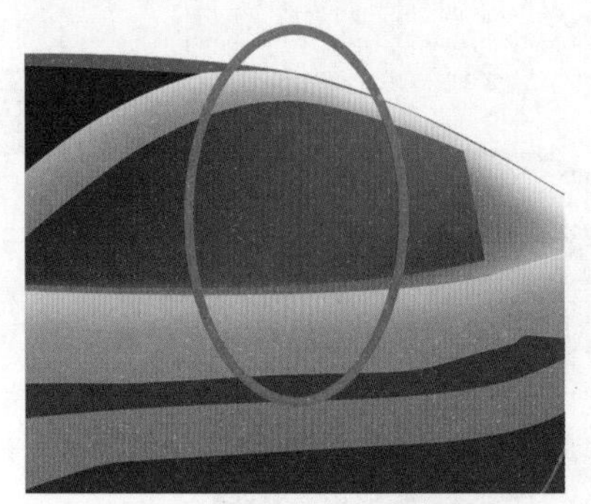

图 10-45 绘制侧车窗中部

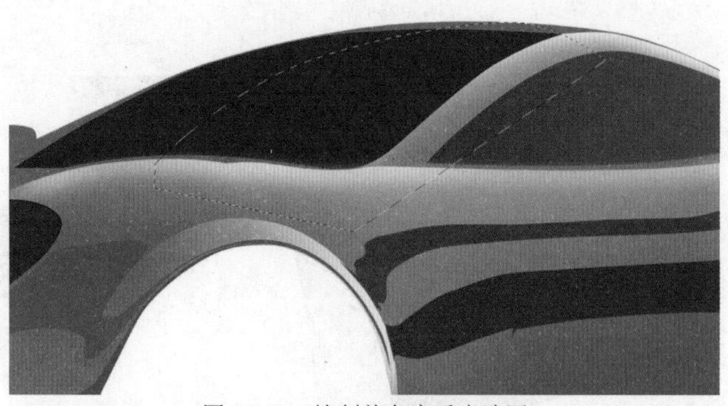

图 10-46 绘制前车窗反光选区

3) 绘制进气孔部分

01 建立新的组，命名为“进气孔”，在该组内建立新图层，命名为“图层 1”。使用“钢笔工具”进行绘制，建立如图 10-48 所示的形状。新建白色高光部分图层，命名为“图层 2”，将绘制的路径转换为选区，将前景色调为白色，调整画笔大小，使用“画笔工具”将选区的下半部分沿着选区边沿绘制白色高光，形成一种立体感，效果如图 10-49 所示。新建黑色部分图层，命名为“图层 3”，将前景色调为黑色，在选区内使用“画笔工具”将选区上部分涂黑，作为进气孔的部分，形成如图 10-50 所示的效果。

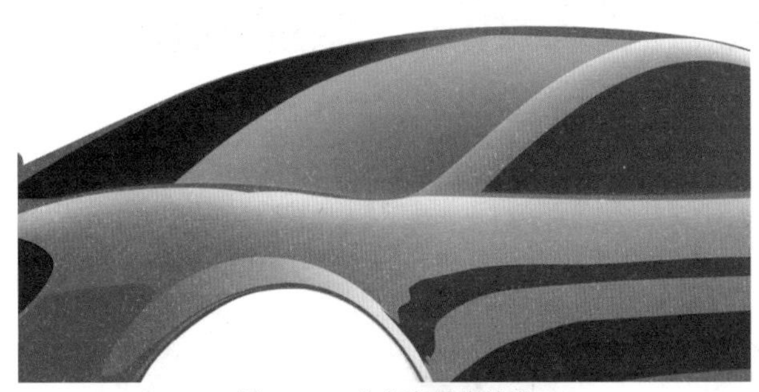

图 10-47　前车窗最终效果

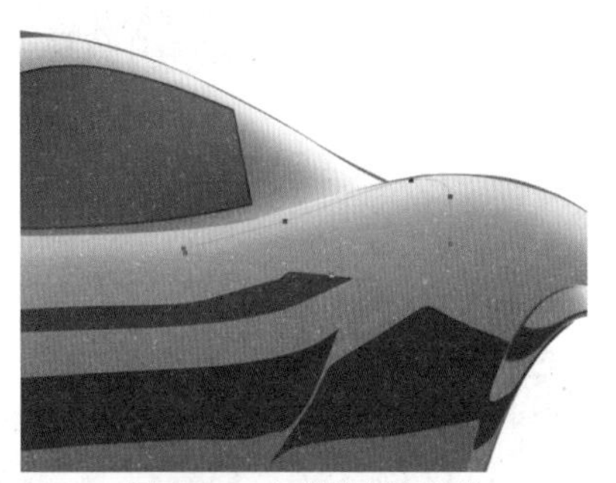

图 10-48　勾选进气孔形状

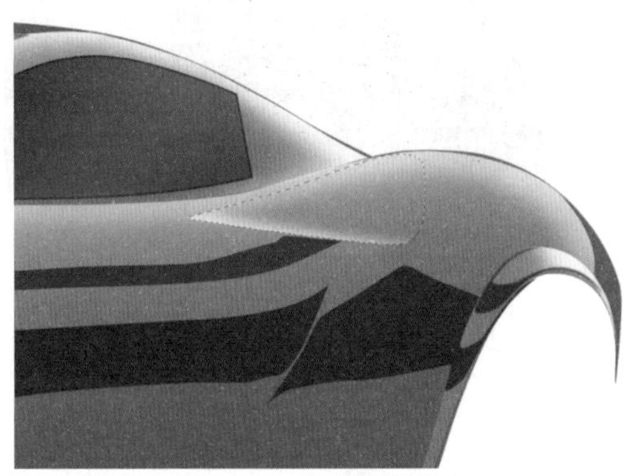

图 10-49　白色画笔效果

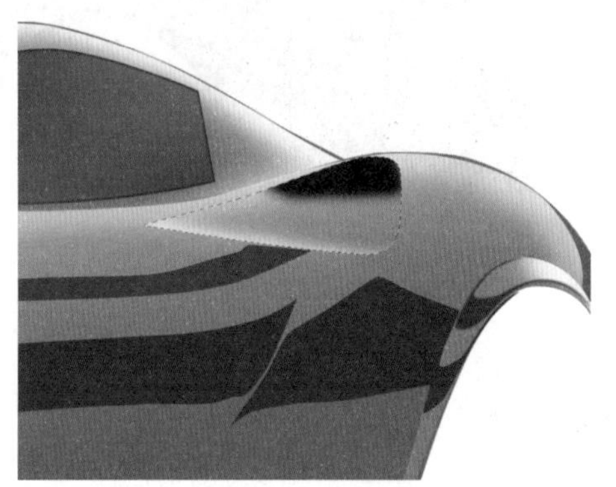

图 10-50　黑色画笔效果

02 新建“图层 4”，使用“钢笔工具”绘制出如图 10-51 所示的形状并转换为选区，填充颜色(CMYK:10 97 100 0)。将所建图层移至白色高光“图层 2”与黑色部分“图层 3”之间，载入进气孔图层的形状选区，建立蒙版，效果如图 10-52 所示；新建“图层 5”，将前景色调为黑色，使用“画笔工具”在所示区域绘制，使用不透明度的“画笔工具”进行绘制，得到如图 10-53 所示的效果，图中圈出的部分是画笔的主要绘制区域，绘制完成后与下方的填色图层进行“创建剪贴蒙版”操作，得到的最终效果如图 10-54 所示。

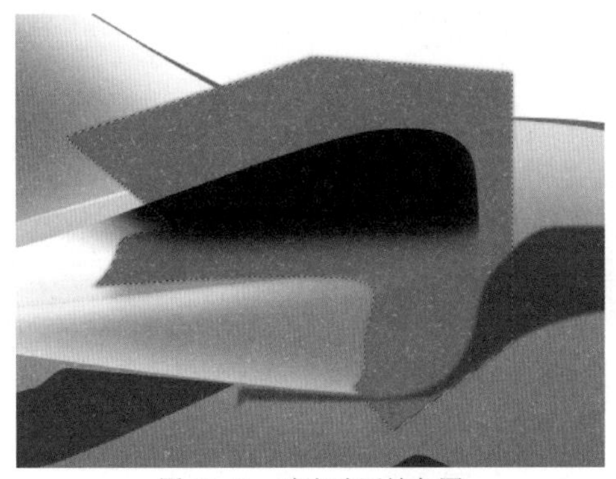

图 10-51　建立选区填色图

10-52　建立剪贴蒙版

图 10-53　选中区域

图 10-54　最终效果

03 新建“图层 6”，使用“钢笔工具”绘制如图 10-55 所示的路径，转换为选区，将前景色调至白色，使用“画笔工具”在所选区域的上部绘制白色反光区域，得到如图 10-56 所示的效果。

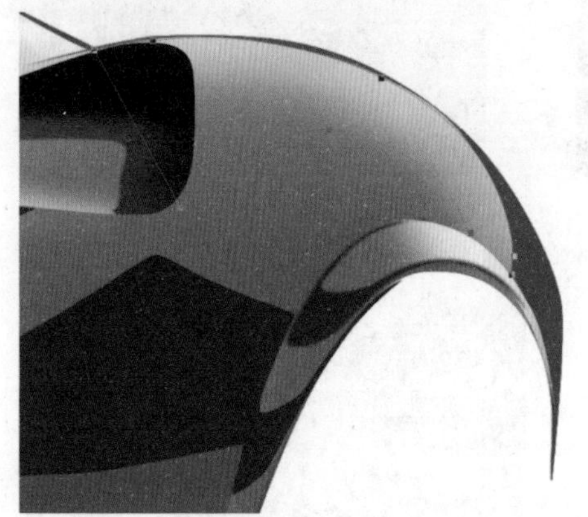
图 10-55　钢笔绘制路径

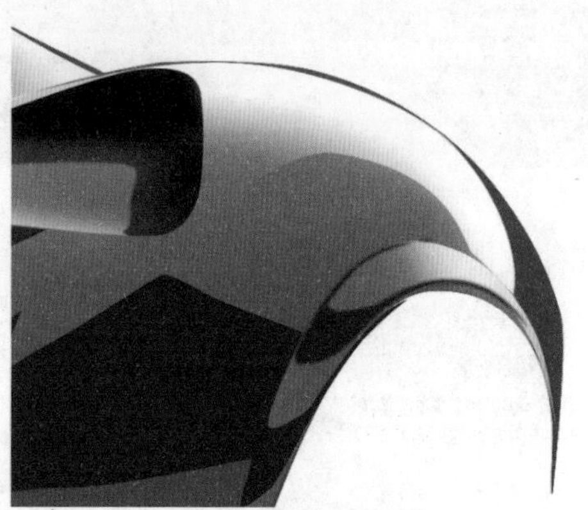
图 10-56　效果图

技术专题

熟练掌握选区的编辑方法，可以提高效果图的绘制效率。建立选区后，如果对选区的位置、大小不满意时可对选区进行移动、添加和删减操作，甚至还可以对选区进行一些变换等操作。

- 移动选区：移动选区时可以使用工具栏中的任何一个选区工具选定一个范围，当鼠标移动到选区内，鼠标指针变化后按住左键不放拖动就可以移动选区了。如果在使用鼠标移动选框的过程中按住 Shift 键不放，将会使选区按照水平、垂直和 45° 斜线方向移动；在按住 Shift 键的同时，每按一次方向键选区将会移动 10 像素；如果按住 Ctrl 键移动选区，就会移动选区内图像。
- 反选选区：执行“选择” | “反选”菜单命令，或者按组合键 Ctrl+Shift+l 进行选区反选。
- 增加选区：按住 Shift 键不放或者单击工具栏中的“添加到选区”按钮，并在图像窗口中单击并拖动鼠标拉出一个新的选区即可。
- 删减选区：按住 Alt 键不放，或者单击工具栏中的“从选区中减去”按钮，再在图像窗口中单击并拖动鼠标即可从原选区中删减这一部分。

04 新建“图层”，并使用“钢笔工具”绘制如图 10-57 所示的选区，填充颜色 (CMYK:9 69 45 0)，并执行“滤镜” | “模糊” | “高斯模糊”菜单命令，模糊“半径”设置为 1.7 像素。

4) 反光镜

绘制反光镜，首先建立一个名为“反光镜”的组。

(1) 左反光镜

01 在组内新建图层，命名为“图层 1”，使用“钢笔工具”建立如图 10-58 所示的选区，填充颜色

(CMYK:28 100 100 1)；新建图层，命名为“图层 2”，使用“钢笔工具”绘制如图 10-59 所示的路径，转换为选区，填充颜色 (CMYK:17 88 73 0)。

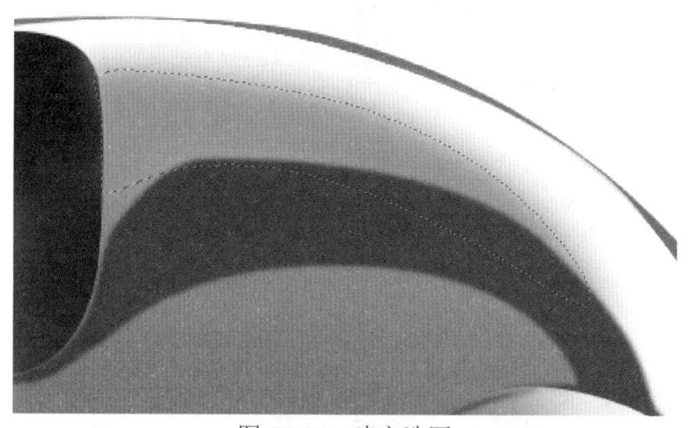
图 10-57　建立选区

图 10-58　填充颜色

02 新建图层，命名为“图层 3”，使用“钢笔工具”建立如图 10-60 所示的选区，使用黑色画笔进行绘制，调整画笔“大小”“不透明度”和“流量”，得到如图 10-61 所示的效果。白色高光部分如图 10-62 中黑色框中区域，黑色暗部如图 10-63 中红色框区域。

图 10-59　建立选区 1

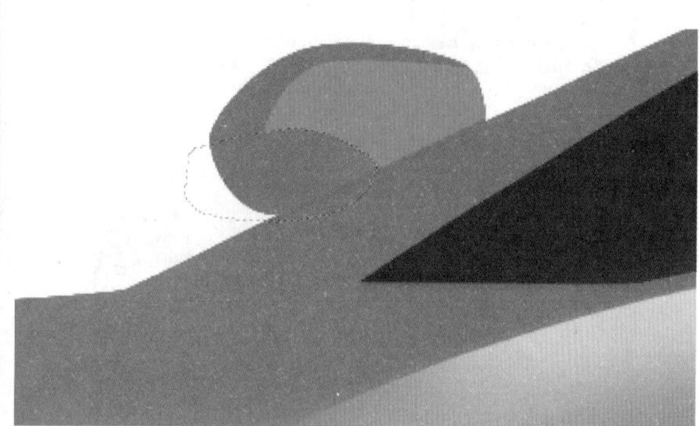
图 10-60　建立选区 2

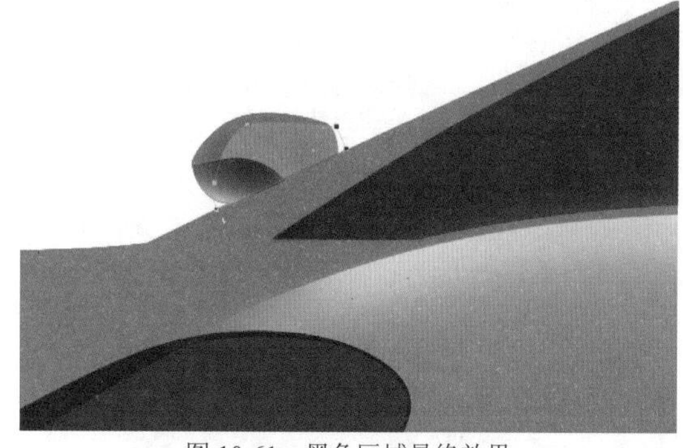
图 10-61　黑色区域最终效果

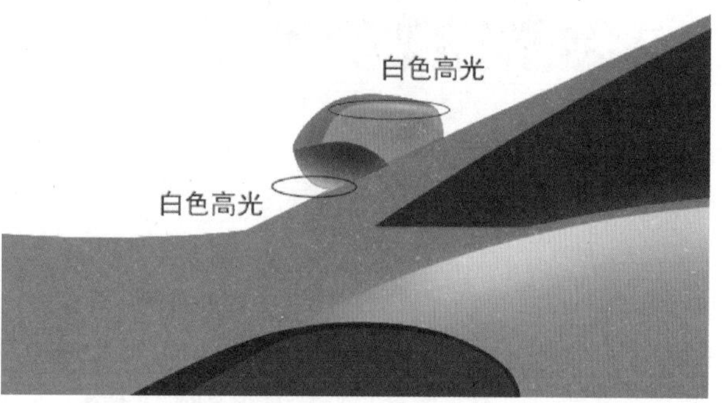

图 10-62　白色高光效果

(2) 右反光镜

01 新建基础颜色图层，命名为“图层 4”。使用“钢笔工具”绘制如图 10-64 所示的形状，填充颜色 (CMYK:21 89 74 0)，如图 10-65 所示；新建倒影颜色图层，命名为“图层 5”，使用“钢笔工具”勾画出如图 10-66 所示的形状，填充颜色 (CMYK:52 100 100 33)；新建车灯暗面图层，命名为“图层 6”，使用“钢笔工具”建立如图 10-67 所示的选区，将前景色调至黑色，使用“画笔工具”对选区进行涂抹，调整画笔“大小”“流量”和“不透明度”，达到如图 10-68 所示的效果，将基础颜色“图层 4”复制，移动到车灯暗面“图层 6”之下，并与之进行“创建剪贴蒙版”操作，得到如图 10-69 所示的效果。

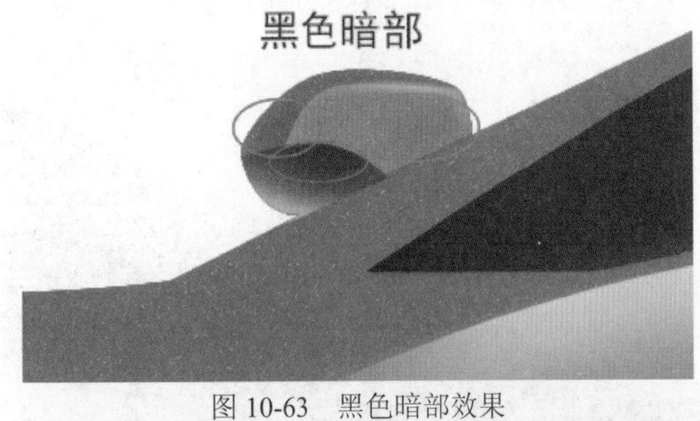

图 10-63 黑色暗部效果

图 10-64 钢笔勾选形状

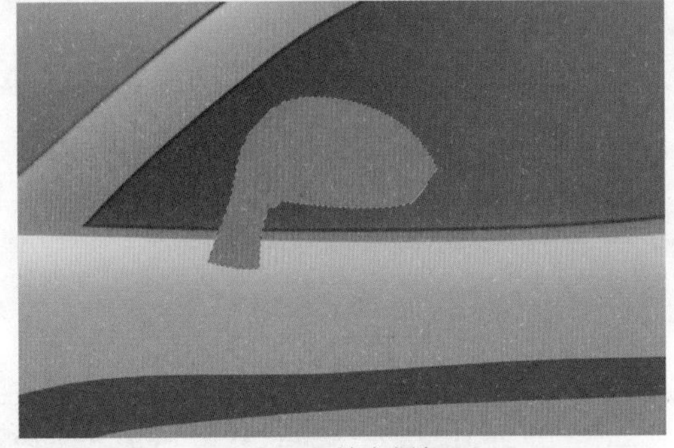

图 10-65 填充颜色

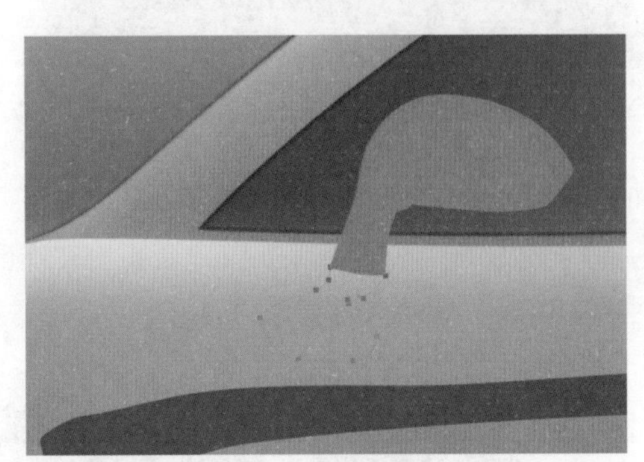

图 10-66 倒影形状

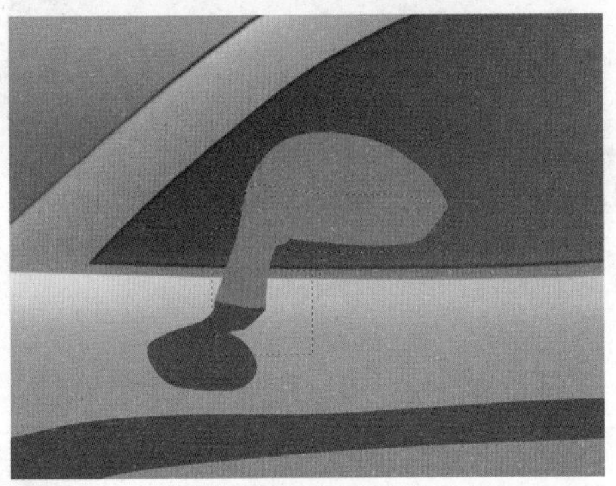

图 10-67 新建选区

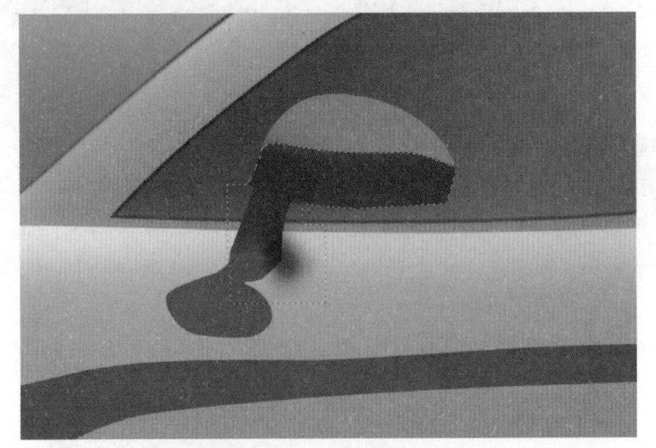

图 10-68 画笔涂抹效果

02 新建图层，命名为“图层 7”，并建立如图 10-70 所示的选区，调整前景色为 (CMYK:23 89 75 0)，使用“画笔工具”对选区进行涂抹，得到如图 10-71 所示的效果，左边深右边浅，所以在调整画笔时，右边使用画笔时将“不透明度”与“流量”调低，可以先使用较低透明度和流量的画笔工具，整体上色，之后在新建图层中将“不透明度”和“流量”调高，局部上色，由浅及深，逐层叠加，这样更容易控制最终效果。

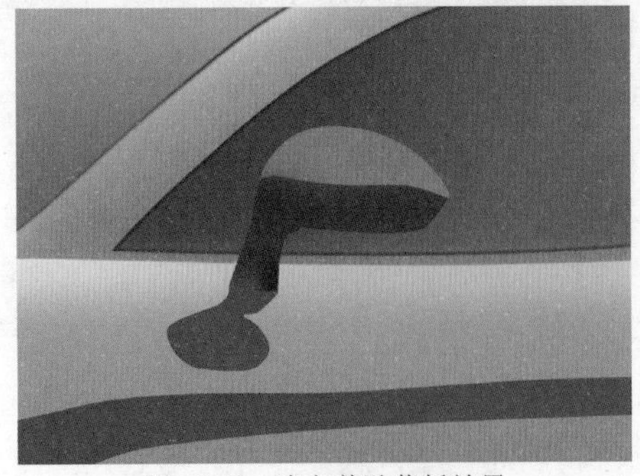

图 10-69 建立剪贴蒙版效果

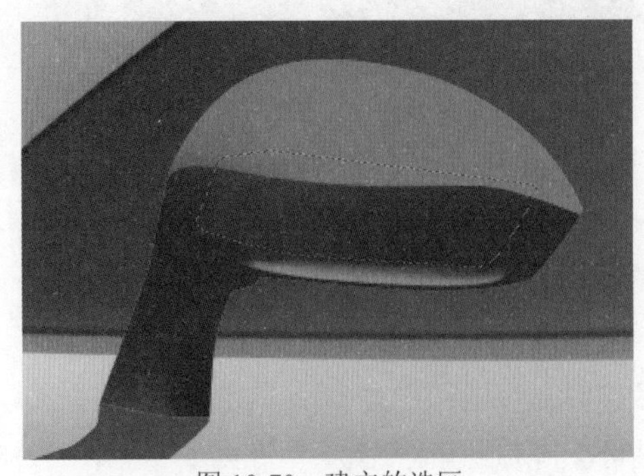

图 10-70 建立的选区

03 新建图层，命名为“图层 8”，表现出如图 10-72 所示的反光效果，具体方法是：使用“钢笔工具”勾画出红色选区，填充颜色（CMYK:23 89 76 0），如图 10-73 所示。接着，对红色反光区域上半部分进行减淡模糊的操作，直至达到如图 10-74 所示的最终反光效果。继续对调整好的反光区域进行白色高光处理，具体操作方法是：使用“钢笔工具”沿反光区域下边缘勾画形状，设置白色描边，大小为 2 点，如图 10-75 所示，将白色描边栅格化，进行高斯模糊处理，得到的最终效果如图 10-76 所示。

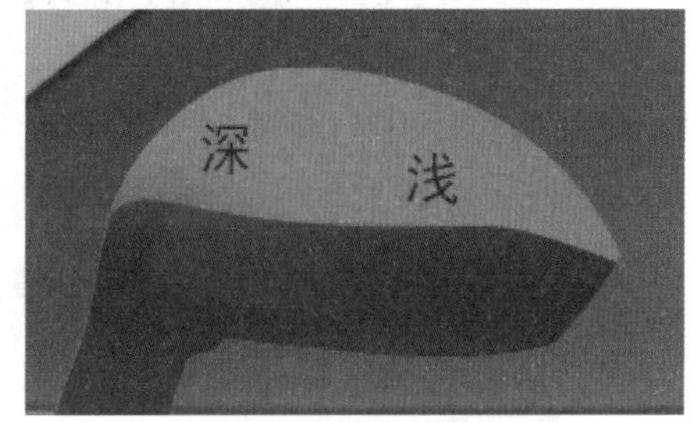

图 10-71　阴影涂抹示意图

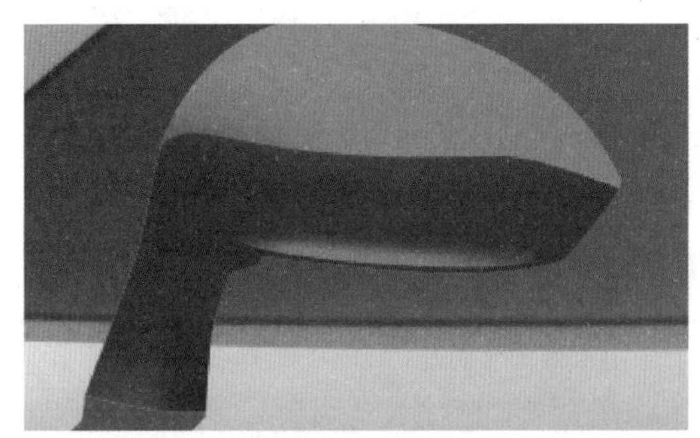
图 10-72　反光效果

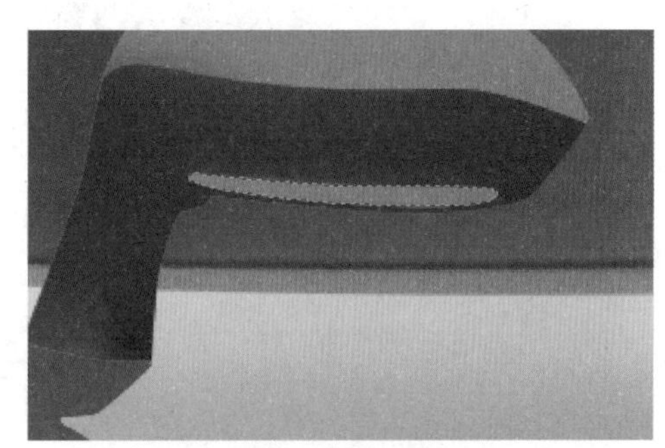
图 10-73　勾选区域

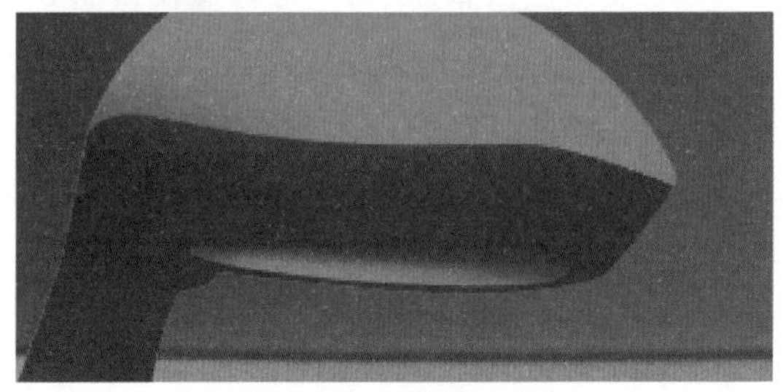
图 10-74　加深和减淡效果

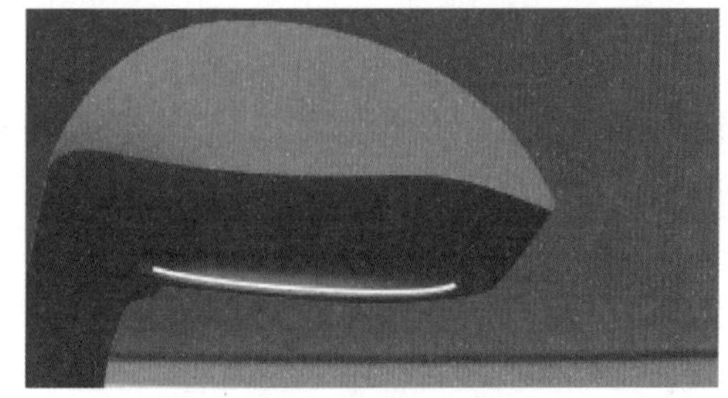
图 10-75　钢笔勾出的线条

04 新建图层，命名为“图层 9”，使用“钢笔工具”勾选如图 10-77 所示的区域，转换为选区，填充白色，执行“滤镜”|“模糊”|“高斯模糊”菜单命令，得到如图 10-78 所示的效果。接着，为此图层添加反光镜形状的蒙版，获得如图 10-79 所示的效果。

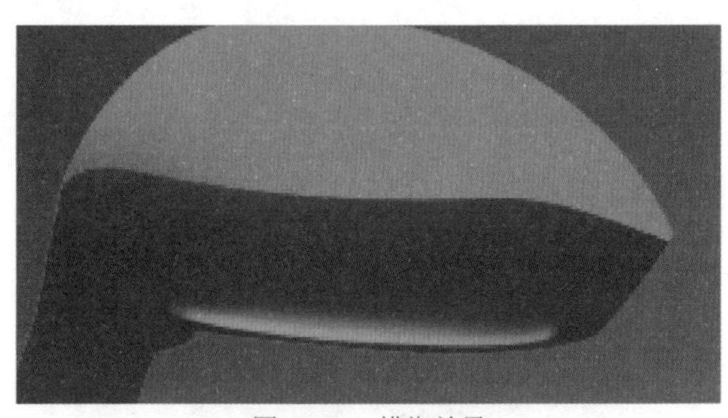
图 10-76　模糊效果

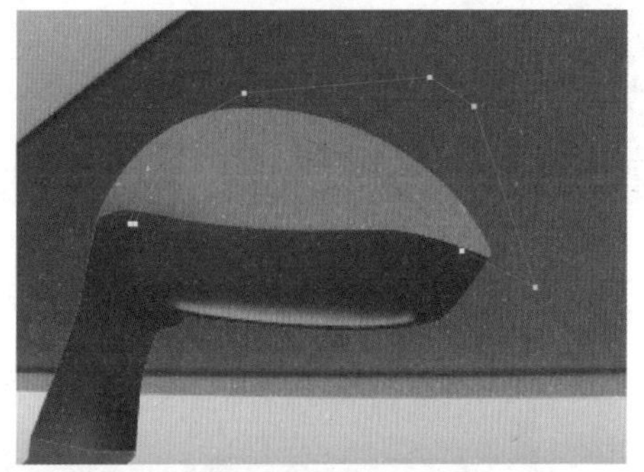
图 10-77　钢笔勾选区域

05 新建图层，命名为“图层 10”，使用“钢笔工具”勾画形状，建立选区，如图 10-80 所示。将前景色设为白色，使用“画笔工具”绘制路径，达到如图 10-81 所示的效果，目的是使高光区域的过渡相对自然，所以建议使用较大的画笔，较低的流量及透明度。

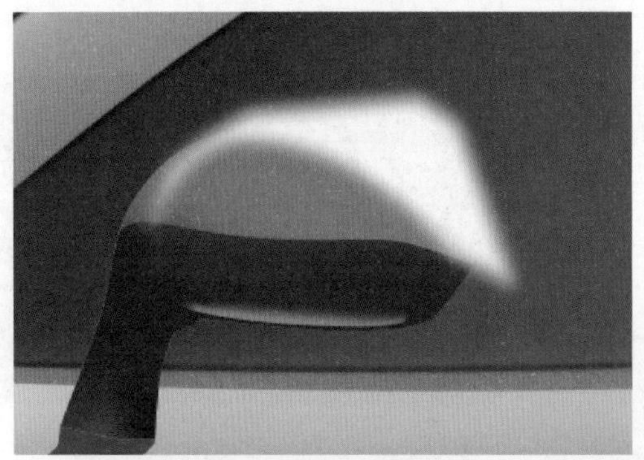

图 10-78　高斯模糊效果

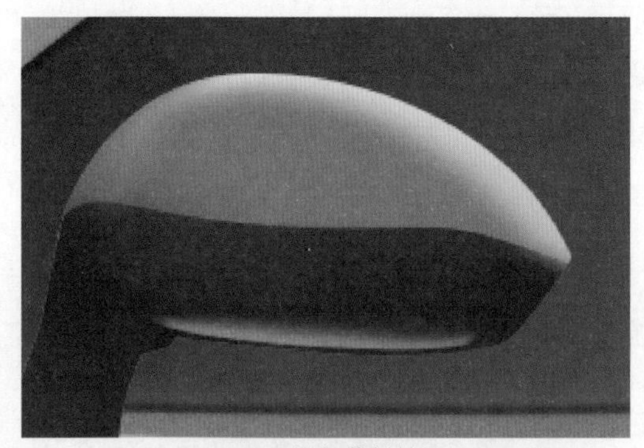

10-79　添加蒙版效果

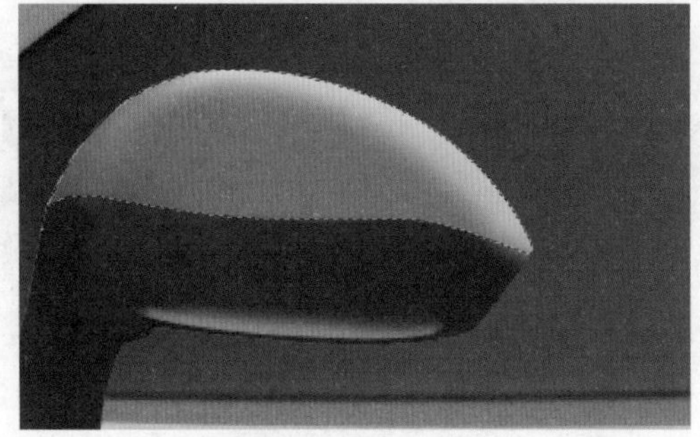

图 10-80　调整后的效果

图 10-81　钢笔路径

06 新建图层，命名为“图层 11”，使用“钢笔工具”勾画路径并转换为选区，填充颜色（CMYK:43 99 100 10），对上半部分进行加深处理，获得如图 10-82 所示的效果。

07 新建图层，命名为“图层 12”，使用“钢笔工具”勾画出如图 10-83 所示的形状，转换为选区，填充白色，对该区域执行“滤镜”|“模糊”|“高斯模糊”菜单命令，实现如图 10-84 所示的效果。将该图层的“不透明度”调至 12% 左右，如图 10-85 所示。按照图 10-86 所示，接着新建一个图层，将前景色调为黑色，使用“画笔工具”对图中所圈选的蓝色区域进行涂抹至如图 10-87 所示，并与上一步的图层进行创建剪贴蒙版操作，如图 10-88 所示。

图 10-82　加深效果

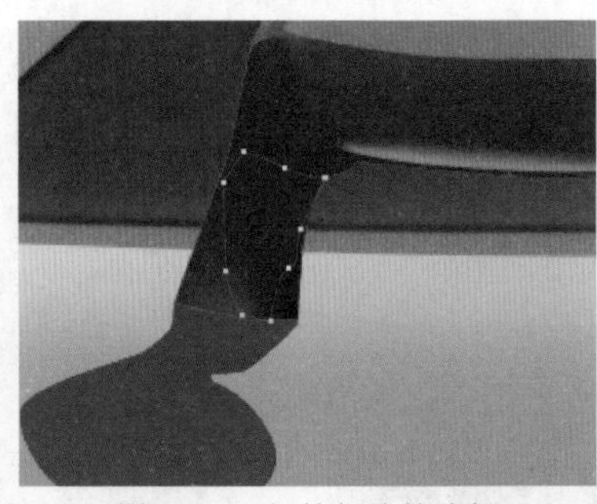

图 10-83　钢笔勾选的路径

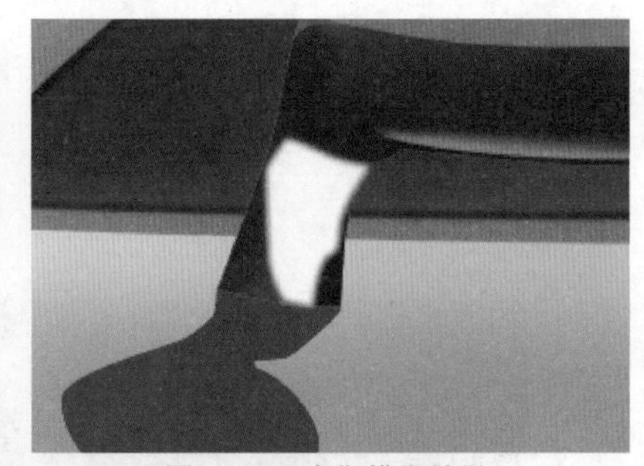

图 10-84　高斯模糊效果

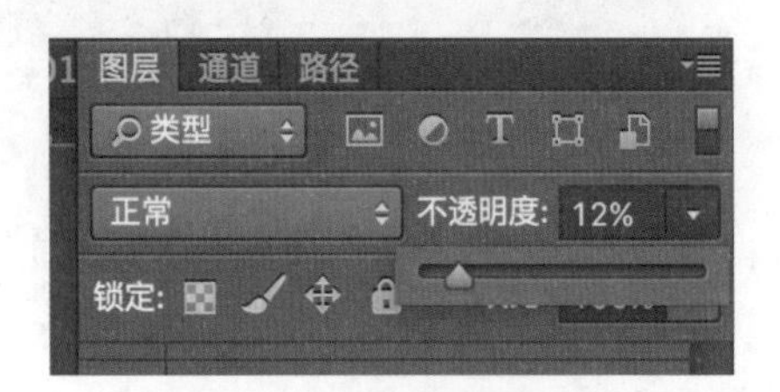

图 10-85　调整不透明度

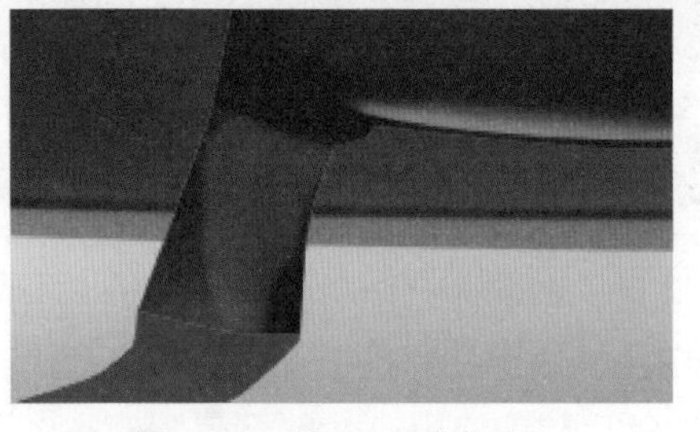

图 10-86　调整不透明度效果

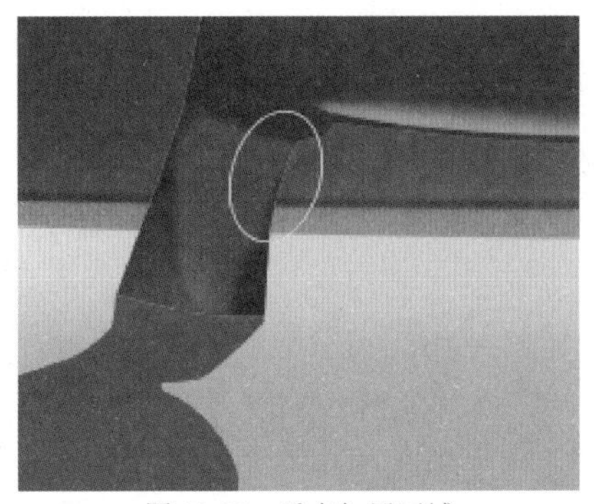

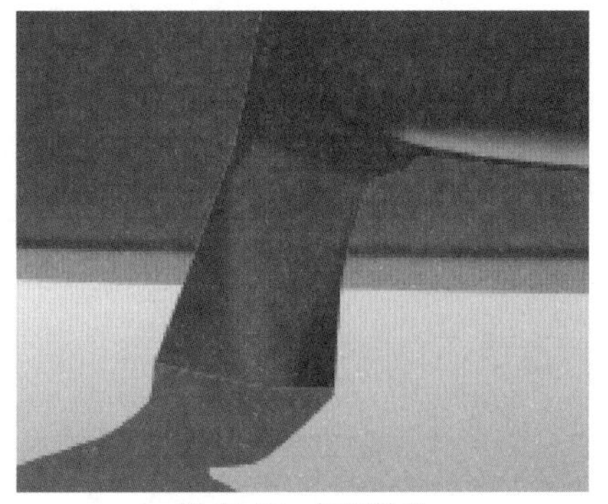

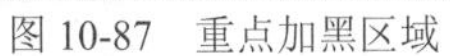

图 10-87　重点加黑区域　　图 10-88　加黑效果

08 新建图层，命名为“图层 13”，绘制反光镜倒影的形状选区，将前景色调为黑色，使用“画笔工具”对如图 10-89 所示的蓝色框选区域进行涂抹，以达到降色的目的，如图 10-90 所示。

图 10-89　涂黑区域

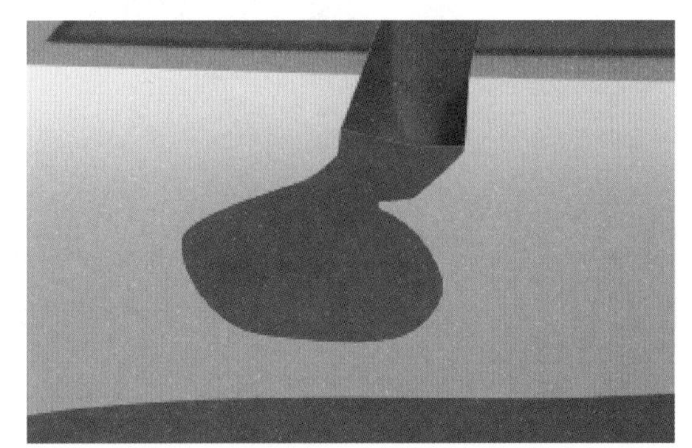

图 10-90　涂黑效果

09 新建一个反光图层，命名为“图层 14”，将前景色调为（CMYK:43 100 100 11），使用“画笔工具”，对倒影的底部进行涂抹，实现倒影的反光效果，并与反光镜倒影“创建剪贴蒙版”，最终效果如图 10-91 所示。

10 新建图层，命名为“图层 15”，使用“钢笔工具”勾画如图 10-92 所示的形状，转换为选区，填充颜色（CMYK:8 73 56 0），执行“滤镜”|“模糊”|“高斯模糊”菜单命令，实现模糊效果，如图 10-93 所示。

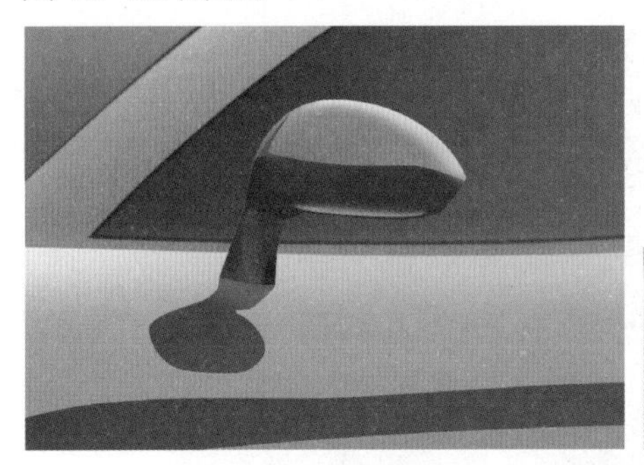

图 10-91　倒影效果

图 10-92　钢笔建立路径

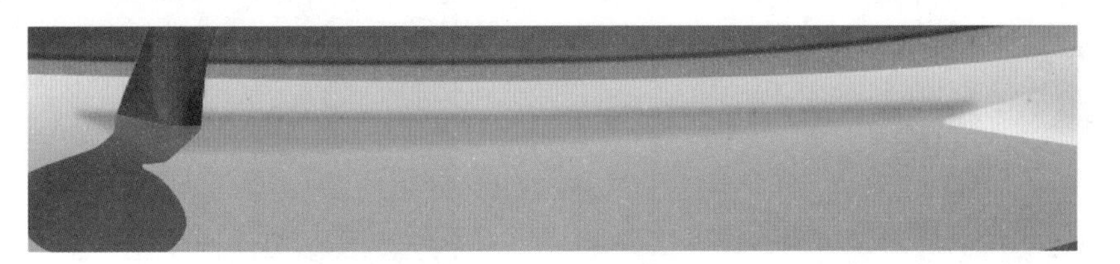

图 10-93　模糊效果

本书中多次使用了图层蒙版。图层蒙版实际是256级灰度图像。在蒙版图像中黑色区域为完全不透明区域，白色区域为完全透明区域。当用户为图层添加蒙版的时候，蒙版为黑色的图像内容将会被隐藏。使用图层蒙版可以遮盖整个图层或图层组，也可以只遮盖图层或者图层组中的选区。图层蒙版可以用于保护部分图层，让用户无法编辑，还可以用于显示或隐藏部分图像。

Photoshop中的蒙版种类主要有快速蒙版、矢量蒙版、剪切蒙版和图层蒙版。快速蒙版模式可以将任何选区作为蒙版进行编辑，而无须使用“通道”面板，在查看图像时也可如此。将选区作为蒙版来编辑的优点是几乎可以使用任何Photoshop工具或滤镜修改蒙版。它的作用是通过用黑白灰三类颜色画笔来勾画选区，白色画笔可画出被选择区域，黑色画笔可画出不被选择区域，灰色画笔画出半透明选择区域。画笔画出线条或区域，然后再按Q键，得到的是选区和一个临时通道，我们可以在选区进行填充或修改图片和调色等。矢量蒙版是通过形状控制图像显示区域的，它仅能作用于当前图层。矢量蒙版中创建的形状是矢量图，可以使用“钢笔工具”和“形状工具”对图形进行编辑修改，从而改变蒙版的遮罩区域，也可以对它任意缩放而不必担心产生锯齿。剪切蒙版和被蒙版的对象起初被称为剪切组合，并在“图层”面板中用虚线标出。你可以从包含两个或多个对象的选区，或从一个组或图层中的所有对象来建立剪切组合。可以使用上面图层的内容来蒙盖它下面的图层。底部或基底图层的透明像素蒙盖它上面的图层(属于剪贴蒙版)的内容。图层蒙版相当于一块能使物体变透明的布，在布上涂黑色时，物体变透明；在布上涂白色时，物体显示，在布上涂灰色时，半透明。

5) 排气扇

01 新建一个组，命名为“排气扇”，在组内新建“图层1”，按照上述相同的操作方法，勾画出排气扇区域，并填充为黑灰色（CMYK:77 70 75 41），接着对该区域进行加深和减淡操作，实现如图10-94所示的效果。

02 在该组内新建“图层2”，进行排气扇外部细节的绘制。将前景色调为红色（CMYK:36 87 68 1），使用“画笔工具”勾画出排气扇外部边缘线，并用“加深工具”和“减淡工具”对边缘处的明暗关系进行相应的调整，效果如图10-95所示。

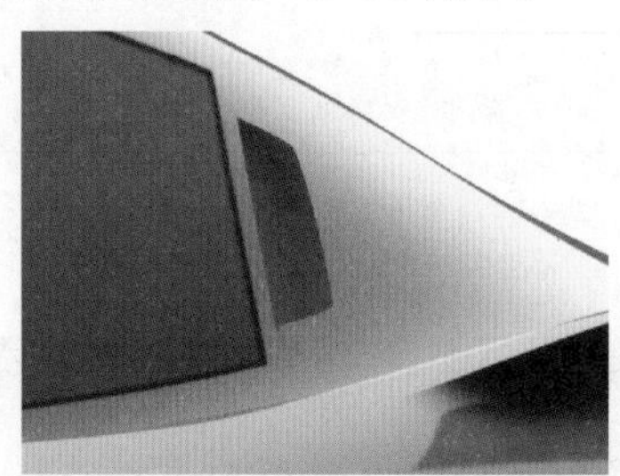
图10-94　排气扇区域填色

图10-95　排气扇外部边缘线

03 接着采用相同的方法，将前景色调为浅粉色（CMYK:9 64 27 0），绘制排气扇左轮廓，如图10-96所示。至此，排气扇的外轮廓线绘制完毕，最终效果如图10-97所示。

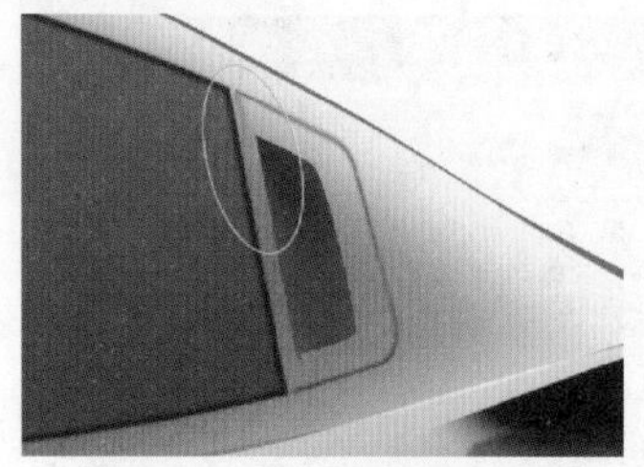
图10-96　排气扇左部边缘线

图10-97　排气扇外轮廓线

04 新建 3 个图层，分别为“图层 3、4、5”，使用“钢笔工具”绘制轮廓线，转换为选区，填充颜色（CMYK:16 62 37 0），执行加深或减淡处理。绘制步骤如图 10-98 至图 10-100 所示。

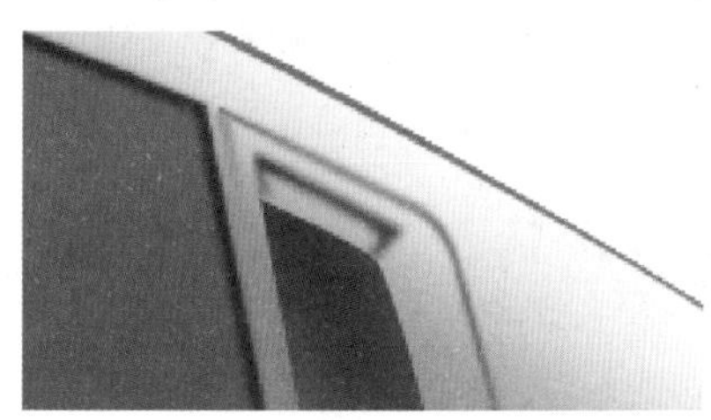
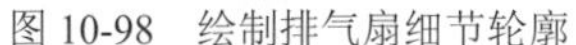
图 10-98 绘制排气扇细节轮廓

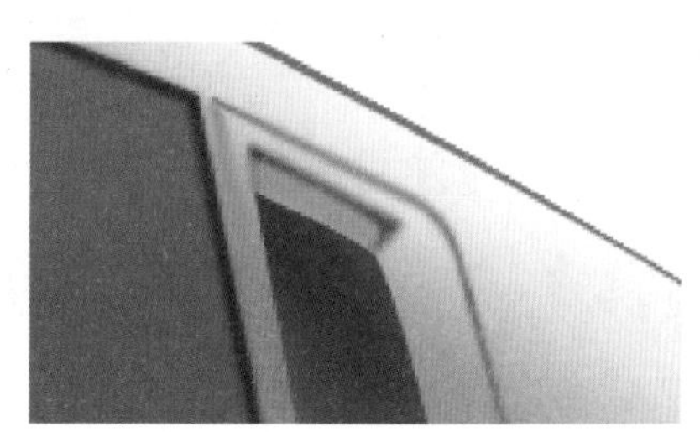
图 10-99 排气扇细节颜色填充

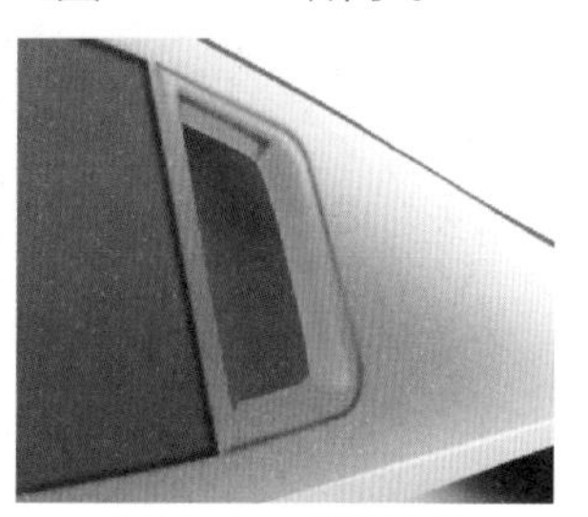
图 10-100 模糊处理

05 绘制排气扇的亮面部分。新建“图层 6”，沿排气扇轮廓线勾画出如图 10-101 所示的区域，转换为选区，填充为白色，并将“图层 6”的“不透明度”调至 80%，如图 10-102 所示，实现目的效果。

图 10-101 绘制白色区域

图 10-102 调整不透明度

06 新建“图层 7”，按照绘制“图层 6”的亮面绘制方法，完成如图 10-103 所示的排气扇右下侧的亮面绘制。至此，排气扇的外部细节绘制完毕，效果如图 10-104 所示。

图 10-103 绘制右下侧亮面

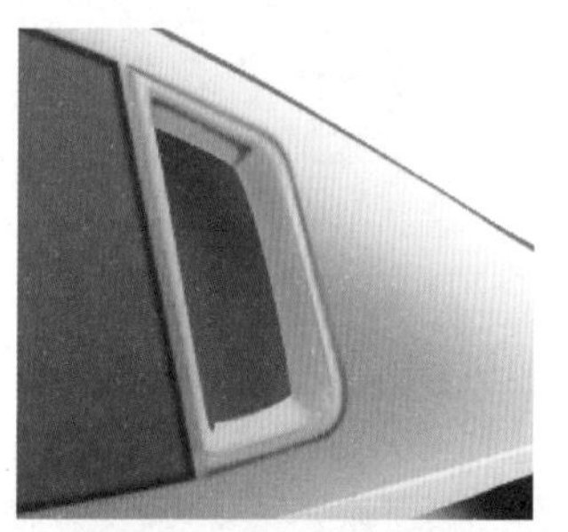
图 10-104 绘制外部细节

07 新建“图层 8”，绘制排气扇的内部排气孔。使用“钢笔工具”勾画出其中一个排气孔的外形，转换为选区，填充为黑色，如图 10-105 所示。按照相同的绘制方法和颜色填充，依次实现 3 个排气孔的绘制，如图 10-106 所示。至此，排气扇的绘制基本结束，最终效果如图 10-107 所示。

图 10-105 绘制内部排气孔

图 10-106 绘制内部 3 个排气孔

图 10-107 排气扇最终效果

2. 绘制跑车的车灯部分

01 新建一个组，命名为“车灯 1”。首先绘制小的黄色车灯，在组“车灯 1”内新建“图层 1”，使用“钢笔工具”勾画出如图 10-108 所示的区域，填充为浅灰色（CMYK:19 15 14 0）。

02 新建“图层 2”，使用相同的方法勾画出蓝色圆圈圈选出的弧形轮廓，如图 10-109 所示。填充浅灰色（CMYK:22 16 16 0），并对弧形上半部分进行加深处理，实现效果如图 10-110 所示。

图 10-108 黄色车灯

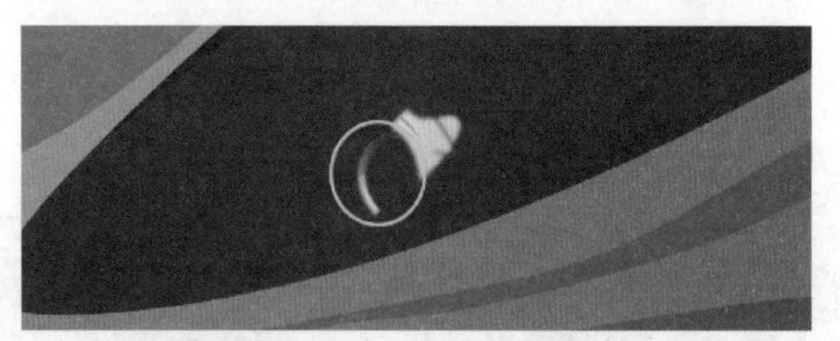

图 10-109 车灯弧形轮廓

03 新建“图层 3”，勾画出图 10-111 中黄色小灯区域轮廓，转换为选区，填充暗黄色（CMYK:31 61 100 0）。新建“图层 4”，采用绘制“图层 3”的方法完成如图 10-112 所示的区域绘制。

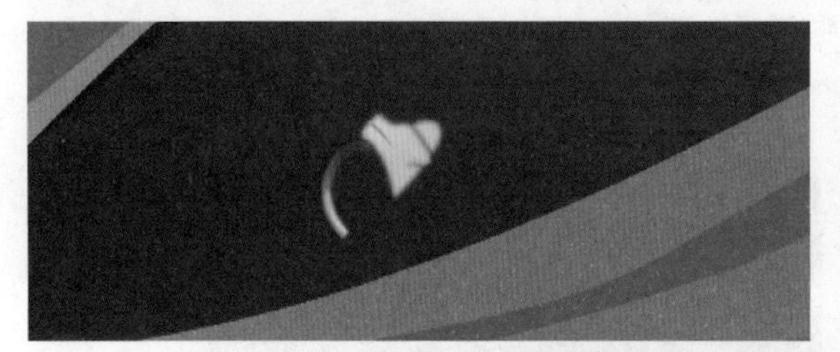

图 10-110 车灯轮廓加深效果

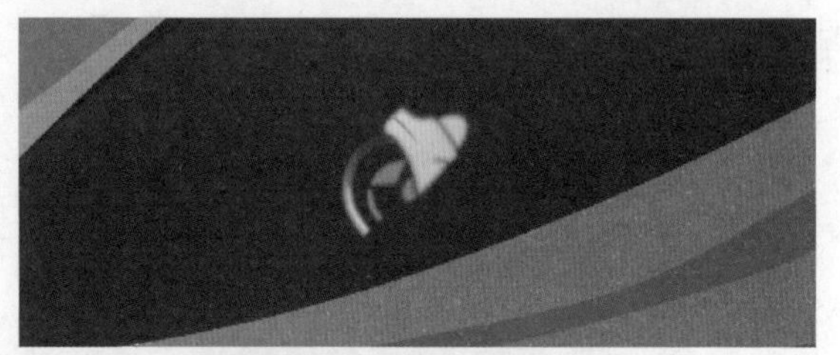

图 10-111 黄色灯区域轮廓

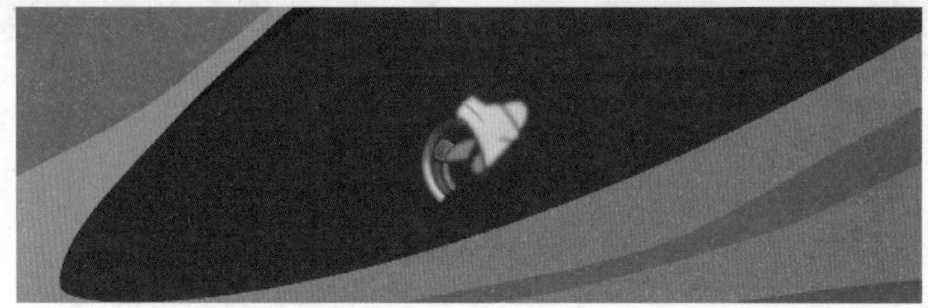

图 10-112 黄色灯细节效果

04 新建“图层 5”，用来绘制黄色小灯发出的光线，即如图 10-113 所示蓝色圆圈圈出部分。方法为：将前景色设置为白色，用“画笔工具”绘制出 3 条线型，执行“滤镜”|“模糊”|“高斯模糊”菜单命令对 3 条线进行处理，直至达到如图 10-114 所示的最终效果。

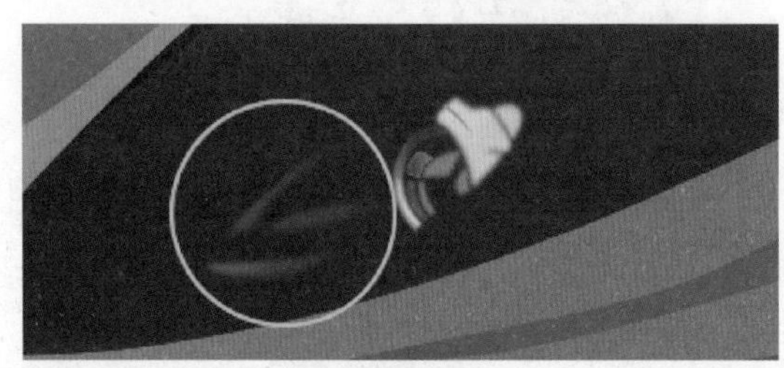

图 10-113 3 条光线

图 10-114 光线绘制效果

05 绘制左车灯的白色大灯，新建“图层 6”。采用与之前相同的方法绘制出白色大灯的轮廓，转换为选区，填充灰白色（CMYK:5 4 4 0），如图 10-115 所示。根据车灯的明暗对上一步已经填充的灰白色进行加深和减淡处理，以突显整个车灯的立体感，具体操作步骤如下：选择“加深工具”和“减淡工具”，如图 10-116 所示。然后，在屏幕任意处单击右键，可以对“加深工具”和“减淡工具”的画笔大小进行选择和调整，如图 10-117 所示，最终得到如图 10-118 所示的效果。这样车灯的立体感马上就增强了很多。

图 10-115　白色大灯轮廓

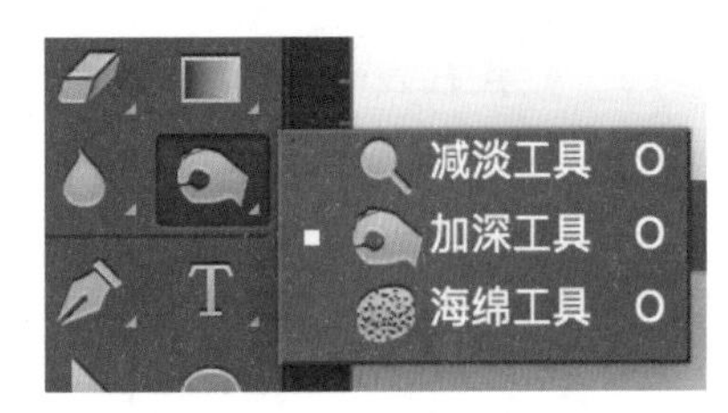

图 10-116　加深和减淡工具

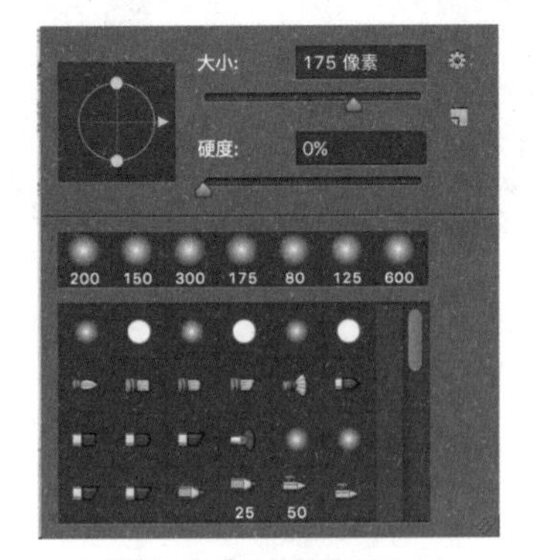

图 10-117　画笔参数调整

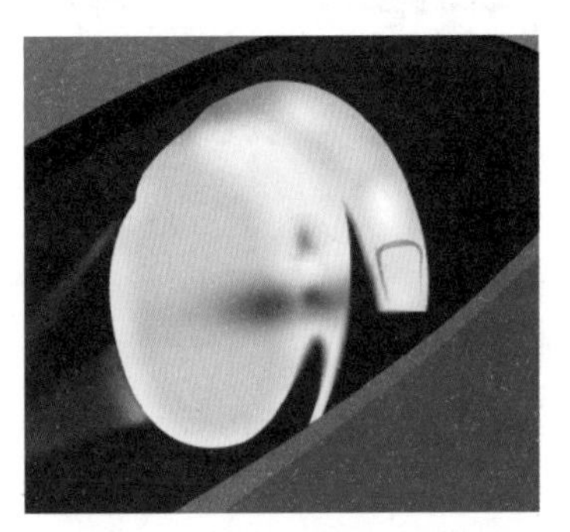

图 10-118　车灯明暗效果

06 绘制车灯的细节，建立“图层 7”，使用“钢笔工具”勾画出车灯的凸起轮廓，转换为选区，填充灰白色（CMYK:5 4 4 0），然后根据明暗关系采用上述“加深工具”和“减淡工具”刻画凸起的立体感，效果如图 10-119 所示。

07 绘制车灯内部的分隔线，新建“图层 8”，将前景色设置为深灰色（CMYK:78 73 70 42），用“画笔工具”勾画出分隔线的轮廓，并用“加深工具”和“减淡工具”进行相应的颜色调整，得到如图 10-120 所示的效果。采用这种方法，可以绘制出其他的分隔线，如图 10-121 和图 10-122 所示。

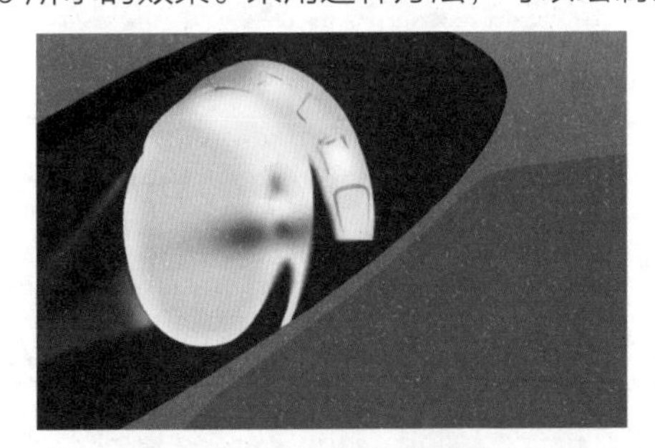

图 10-119　车灯凸起轮廓

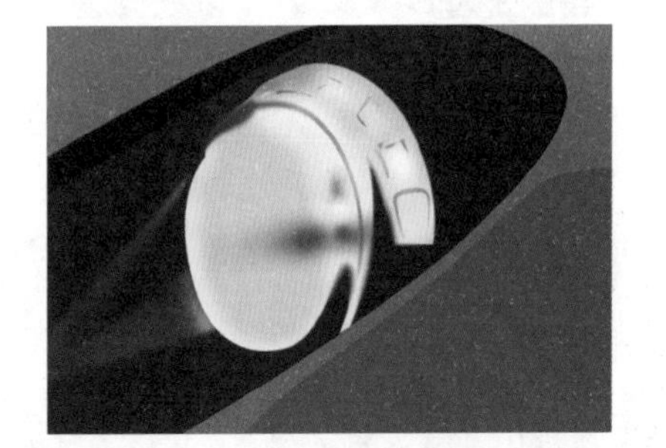

图 10-120　车灯分隔线 1

图 10-121　车灯分隔线 2

图 10-122　车灯分隔线 3

08 绘制车灯的镜片部分，新建“图层 9”，使用“钢笔工具”勾画出镜片的椭圆形状，并将其转换为选区，选择“渐变工具”命令，按照目的效果调整渐变的颜色，如图 10-123 所示，在选区上通过按住鼠标左键进行渐变色的拉伸，不断地调整，直至达到理想效果，如图 10-124 所示。

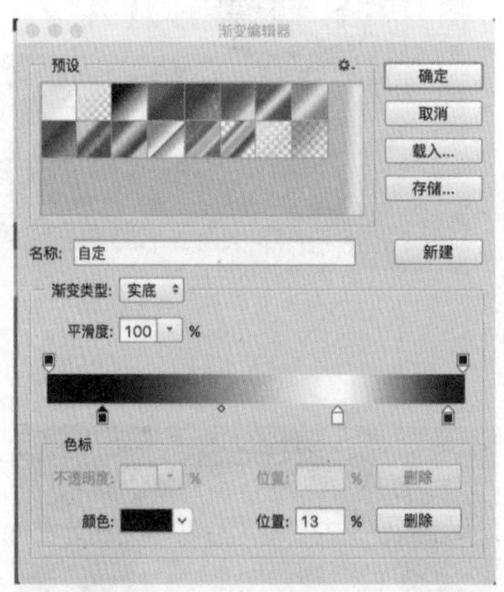

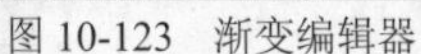
图 10-123 渐变编辑器

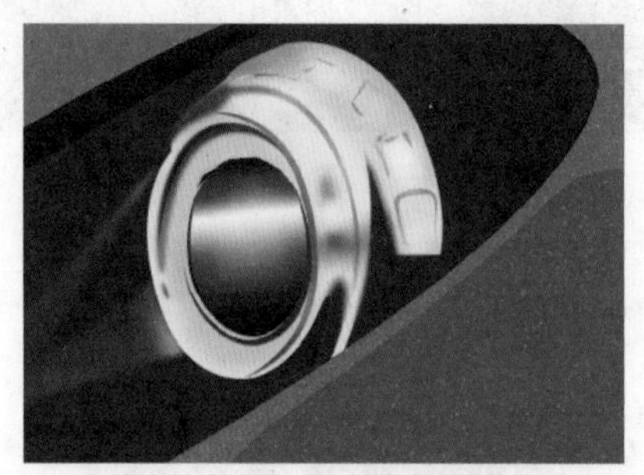
图 10-124 绘制车灯镜片

09 绘制车灯的轮廓细节，如图 10-125 所示。新建“图层 10”，采用“钢笔工具”勾画出轮廓，然后进行选区转换，填充颜色，进行加深减淡处理。接着，绘制大灯的灯光，新建“图层 11”，用和黄色小灯灯光相同的绘制方法绘制出大灯的灯光，如图 10-126 所示。最后，对车灯的整体效果进行细节的绘制和调整，得到如图 10-127 所示的最终效果。

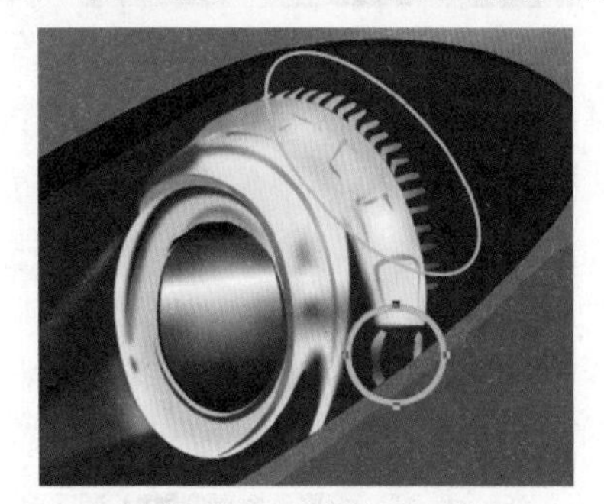
图 10-125 车灯轮廓细节

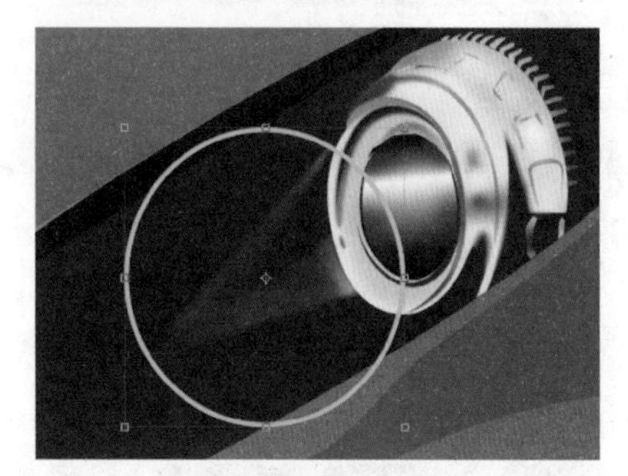
图 10-126 灯光效果

10 新建“图层 12”，采用“钢笔工具”勾画出如图 10-128 所示的区域，转换为选区，填充颜色(CMYK:80 74 72 48)，实现目的效果。至此，组“车灯 1”已全部绘制完毕，最终效果如图 10-129 所示。

图 10-127 车灯整体效果

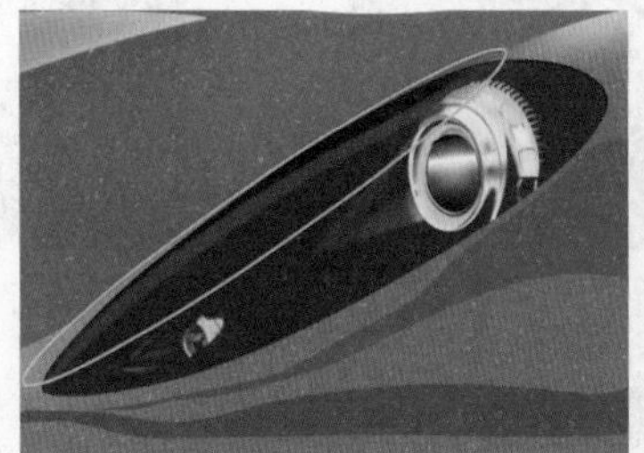
图 10-128 车灯选区示意

图 10-129 车灯最终效果

使用“渐变工具”可以创建多种颜色间的逐渐混合。实际上就是在图像中或者图像的某一部分区域填入一种具有多种颜色过渡的混合模式。这个混合模式可以是从前景色到背景色的过渡，也可以是前景色与透明背景间的相互过渡或者是其他颜色的相互过渡。单击渐变工具中的“渐变工具”按钮，在属性

栏中显示渐变工具的个性选项。下面对该属性栏中的各项参数进行讲解。

- 渐变下拉列表框：在此下拉列表框中显示渐变颜色的预览效果图。单击其右侧的倒三角形按钮，可以打开渐变下拉面板，在其中可以选择一种渐变颜色进行填充。将鼠标指针移动到渐变下拉面板的渐变颜色上，会提示该渐变颜色的名称。
- 渐变类型：选择“渐变工具”后，会有 5 种渐变类型可供选择，分别是“线性渐变”“径向渐变”“角度渐变”“对称渐变”和“菱形渐变”。这 5 种渐变类型可以完成 5 种不同效果的渐变填充效果，其中默认的是“线性渐变”（大家可以试一下各种类型的不同表现）模式。
- 反向：勾选该复选框后，填充后的渐变颜色刚好与用户设置的渐变颜色相反。
- 仿色：勾选该复选框后，可以用递色法来表现中间色调，使用渐变效果更加平衡。
- 透明区域：勾选该复选框后，将打开透明蒙版功能，使渐变填充可以应用透明设置。

11 新建一个组，命名为“车灯 2”，用来绘制右车灯。首先，在该组下建立一个新图层，命名为“图层 1”。采用和“车灯 1”的绘制基本相似的方法，先绘制出车灯的轮廓线，转换为选区，填充颜色 (CMYK:12 9 9 0)。然后运用“加深工具”和“减淡工具”，进行相应的明暗调整，实现如图 10-130 所示的效果。

12 新建“图层 2”，绘制车灯的分隔线，使用“钢笔工具”绘制出分隔线的形状，填充颜色 (CMYK:82 77 76 57)，具体操作方法和“车灯 1”的绘制相似，在这儿不做赘述，得到如图 10-131 所示的效果。接着，新建“图层 3”，用来绘制车灯的凸起，效果如图 10-132 所示。

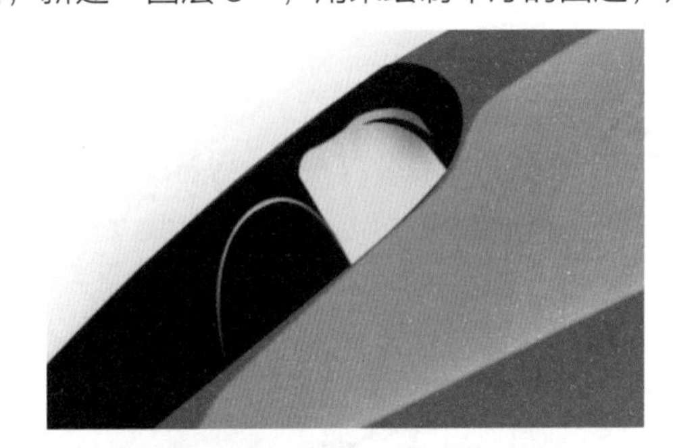

图 10-130　车灯轮廓绘制效果

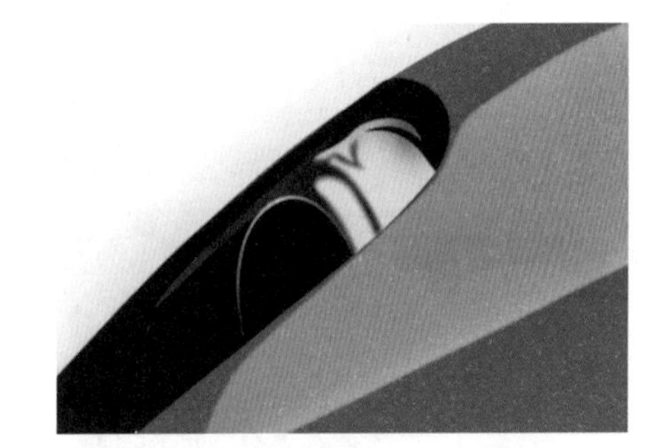

图 10-131　右车灯凸起绘制效果

13 新建“图层 4”，绘制车灯玻璃。首先，按照车灯玻璃的轮廓将玻璃区域填充上颜色 (CMYK:80 71 72 42)。在此基础上，使用“钢笔工具”勾画出高光区域，填充灰绿色（CMYK:56 38 42 0）。然后对高光区域执行“滤镜”|“模糊”|“高斯模糊”菜单命令，直至达到理想效果，如图 10-133 所示。

图 10-132　右车灯细节绘制效果

图 10-133　绘制右车灯玻璃

14 新建“图层 5”，绘制车灯的暗部，使用“钢笔工具”勾出暗部的形状，如图 10-134 所示，填充黑色即可。至此，组“车灯 2”的绘制完全结束，最终效果如图 10-135 所示。

图 10-134　绘制车灯暗部

图 10-135　右车灯最终效果

15 车灯的绘制结束，根据最终的效果以及和周边结构的连接度，可以对车灯进行相应的细节调整，达到如图 10-136 所示的效果。

图 10-136　车灯调整后最终效果

3. 绘制跑车的前脸部分

01 新建一个组，命名为“车前脸”。新建“图层 1”，使用“钢笔工具”勾画路径，并建立如图 10-137 所示的选区，使用颜色 (CMYK:48 97 98 23) 填充选区，如图 10-138 所示。

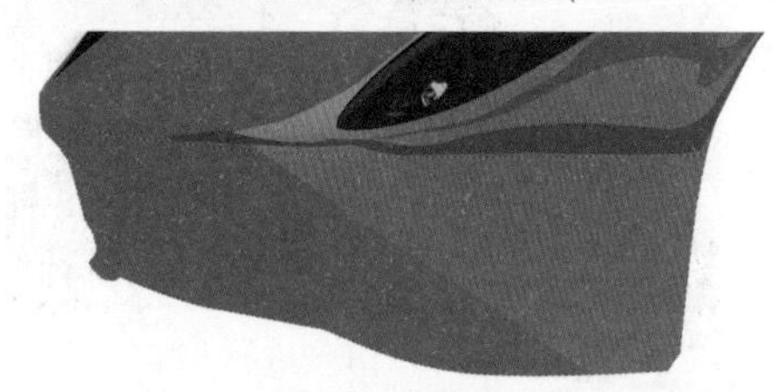

图 10-137　新建选区

图 10-138　填充颜色效果

02 新建“图层 2”，使用“渐变工具”，颜色设置为白色，“不透明度”左侧设置为 100%，右侧设置为 0%，如图 10-139 所示。载入“图层 1”的形状，在“图层 2”上进行渐变设置，得到如图 10-140 所示的效果。将“图层 2”模式调整为“滤色”，效果如图 10-141 所示。

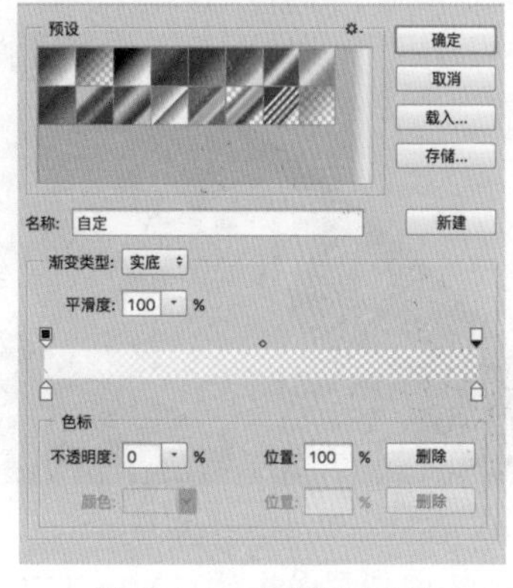

图 10-139　调整渐变工具

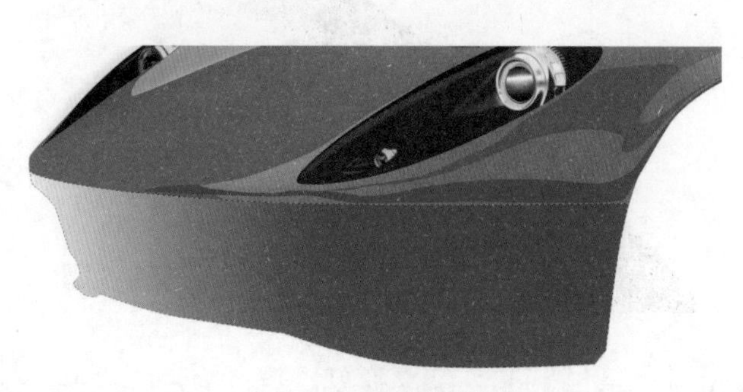

图 10-140　渐变效果

03 新建“图层 3”，建立如图 10-142 所示的选区。使用“渐变工具”，设置参数如图 10-143 所示，两侧颜色分别为白色和色值为 (CMYK:58 90 83 45) 的颜色，进行渐变操作，得到如图 10-144 所示的效果。将前景色调至黑色，使用“画笔工具”，将选区的右下方涂黑，表现效果如图 10-145 所示。

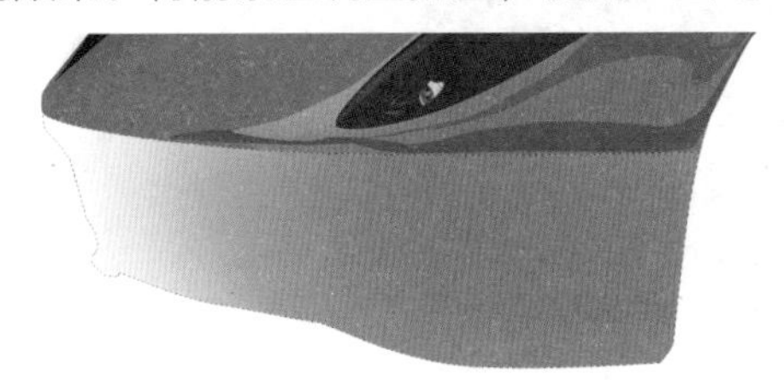

图 10-141　改变模式效果

图 10-142　新建选区

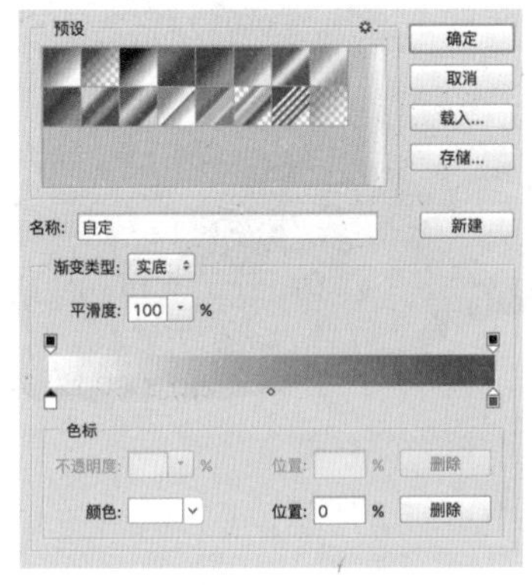

图 10-143　渐变调整

图 10-144　渐变效果

04 新建“图层 4”，建立如图 10-146 所示的选区，填充颜色 (CMYK:51 86 80 21)，并执行“滤镜”|“模糊”|“高斯模糊”菜单命令，模糊“半径”设置为 2 像素，效果如图 10-147 所示。新建“图层 5”，建立如图 10-148 所示的选区，填充颜色 (CMYK:61 100 100 58)，效果如图 10-149 所示。新建“图层 6”，建立如图 10-150 所示的选区，填充黑色，执行“滤镜”|“模糊”|“高斯模糊”菜单命令，模糊“半径”设置为 1.5 像素，效果如图 10-151 所示。

图 10-145　画笔涂抹效果

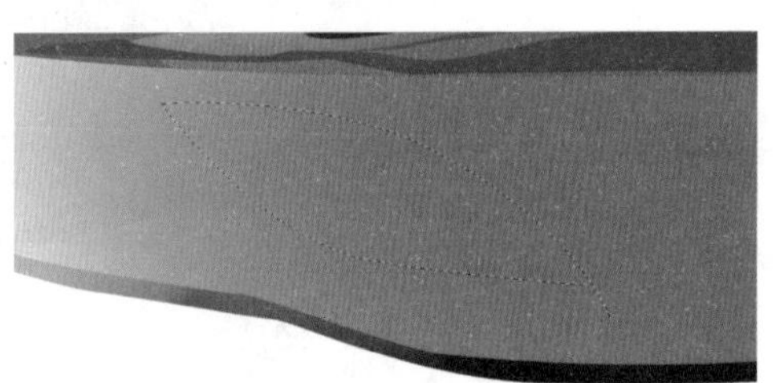

图 10-146　新建选区

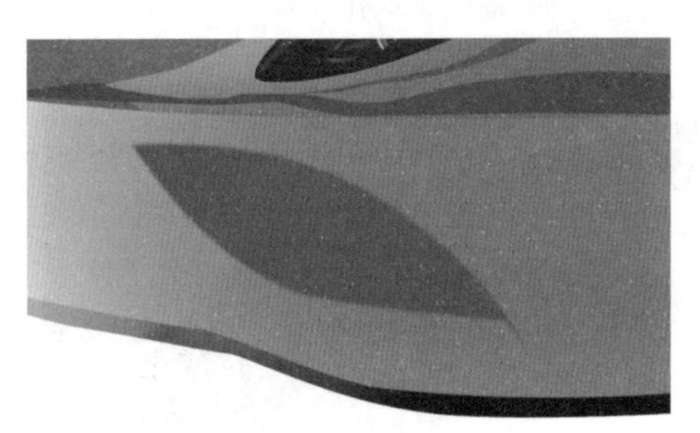

图 10-147　模糊效果

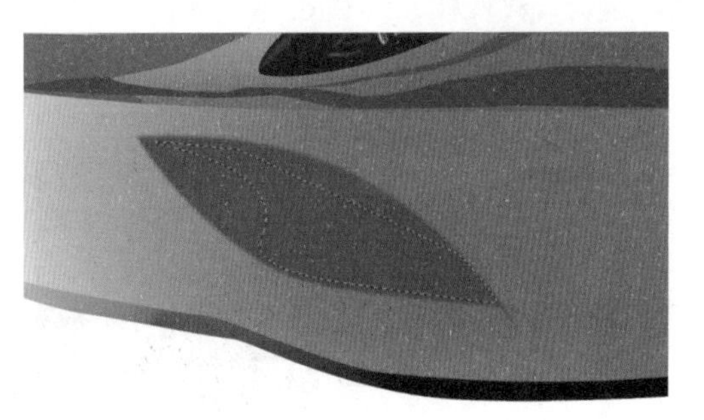

图 10-148　新建选区

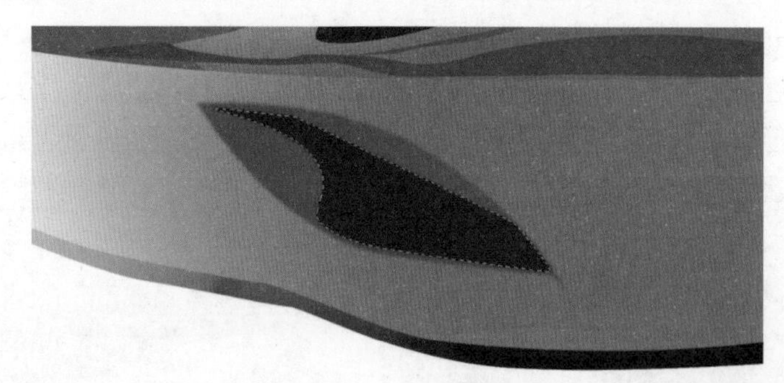

图 10-149 填充颜色

图 10-150 新建选区

图 10-151 填充颜色

05 新建“图层 5”，使用“钢笔工具”勾画路径，转换成选区，如图 10-152 所示，填充颜色 (CMYK:53 88 78 28)。

06 新建“图层 6”，建立如图 10-153 所示的选区，填充黑色，并执行“滤镜”|“模糊”|“高斯模糊”菜单命令，模糊“半径”设置为 2 像素，得到的效果如图 10-154 所示。

图 10-152 建立选区

图 10-153 填充颜色

07 新建“图层 7”，建立如图 10-155 所示的选区，填充颜色 (CMYK:49 96 94 24)，如图 10-156 所示。进行模糊操作，方法同上，模糊“半径”设置为 2 像素，得到的效果如图 10-157 所示。

图 10-154 细节处理效果

图 10-155 选区示意

图 10-156　填充颜色

图 10-157　绘制效果

接下来画进气栅部分，进气栅的部分做法相同，所以只对其中一个进行解析。

08 新建“图层 8”，建立如图 10-158 所示的白色部分选区，方法同上。新建“图层 9”，建立如图 10-159 所示的选区，填充颜色 (CMYK:82 77 76 57)，进行模糊操作，方法同上。模糊“半径”设置为 0.5 像素，效果如图 10-160 所示。接下来使用相同的方法与步骤，建立剩下的部分，得到的效果如图 10-161 所示，再进行细节修改，横向栅栏在前，所以在竖向栅栏添加投影，具体操作方法是使用“画笔工具”，调整前景色为黑色，在如图 10-162 所示位置进行涂抹，即横向与竖向栅栏交界处，得到的最终效果如图 10-163 所示。

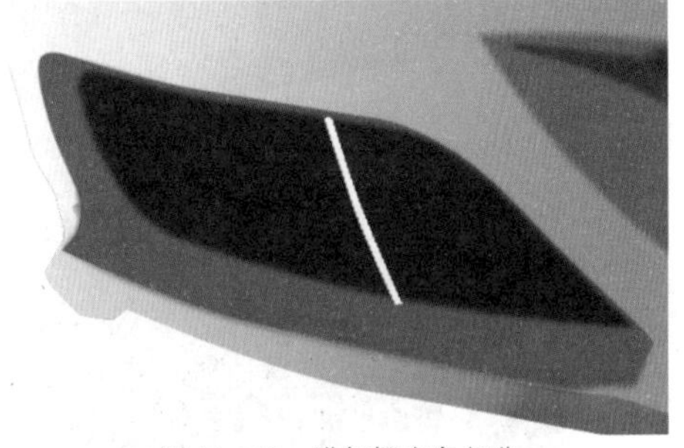

图 10-158　进气栅白色部分

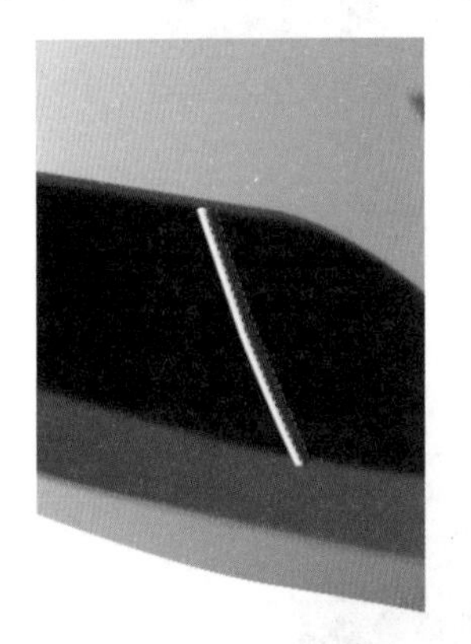

图 10-159　绘制阴影

图 10-160　单进气栅效果

图 10-161　全部进气栅

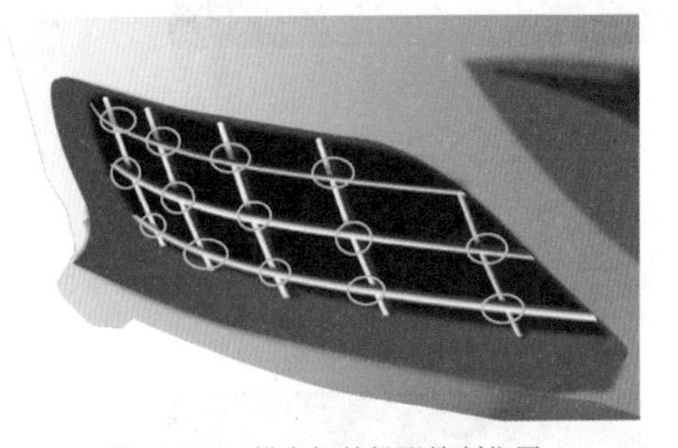

图 10-162　横向栅的投影绘制位置

图 10-163　进气栅最终效果

09 新建“图层 10”，建立如图 10-164 中所示的区域，填充颜色 (CMYK:34 99 93 53)，进行高斯模糊处理，模糊“半径”设置为 1 像素，使用同样的方法表现出进风口左上方的颜色条，得到的效果如图 10-165 所示。

10 接下来处理相关细节，首先是汽车前脸进气口的相关细节，新建图层，将图 10−166 中蓝色区域使用黑色画笔进行涂抹，左上角部分为使其平滑过渡而进行模糊处理，模糊“半径”设置为 0.5 像素，得到最终效果如图 10−167 所示。

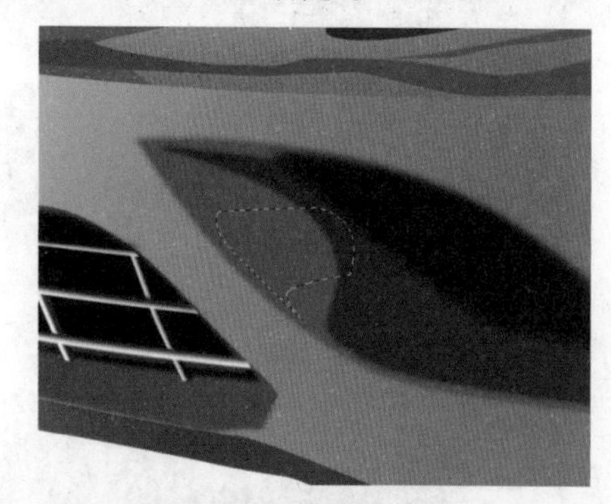

图 10-164　绘制进风口颜色条

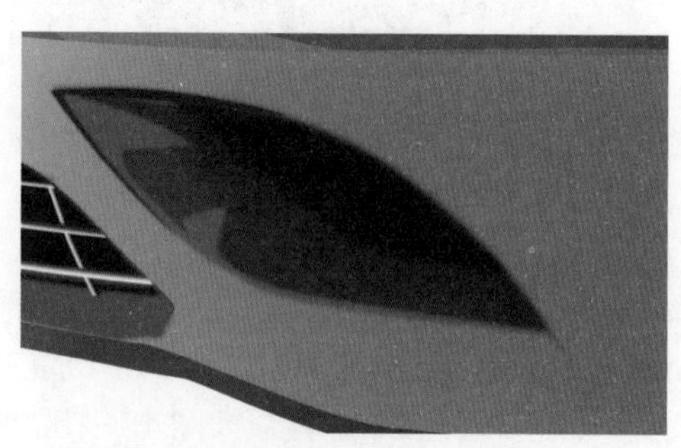

图 10-165　颜色填充效果

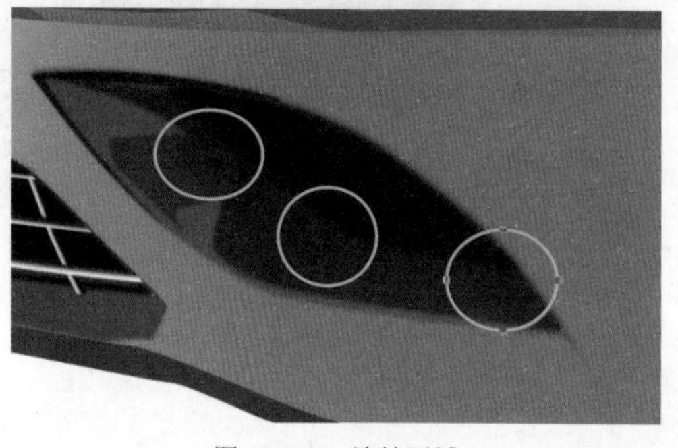

图 10-166　涂抹区域

图 10-167　细节绘制效果

11 表现中间的过渡面，方法同上。新建图层，建立图 10−168 中所示的选区，使用“渐变工具”进行涂抹，两边为白色和黑色，并进行模糊处理，模糊“半径”为 1 像素。

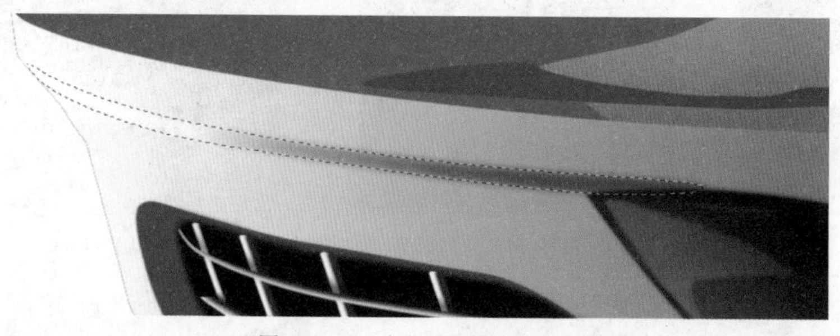

图 10-168　过渡面绘制效果

12 最后进行前脸的整体细节改进，绘制如图 10−169 所示的底部线条，填充颜色 (CMYK:50 100 100 30)，另新建图层，选择“画笔工具”，设置前景色为黑色，并设置画笔大小等，进行暗色处理，注意图 10−170 中标示的部分进行画笔的着重处理，还有高光部分使用“画笔工具”，前景色调为白色进行处理，最终效果如图 10−171 所示。

图 10-169　底部线条

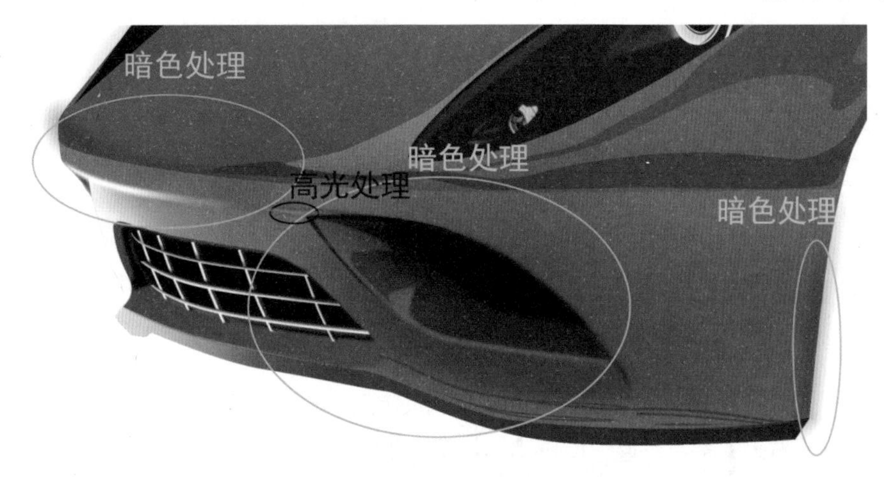

图 10-170　明暗处理位置

图 10-171　前脸效果图

4. 绘制跑车的车轮部分

01 新建组“前车轮”，新建“图层 1”，表现出如图 10-172 所示的效果图。具体操作是使用“钢笔工具”勾画出圆盘外轮廓，填充颜色 (CMYK:21 16 15 0)，使用“钢笔工具”勾画出内轮廓，去掉内轮廓，新建图层，使用“椭圆工具”排列出如图 10-173 所示形状的圆，选定圆心，使用“旋转工具”进行旋转，并进行调整，最终表现出图示效果。

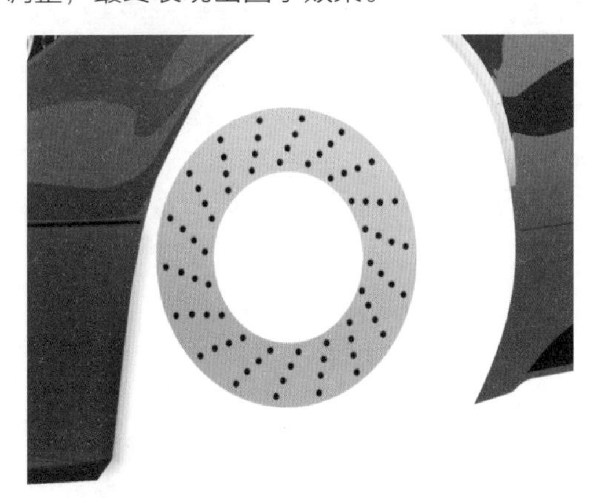

图 10-172　前车轮效果

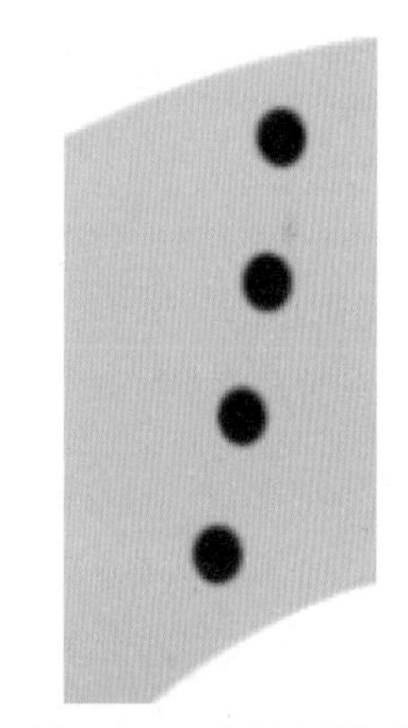

图 10-173　轮盘圆形排列

02 新建“图层 2”，建立图 10-174 所示的选区，填充颜色 (CMYK:20 15 14 0)，效果如图 10-175 所示；新建“图层 3”，建立如图 10-176 所示的选区，并填充颜色 (CMYK:20 15 24 0)。

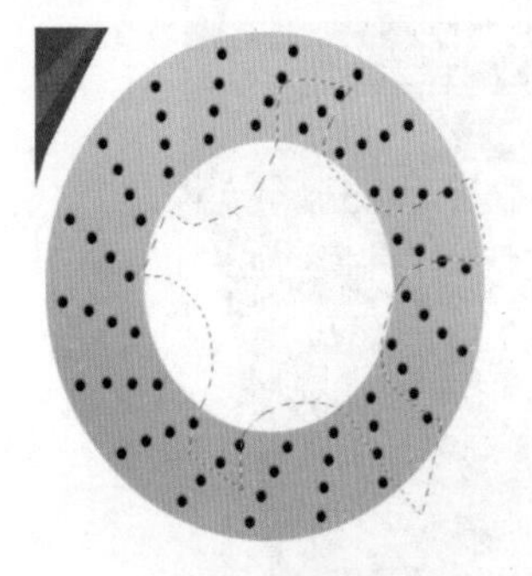

图 10-174　选区形状

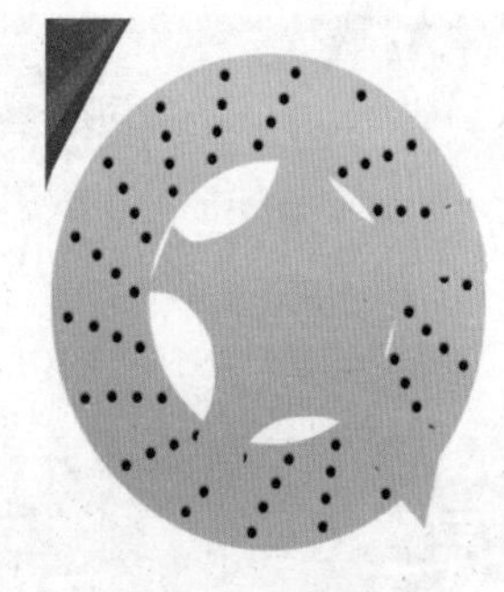

图 10-175　颜色填充

图 10-176　填充效果

03 新建“图层 4”，建立图 10-177 中所示的图形，颜色同上，并调整前景色为黑色，使用“画笔工具”将图形的左上方添加阴影效果，再使用白色画笔将右下方添加高光效果，增加左上部分与右下部分的对比，使其更有立体效果，最终达到如图 10-178 所示的效果。

04 新建“图层 6”，建立如图 10-179 中所示的 5 个圆，填充颜色 (CMYK:20 15 14 0)，为其添加描边与内阴影效果，具体参数值如图 10-180 和图 10-181 所示，得到如图 10-182 所示的效果，使圆变得有立体感。在“图层 6”的下方建立“图层 7”，建立如图 10-183 所示的选区，并使用黑色画笔涂抹达到图 10-184 所示的效果。

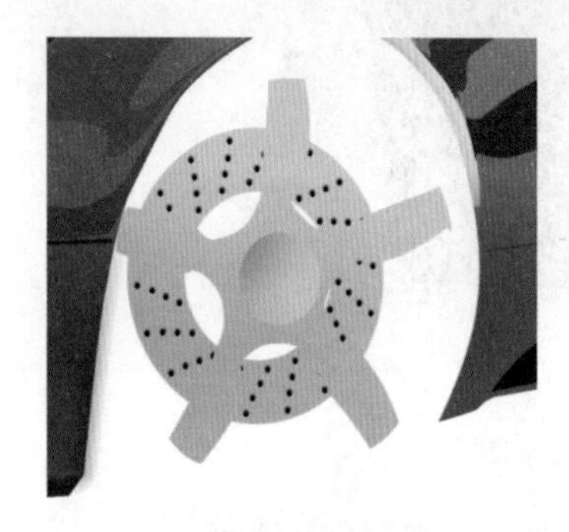

图 10-177　明暗调整

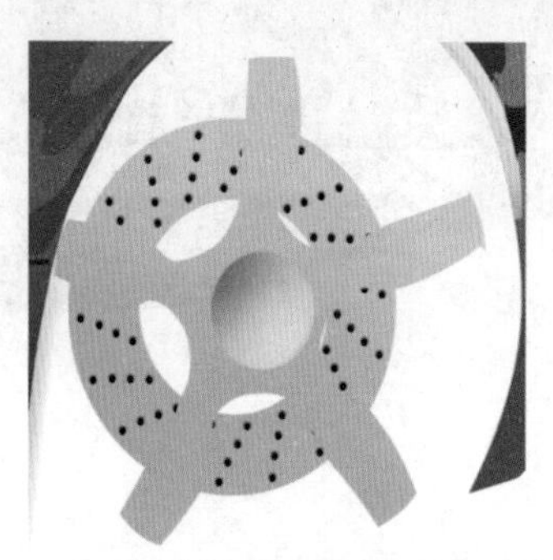

图 10-178　明暗效果

图 10-179　形状绘制

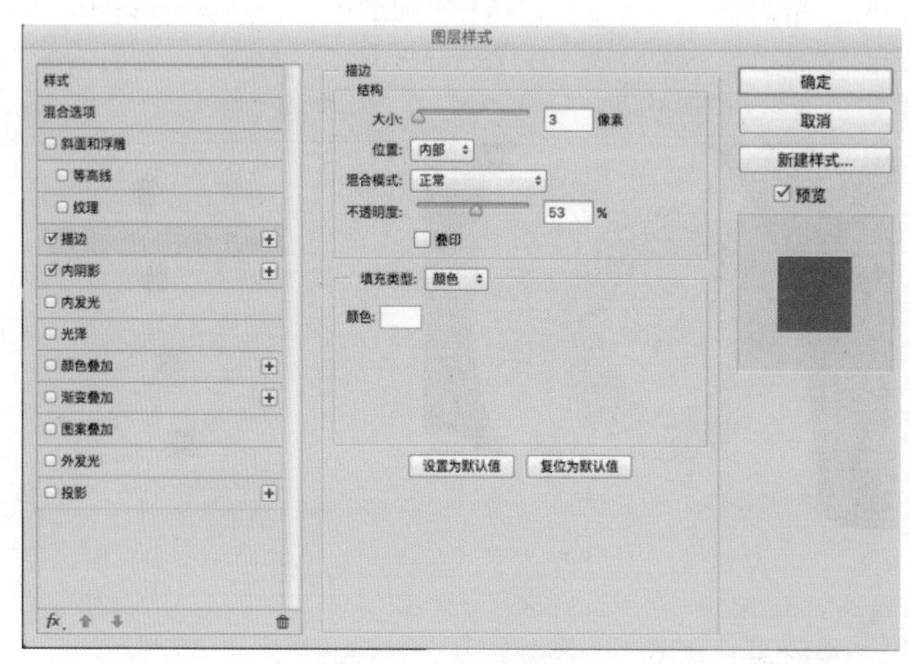

图 10-180　图层样式参数 1

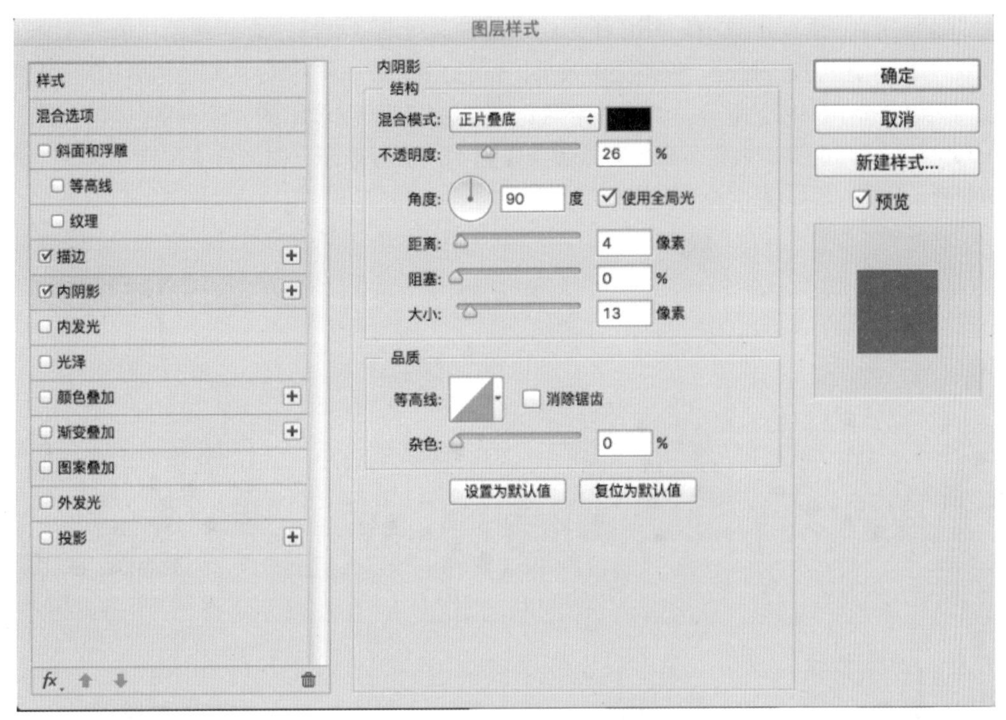

图 10-181　图层样式参数 2

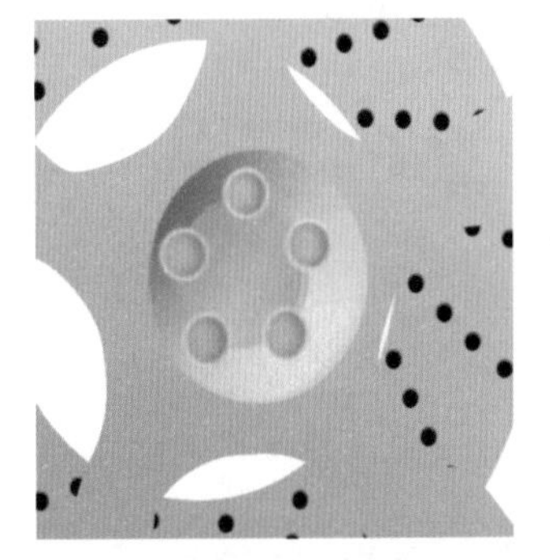
图 10-182　明暗调整

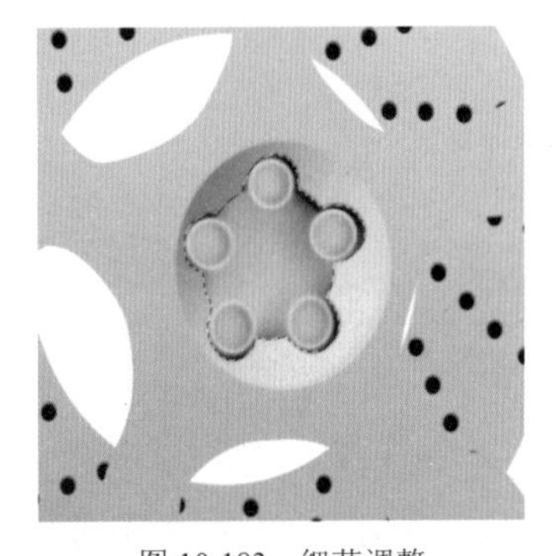
图 10-183　细节调整

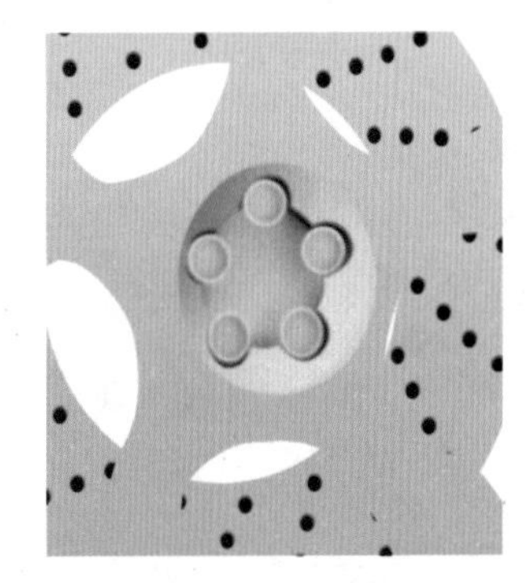
图 10-184　调整效果

05 在“图层 6”与“图层 7”之间新建“图层 8”，为前面的圆添加长度效果，得到的效果如图 10-185 所示，具体方法为建立图中长度的选区，并使用“画笔工具”进行涂抹，以达到图示效果，并进行滤镜模糊操作，最终得到图示效果。

06 接下来对相关部位进行黑色画笔的涂抹，以达到立体效果，如图 10-186 所示，最终效果如图 10-187 所示。

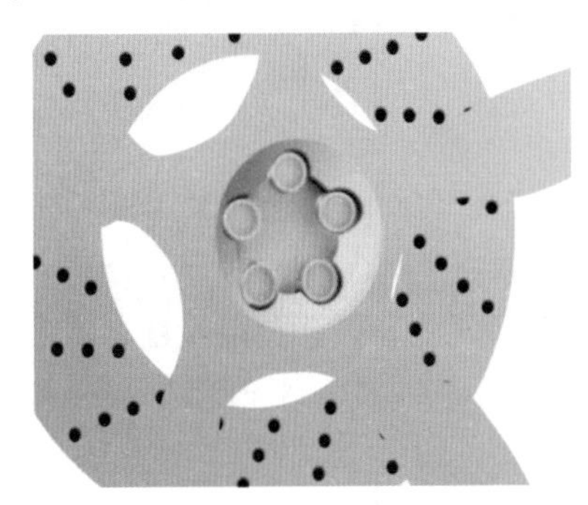
图 10-185　长度效果

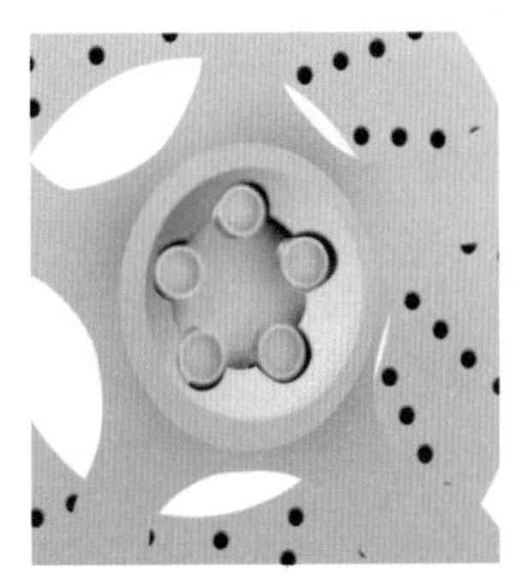
图 10-186　黑色画笔涂抹

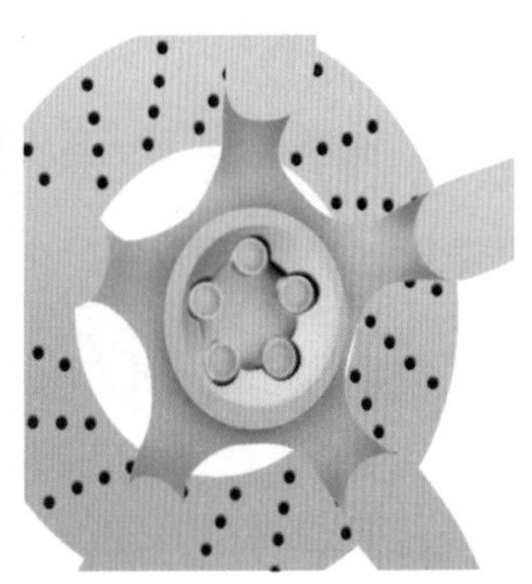
图 10-187　最终效果

07 新建“图层 9”，建立如图 10-188 所示的选区并进行渐变处理，之后使用“加深工具”对相应部分（图 10-189）进行加深处理，得到图中效果，表现出图 10-190 所示的黑色部分和其他部分，具体方法同上，效果如图 10-191 所示。然后使用相同的方法分别画出剩下的 4 个轮毂，步骤如图 10-192 至图 10-195 所示，添加高光效果，高光区域效果如图 10-196 所示，具体方法是建立选区，填充白色，进行模糊处理，最终效果如图 10-197 所示。

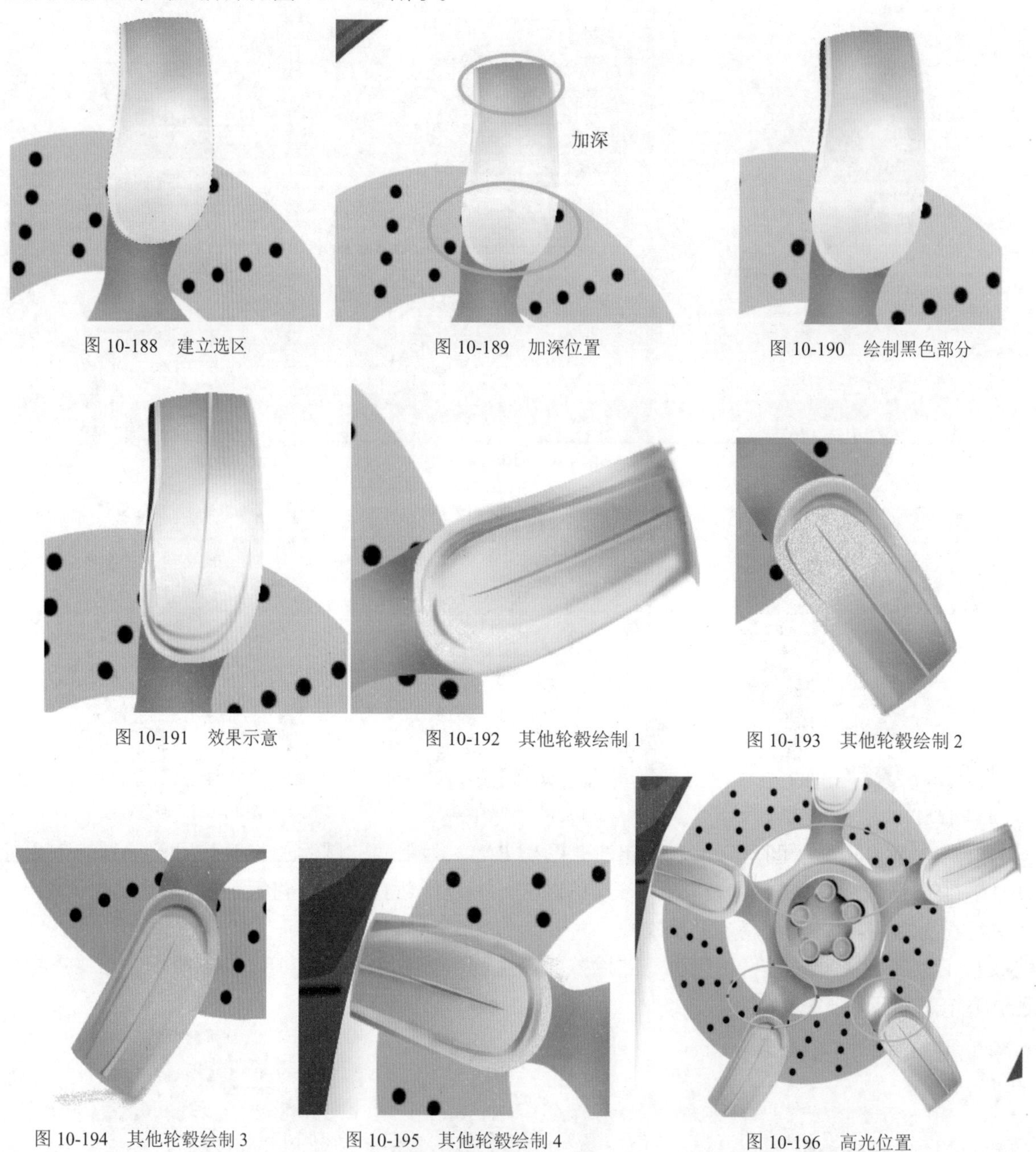

图 10-188　建立选区

图 10-189　加深位置

图 10-190　绘制黑色部分

图 10-191　效果示意

图 10-192　其他轮毂绘制 1

图 10-193　其他轮毂绘制 2

图 10-194　其他轮毂绘制 3

图 10-195　其他轮毂绘制 4

图 10-196　高光位置

08 新建“图层 10”，建立选区并填充颜色 (CMYK:40 32 30 0)，效果如图 10-198 所示。新建“图层 11”，建立选区填充同上颜色，效果如图 10-199 所示，使用“画笔工具”，调整前景色为黑色，调整画笔“大小”和“不透明度”，进行暗面绘制，达到如图 10-200 所示的效果，为连着交界处做高光效果，最终效果如图 10-201 所示。

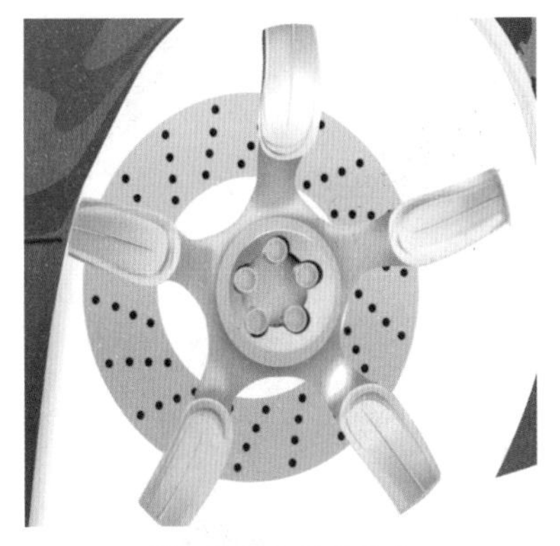

图 10-197　效果示意

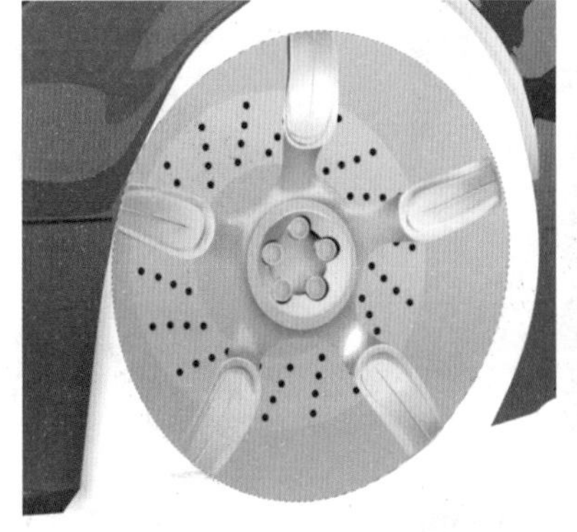

图 10-198　填充颜色 1

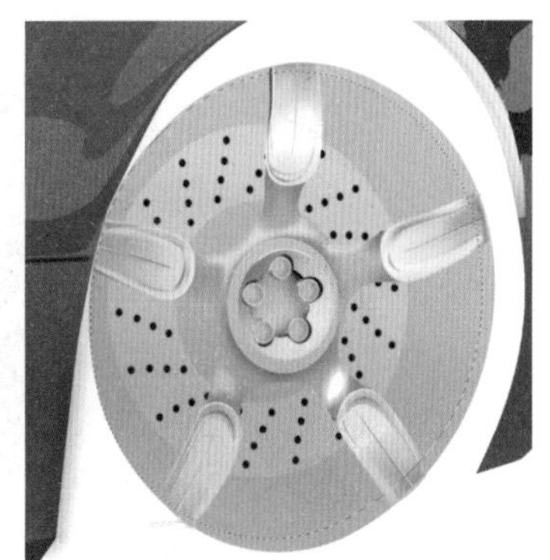

图 10-199　填充颜色 2

09 新建“图层 12”，拖动至“图层 2”下方，建立选区并填充颜色 (CMYK:41 33 31 0)，然后使用画笔对其进行变暗增亮操作，得到的效果如图 10-202 所示。

图 10-200　暗面绘制

图 10-201　最终效果

图 10-202　填色绘制

提示

本书中多处使用了“减淡工具”和“加深工具”。使用“减淡工具”和“加深工具”可以改变图像特定区域的曝光度，使得图像变暗或者变亮。“减淡工具”和“加深工具”的工具属性栏中的参数有“范围”（暗调、中间调、高光）、“曝光度”和“喷枪”。“范围”可以选择减淡或者加深操作的作用范围。暗调只更改图像中的暗调部分像素；中间调只更改图像中的颜色对应灰度为中间范围的部分像素；高光只改变图像中明亮部分的像素。“曝光度”指定“减淡工具”和“加深工具”使用的曝光量，范围为 1% ~ 100%。“喷枪”将会使画笔工具的笔触更加扩散。

下面进行刹车部分的绘制讲解。

10 在刹车盘的图层上建立图层，命名为“图层 13”，绘制如图 10-203 所示的选区，填充颜色 (CMYK:0 96 98 0)，进行高斯模糊操作，模糊“半径”设置为 2 像素；新建图层，命名为“图层 14”，建立选区，填充颜色 (CMYK:50 100 100 30)，进行模糊操作，设置模糊“半径”为 1 像素，如图 10-204 所示。使用“钢笔工具”勾画出字母，填充白色，使用“画笔工具”，调整前景色为黑色，对其进行涂抹，得到的效果如图 10-205 所示，然后表现出刹车盘上的投影，最终效果如图 10-206 所示。

图 10-203　建立选区

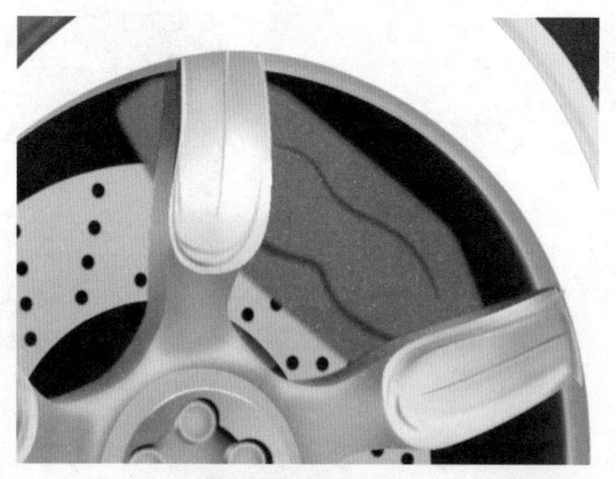

图 10-204　效果示意

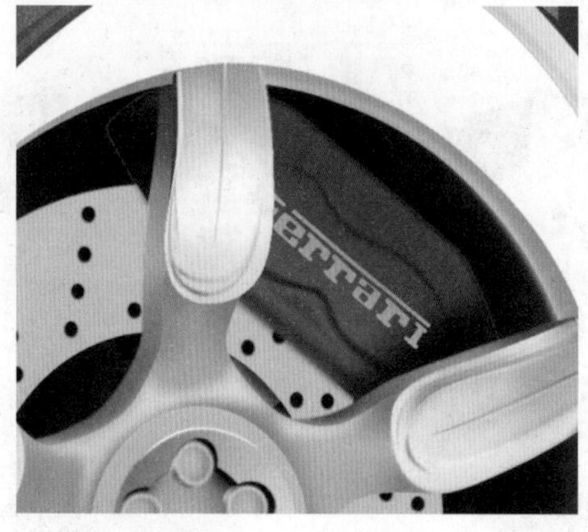

图 10-205　绘制字母

图 10-206　轮毂效果

11 在最底部图层表现轮胎，勾画选区填充黑色，使用白色画笔涂抹高光，最终效果如图 10-207 所示。

12 后车轮与前车轮步骤相同，在这里不做赘述，后车轮最终效果如图 10-208 所示。

图 10-207　轮胎效果

图 10-208　后轮效果

13 最后为车添加线，使用“钢笔工具”勾画形状，黑色描边，设置“大小”为 1.7 像素，如图 10-209 所示。车后半部分的线描边颜色（CMYK:59 100 100 54），设置“大小”为 0.6 像素，如图 10-210 所示。

图 10-209　绘制前脸黑线

图 10-210　绘制黑线

14 最后再对整体的效果进行一些细微的调节，得到最终效果如图 10-211 所示。

图 10-211　跑车效果

10.3　本章小结

本章详细介绍了跑车的效果图绘制步骤。跑车的造型具有较多的复杂曲线、繁复的光影变化和多种材质的表达，因此是产品效果图绘制练习中的一项高难度挑战。但是只要具有足够的耐心和毅力就能征服这个看似难以完成的任务，不论是 Photoshop 的使用技法还是对于自己能力的信心都会有很大的提升，获得极大的满足感和成就感，希望读者能迎难而上，多多练习。跑车的绘制难点主要是细节的处理，特别是光影的和谐统一，不同材质的特征表现和区别感以及细节的精雕细琢，只要做好这些就能将跑车的真实感和整体感完美地呈现出来。

学好 Photoshop 可以分四步走：一是认真掌握操作技能，打好基础。要把各项常用命令的位置、功能、用法和效果记住、做熟，这样就能在各种效果制作中游刃有余，提高效率；二是扎实系统整理知识，提高认识。对于学会的操作技法，不仅能独立重复制作，而且要理解其中的知识点，知其然，还要知其所以然。书中每一个练习的设计都是重要的，一定要弄明白每个练习之间的关系，搞清楚每个部分之间的联系，逐步在头脑中建立起一个完整清晰的操作体系，使自己的操作从必然走向自由；三是主动承揽制作任务，积累经验。现在可以找一些项目来试着做一做，把学过的知识运用到实践当中去。当然会出现顾此失彼、手忙脚乱的局面，只要冷静地处理每一个遇到的难题，硬着头皮顶过来，慢慢地就能独当一面，做出心中所想的效果和创意；四是广泛涉猎相关领域，丰富自我。要做到心中有数，有哪些方面应该深入，哪些技能急需提高，哪些知识应该拓展。积极主动地去学、去看、去做。

通过这些复杂的练习，慢慢就会体会到掌握好 Photoshop 的技能不难，更多的是需要我们有“三心二意”的精神。一是信心，眼看那么烦琐的步骤、复杂的操作、大串的命令，别怕！二是恒心，一步一步向前走，一个一个做练习，只要坚持，一定能闯过来！三是细心，每做一个练习，都要想一想，这里有几个知识点，解决什么问题。然后是要有自己的“主意”，要实现一种效果，往往不止一种方法，如何综合运用多种技法达到最佳效果，这是要在熟练掌握软件的基础上自己拿主意的。最终要实现精彩的“创意”。而创意既不是头脑中固有的，也不是从天上掉下来的，丰富精彩的创意，有赖于作者综合素质的提高。